이 책 한권이면
나도 사장

이 책 한권이면 나도 사장

지은이 이재찬, 김진호, 김만오, 김창석, 소홍무, 우효영, 유승혜, 윤종찬, 이광수, 이순기, 이진섭, 정관호, 정현채
펴낸이 정규도
펴낸곳 ㈜다락원
초판 1쇄 인쇄 2024년 9월 15일
초판 1쇄 발행 2024년 9월 25일
기획 권혁주, 김태광
편집 이후춘, 한채윤, 전수민
디자인 문윤미 | **사진** 우효영 | **스탭** 김도영

다락원 경기도 파주시 문발로 211
내용문의: (02)736-2031 내선 291~296
구입문의: (02)736-2031 내선 250~252
팩스: (02)732-2037
출판등록 1977년 9월 16일 제406-2008-000007호

ISBN 978-89-277-7439-6 13590

* 본 도서의 이미지 일부는 프리픽이미지 저작권을 사용했습니다.

이 책 한권이면
나도 사장

머리말

제과업계의 발전에 이바지해야겠다는 생각을 하게 되면서부터 저는 크고 작은 일들을 진행해왔습니다. 이러한 저로서는 이번에도 업계에 보탬이 될 수 있는 일을 하게 되어 기쁨을 감출 수가 없습니다. 먼저 저의 이러한 생각을 알고 함께 노력해주신 저자분들에게 진심으로 감사의 마음을 전합니다.

그리고 이 책이 나올 수 있도록 도와주신 출판사 다락원에게도 감사드립니다.

저는 제과업계의 발전에 이바지할 수 있는 실천 가능한 방안들을 갖고 있습니다.

이 방안에 대해 대략적으로 기술하면 다음과 같습니다.

먼저, 제과인들의 역량을 향상시키고 복지를 증진시킬 수 있는 방안을 가지고 있습니다.

그리고 대한민국의 제과제빵이 K-FOOD로 발전될 수 있도록 대외정책을 강화할 수 있는 방안을 갖고 있습니다.

마지막으로 이러한 정책에 필요한 재원 마련을 할 수 있는 수익사업의 모델 또한 갖고 있습니다.

제과업계를 발전시킬 저의 이러한 복안들을 정책으로 시행할 수 있는 시기를 기다리면서 차근차근 저의 일을 하고자 합니다.

이 책은 이러한 생각을 바탕으로 제가 존경하고 사랑하는 분들과 함께 창업을 준비하는 분들이나 혹은 신제품 개발이 필요한 분들에게 '창업을 위한 교과서'로 활용되기를 바라는 마음으로 출간하게 되었습니다.

아무쪼록 이 책이 제과업계 발전에 공헌하고자 하는 복안들이 구체적으로 실천되는 노력의 성과로 인식되길 간절히 바랍니다.

이재찬 外 저자 일동

Contents

PART_III

베이커리 카페 창업 노하우

346 COFFEE STORY

PART 1

김진호 셰프가 **추천**하는 발효종

PART_1에서는 다양한 르방을 오렌지 발효종으로 변환하는 이유와
셰프의 레시피에서 발효종을 변환하는 법칙을 공개합니다.

1 | 오렌지 발효종으로 변환하는 이유와 법칙

이번 장에서는 작업의 효율성 재고와 판매의 강조점(Selling Point)이라는 관점에서 김진호 셰프가 선정한 '오렌지 발효종'으로, 책에 수록된 다양한 르방으로 만들어진 레시피를 분석하여 가능한 비슷한 결과 값이 나올 수 있도록 다음과 같이 배합표를 제시한다.

1_오렌지 발효종의 제조법

오렌지 발효종의 제조법은 '투힐즈'의 정관호 셰프의 레시피(p.294)를 참고한다.

2_작업 시 주의 사항

다양한 르방을 오렌지 발효종으로 변환 시 변환 기준은 고형분과 수분의 비율이라는 관점에서 정확히 산출하여 적용한다.

3_르방의 정의

르방이란 발효종으로 발효미생물과 그 발효미생물이 만들어 낸 발효대사산물이 함께 함유된 반죽을 가리킨다.

4_르방의 종류

다양한 종류의 르방이 만들어질 수 있도록 만드는 요인에는 3가지가 있다.

❶ 첫째는 발효미생물의 종류이다. 르방에 이용되는 발효미생물의 종(Species)에는 크게 Culture yeast, Wild yeast, Hetero lactobacillus 등이 있지만, 이 세 가지 종에서 파생되는 아종이 있어 매우 다양한 종을 활용하고 있다. 아종에 따라 발효 시 생성시키는 발효대사산물의 종류와 비율이 달라진다.

❷ 둘째는 르방의 수분함유량이다. 르방의 수분함유량은 크게 Liquid type과 Solid type으로 나눌 수 있지만, 셰프에 따라서는 좀 더 세분화된 수분함유량을 사용하는 경우도 많다. 르방의 수분함유량은 르방에 함유된 용존산소량을 결정하여 발효력과 숙성정도를 좌우한다.

❸ 셋째는 발효미생물을 채취하는 시료의 종류이다. 시료로 사용되는 식재료는 단순히 발효미생물을 배지에 전이시키는 역할만 하는 것이 아니라 식재료에 함유된 색, 향, 맛 그리고 생리활성성분과 기능성물질도 배지에 전이시킨다.

이러한 메커니즘을 잘 활용하여 유명한 빵집에서는 자신만의 특별한 르방을 만들어 사용하고 있으며, 이를 책을 통해서 확인할 수 있다. 그런데 여기에 소개된 종류의 르방을 만들어 관리하면서 한다는 것은 비효율적이어서 다양한 발효종을 통일된 발효종으로 변환한 레시피를 하고자 한다.

5_오렌지 발효종 만들기

Formula

오렌지 발효종	
드라이이스트(샤프르브)	70g
소금	60g
꿀	200g
양배추 끓인 물	1,000g
오렌지주스	2,000g
강력분	3,500g

❶ 발효종의 최종반죽온도인 22°C를 맞출 수 있도록 조절한 양배추 물에 샤프르브를 넣고 풀어준 후 실온에서 5분 정도 방치한다.

❷ 강력분에 소금을 넣고 주걱으로 균일하게 섞는다.

❸ 준비한 [과정❶] 에 꿀과 오렌지주스를 붓고 핸드 거품기로 균일하게 섞는다.

❹ [과정❷]에 [과정❸]을 넣고 주걱으로 균일하게 섞어 완성한 후 실온에서 1시간 정도 방치한 후 10°C 냉장온도에서 24시간 정도 숙성시킨 다음 사용한다.

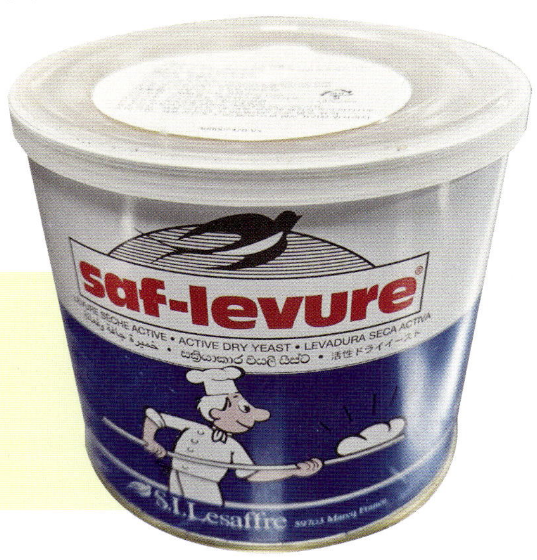

TIP

1_양배추 1,000g에 물 3,000g을 붓고 팔팔 끓인 후 실온에서 식힌 후에 10°C 냉장온도에서 보관하면서 사용한다.

2_오렌지주스는 반드시 오렌지 100% 주스를 사용한다.

1 김진호 셰프의 '옥수수 달콤빵'(p.47) 배합표 변환하기

Formula

빵 반죽

강력분	998g
설탕	100g
소금	16g
드라이이스트	20g
달걀	150g
우유	275g
물(바시나주)	277g
버터	100g
오렌지 발효종	100g

1. 기존의 통밀 사워종을 오렌지 발효종(p.294)으로 대체한다.

2. 강력분과 물의 양을 조절한다.

TIP 바시나주 기법이란 레시피에 있는 물의 양을 기준으로 5~15% 또는 밀가루를 기준으로 2~3% 정도의 물을 남겨놨다가 반죽의 글루텐이 어느 정도 형성되고 나서 남은 물을 추가해서 넣어주는 방법이다. 계절과 습도의 차이가 큰 주변 환경과 밀가루의 수화 정도에 따라 바시나주(추가 물) 양을 조절한다.

3. 제조공정은 기존대로 진행한다.

2 김진호 셰프의 '메이플 프로마쥬 브레드' (p.53) 배합표 변환하기

Formula

빵 반죽

강력분	1,194g
타피오카(소프트T)	134g
제빵개량제	0g
설탕	94g
소금	24g
버터	80g
고당용 드라이이스트	24g
몰트엑기스	13g
우유	450g
물(바시나주)	456g
오렌지 발효종	270g

1. 기존의 통밀 사워종과 제빵개량제를 오렌지 발효종 (p.294)으로 대체한다.

2. 강력분과 물의 양을 조절한다.

3. 제빵개량제를 뺀다.

4. 제조공정은 기존대로 진행한다.

3 김진호 셰프의 '양파빵'(p.59) 배합표 변환하기

Formula

빵 반죽	
강력분	998g
설탕	100g
소금	18g
고당용 드라이이스트	22g
달걀	200g
우유	170g
물(바시나주)	172g
오렌지 발효종	100g
다진 양파	100g
건조 파슬리	6g

1. 기존의 통밀 사워종을 오렌지 발효종(p.294)으로 대체한다.
2. 강력분과 물의 양을 조절한다.
3. 제조공정은 기존대로 진행한다.

4 김진호 셰프의 '통밀 이나카'(p.65) 배합표 변환하기

Formula

빵 반죽			
초강력분(쓰리스타 강력분)	3,077g	우유버터	300g
고운통밀가루	450g	건포도	525g
흑설탕	450g	건크랜베리	450g
오렌지 발효종	600g	호두	300g
소금	45g		
드라이이스트	75g		
몰트엑기스	30g		
분유	150g		
달걀	450g		
우유	1,100g		
물(바시나주)	1,113g		

1. 기존의 통밀 사워종을 오렌지 발효종(p.294)으로 대체한다.
2. 초강력분과 물의 양을 조절한다.
3. 제조공정은 기존대로 진행한다.

5 김창석 셰프의 '갈릭 치즈 난'(p.99) 배합표 변환하기

Formula

빵 반죽	
강력분	864g
건조 파슬리	4g
버터	50g
물(바시나주)	576g
소금	18g
생이스트	35g
올리브 오일	50g
오렌지 발효종	260g
체다 슬라이스 치즈	250g

1. 기존의 풀리쉬 반죽을 오렌지 발효종(p.294)으로 대체한다.

2. 강력분과 물의 양을 조절한다.

3. 제조공정은 기존대로 진행한다.

6 김창석 셰프의 '포테이토 치즈 하드롤'(p.107) 배합표 변환하기

Formula

빵 반죽	
강력분	637g
중력분	160g
소금	15g
설탕	24g
올리브 오일	32g
오렌지 발효종	120g
물(바시나주)	523g
생이스트	28g

1. 기존의 풀리쉬 반죽을 오렌지 발효종(p.294)으로 대체한다.

2. 강력분과 물의 양을 조절한다.

3. 제조공정은 기존대로 진행한다.

7 소홍무 셰프의 '먹깨비빵'(p.125) 배합표 변환하기

본 반죽	
강력분	281g
설탕	135g
소금	6g
탈지분유	18g
우유(바시나주)	99g
오징어먹물	15g
버터	130g
오렌지 발효종	824g

1. 기존의 스펀지 반죽을 오렌지 발효종(p.294)으로 대체한다.

2. 강력분과 우유의 양을 조절한다.

3. 제조공정은 기존대로 진행한다.

8 소홍무 셰프의 '붉은 고구마 쌀빵'(p.131) 배합표 변환하기

본 반죽	
쌀 탕종	100g
오렌지 발효종	100g
소금	12g
설탕	120g
우유(바시나주)	543g
드라이이스트	19g
버터	80g
달걀	2개
자색 고구마 분말	60g
골드 강력 쌀가루	1,007g

1. 기존의 요구르트 종을 오렌지 발효종(p.294)으로 대체한다.

2. 골드 강력 쌀가루와 우유의 양을 조절한다.

3. 제조공정은 기존대로 진행한다.

9 **우효영** 셰프의 **'통호밀 사워도우 브레드'**(p.149) 배합표 변환하기

Formula

본 반죽

유기농 호밀가루	140g
유기농 통밀가루	91g
소금	23g
물	169g
오렌지 발효종	200g
오토리즈 반죽	전량
탕종	80g
드라이이스트	8g
유기농 설탕	30g(제외 가능)
크라프트믹스	60g

멀티그레인	90g
당밀	20g
물(바시나주)	80g

1. 기존의 통밀 사워종을 오렌지 발효종(p.294)으로 대체한다.
2. 통밀가루와 물의 양을 조절한다.
3. 제조공정은 기존대로 진행한다.

10 **우효영** 셰프의 **'다크 초코 호밀 사워도우 브레드'**(p.155) 배합표 변환하기

Formula

본 반죽

유기농 호밀가루	49g
소금	14g
물	56g
오렌지 발효종	140g
오토리즈 반죽	전량
탕종	50g
드라이이스트	6g
유기농 설탕	110g
코코아분말	20g
다크 코코아분말	12g

다크 초코칩	160g
호두분태	80g
당밀	18g
물(바시나주)	80g

1. 기존의 통밀 사워종을 오렌지 발효종(p.294)으로 대체한다.
2. 호밀가루와 물의 양을 조절한다.
3. 제조공정은 기존대로 진행한다.

11 유승혜 셰프의 '볼로네제 바게트'(p.169) 배합표 변환하기

본 반죽	
오렌지 발효종	804g
프랑스 밀가루 T-65	500g
프랑스 밀가루 T-55	150g
물(바시나주)	300g
소금	20g
몰트엑기스	6g
생이스트	6g
구운 호두 분태	200g

1. 기존의 풀리쉬 반죽과 파스타 디 리뽀르또를 오렌지 발효종(p.294)으로 대체한다.

2. 프랑스 밀가루 T-65와 물의 양을 조절한다.

3. 제조공정은 기존대로 진행한다.

12 유승혜 셰프의 '감바스 포카치아'(p.177) 배합표 변환하기

본 반죽	
오토리즈 반죽	전량
생이스트	14g
물(바시나주)	103g
소금	18g
올리브 오일	50g
오렌지 발효종	150g
양파채	150g
쵸핑 베이컨	150g

오토리즈 반죽	
강력분	857g
통밀가루	140g
물	840g

1. 기존의 통밀 사워종을 오렌지 발효종(p.294)으로 대체한다.

2. 오토리즈 반죽의 강력분과 본 반죽의 물의 양을 조절한다.

3. 제조공정은 기존대로 진행한다.

13 | 유승혜 셰프의 '치즈 치아바타 & 치아바타 샌드위치'(p.183)
배합표 변환하기

Formula

본 반죽

강력분	1,039g
물(바시나주)	761g
생이스트	8g
몰트엑기스	8g
소금	18g
오렌지 발효종	998g
올리브 오일	50g
롤 치즈	150g
블랙올리브	50g

1. 기존의 통밀 사워종과 중종 반죽을 오렌지 발효종

(p.294)으로 대체한다.

2. 강력분과 물의 양을 조절한다.

3. 제조공정은 기존대로 진행한다.

14 | 윤종찬 셰프의 '소금빵 레드 앙버터'(p.195)
배합표 변환하기

Formula

빵 반죽

강력분	848g
박력분	150g
세몰리나	30g
홍국쌀가루	20g
설탕	60g
소금	18g
생이스트	40g
무염버터	30g
탈지분유	40g
오렌지 발효종	100g
물(바시나주)	652g
발효버터바	10g(개당)

1. 기존의 통밀 사워종을 오렌지 발효종(p.294)으로

대체한다.

2. 강력분과 물의 양을 조절한다.

3. 제조공정은 기존대로 진행한다.

15 | 정관호 셰프의 **'찰귀리빵'**(p.289)
배합표 변환하기

Formula

빵 반죽

프랑스 밀가루(T-55)	700g	꿀	60g	호두분태	300g
강력분	289g	오덴틱 듀럼	20g	건포도	250g
통밀가루	100g	오렌지 발효종	500g	피칸분태	250g
소금	30g	오렌지 발효종	500g		
냉동 드라이이스트	20g	탕종	200g		
양배추물(바시나주)	591g	버터	60g		
몰트 엑기스	20g	삶은 찰귀리 쌀	600g		

1. 기존 르방을 오렌지 발효종으로 대체하여 기존 오렌지 발효종(p.294)과 함께 사용한다.

2. 강력분과 양배추 물의 양을 조절한다.

3. 제조공정은 기존대로 진행한다.

4. 삶은 찰귀리 쌀의 양의 2배의 물을 붓고 끓인 후 체에 걸러 물기를 제거하여 식힌 다음 냉장보관하면서 사용한다.

16 | 정관호 셰프의 **'프랑스 식빵'**(p.299)
배합표 변환하기

Formula

빵 반죽

강력분	3,397g	오렌지 발효종	500g
박력분	600g	오렌지 발효종	200g
소금	84g		
설탕	1,020g		
드라이이스트(샤프르브)	42g		
달걀	2,700g		
물(바시나주)	183g		
버터	1,687g		

1. 기존 사전 반죽을 오렌지 발효종(p.294)으로 대체하여 기존 오렌지 발효종과 함께 사용한다.

2. 강력분과 물의 양을 조절한다.

3. 제조공정은 기존대로 진행한다.

PART_2

CHEF'S RECIPE 40

1 2
3 4
5 6
7 8
9 10
11 12
13

PART_2에서는 제과제빵 분야 셰프 13인의 비법과 노하우를 담았습니다.
밀가루의 숨은 힘을 깨우는 법, 달콤한 디저트의 비밀, 누구나 쉽게 따라 할 수 있는 디저트 공정과 과학적 원리까지,
창업을 꿈꾸는 여러분과 고객의 다양한 미각을 사로잡을 40가지 레시피를 공개합니다.

CHEF'S BREAD & DESSERT

1 2
3 4
5 6
7 8
9 10
11 12
13

• Chef's **Profile**

현) 씨투베이커리 오너 셰프
혜전대학교 교수
대한민국 제과기능장
제과제빵기능사 및 대한민국 제과기능장
시험감독 및 문제 출제위원
지방 기능경기대회 심사 및 문제 출제위원
동경제과학교 졸업

이재찬 오너 셰프
씨투베이커리

• Bakery **Know-how**

어느덧 우리나라의 빵, 과자 제품을 만드는 제조능력은 종주국과 별다른 차이가 없게 되었다. 제조능력이란 제과제빵 시 발생하는 과제를 해결하면서 소비자를 만족시킬 수 있는 제품을 만들 수 있는 능력을 말한다. 이러한 능력을 배양하고자 한다면 실무경험만 축적된 기능인이 되지 말고 이론을 바탕으로 기능을 축적한 기술자가 되어야 한다. 요즘은 진정한 제과제빵 기술자들이 많다고 생각한다. 그러나 잘 팔리는 맛있는 빵, 과자를 만들 때 필요한 요소에는 제조능력만 있는 것이 아니다. 제조능력뿐만 아니라 재료의 질과 기기 및 장비의 성능도 중요하다. 그래서 우리도 종주국처럼 빵과 과자를 만드는 제과·제빵사, 식품공학적 관점에서 제과제빵 시 이용되는 소재를 연구하는 재료공학자, 기계공학적 관점에서 제과제빵 시 이용되는 기기 및 장비를 연구하는 엔지니어들이 모여서 함께 탐구하고 교류하는 창구가 필요하다. 이러한 창구를 만들고자 노력했다. 다시 기회가 된다면 이러한 장(場)을 만드는 역할에 여생을 보내고 싶다. 재차 강조하면, 경쟁력 있는 빵, 과자를 만들고자 한다면 제조능력, 재료에 대한 이해, 기기 및 장비를 활용할 수 있는 능력 등을 갖춰야 한다.

크레이프 롤 케이크

얇게 구운 크레이프 케이크에는 단맛이 나는 크레이프 쉬크레와 달지 않은 크레이프 살레가 있다. 크레이프 케이크는 대부분 밀가루로 만들고, 팬케이크 맛보단 생크림의 단맛이 더 강하게 느껴지는 크레이프 쉬크레가 대중적으로 알려져 있다. 게가 많이 잡히는 미국 동부 체서피크 만(灣) 일대의 메릴랜드, 버지니아에서는 게살을 채워 크레이프 케이크로 만들었다. 이 크레이프 케이크는 반죽에 게살요리를 넣고 둥글납작한 덩어리로 빚어 롤링하여 만들었는데, 이것이 크레이프 살레이다. 이런 역사적 배경을 갖고 있는 크레이프 케이크에서 영감을 얻은 일본 제과사가 크레이프 롤을 만들었다. 그가 만든 크레이프 롤은 반죽을 둥글납작한 덩어리로 빚어 게살 대신 달콤한 크림을 채운 디저트였다. 이 제품을 동경제과학교 유학시절 책에서 보고, 귀국 후 회사에서 한국인의 입맛에 맞게 재해석하여 판매하였다. 이 책을 통해 크레이프 케이크에서 유래한 나만의 크레이프 롤을 알릴 수 있어서 너무 기쁘다. 여기서 소개하는 크레이프 롤은 일반적인 배합보다 수분율을 높여 완제품을 부드럽게 만들었다. 이처럼 제품의 역사적인 유래와 특징을 알고, 문화를 바탕으로 만들어지는 소프트파워의 역학관계까지 이해한 다음 탄탄한 이론이 덧붙여진 기술로 신제품을 만들어야지만, 서양과 일본에서 들어오는 다양한 레시피를 응용하여 우리 고객이 원하는, 우리 시장이 원하는 '자기 제품'을 만들 수 있다.

01_Formula | 2개 분량

롤

우유	500g
달걀	3개
설탕	75g
소금	0.2g
박력분	165g
버터	25g

커스터드 크림

우유	1,000g
설탕	300g
노른자	1,250g
전분	80g

충전용 크림

휘핑크림	250g
생크림	250g
커스터드 크림	150g
판 젤라틴	4장
설탕	40g
럼주	5g

장식용 재료

슈가파우더

Process

반죽	>	굽기	>	크림1	>	크림2	>	밑작업	>	마무리
크레이프 롤 반죽 제조		달궈진 팬에 최대한 얇게 펴 익히기		커스터드 크림 제조		충전용 크림 제조		충전용 크림 바르면서 크레이프 9장 말기		슈가파우더 뿌리기

❶ 롤 만들기

1. 박력분과 설탕을 체로 친 후 소금 한 꼬집을 같이 넣어준다.

2. 스테인리스 볼에 [과정1]을 넣은 뒤 달걀을 넣고 섞어준다.

3. 녹인 버터를 넣고 섞어준다.

4. 살짝 데운 우유를 천천히 부어주면서 섞어준다.

5. [과정4]를 체에 걸러준다.

> TIP
>
> **1**_우유는 가장자리가 보글보글 올라오는 정도가 되면 불을 끄고 섞어준다. (계절에 따라 다름)
>
> **2**_끓인 우유를 부은 반죽은 달걀이 조금씩 익어서 덩어리가 생길 수 있어 얇은 크레이프로 부쳤을 때 식감이 나쁠 수 있기 때문에 반드시 체에 걸러준다.

6. 팬을 충분히 달궈준다.

7. 달궈진 팬 위에 반죽을 적당량 붓고, 최대한 얇게 펴주고 가장자리부터 색이 나오기 시작하면
뒤집어준 뒤 뒷면도 익혀준다.

(TIP)

1_굽고 난 반죽이 뜨거울 때 바로 겹쳐 놓으면 반죽끼리 붙을 수 있기 때문에 한 김 식힌 후 쌓아준다.
2_색이 너무 진하면 반죽이 너무 얇아 탈 수 있으므로 색이 나오기 시작하면 바로 뒤집어준다.

❷ 커스터드 크림 만들기

1. 스테인리스 볼에 설탕과 노른자를
넣고 휘퍼로 섞어준다.

2. 체로 친 전분을 섞어준다.

3. 끓인 우유를 부어준다.

4. [과정3]을 냄비에 넣고 텍스처가
살짝 점성이 생길 때까지 끓여준다.

(TIP)

1_커스터드 크림은 2~3일 정도 냉장보관이 가능하지만, 너무 오래 두면 상할 수 있다.
2_커스터드 크림을 냉동보관해서 얼리면 푸석해져서 깨진다.

❸ 충전용 크림 만들기

1. 젤라틴은 찬물에 불린 다음 중탕으로 녹여준다.

2. 휘핑크림, 생크림, 커스터드 크림, 설탕 등을 믹서볼에 넣고 기포를 100% 올린 후 럼주를 넣고,
저속으로 균일하게 섞는다.

3. 녹인 젤라틴을 넣고 기포를 100% 올린다.

(TIP)

1_ 녹인 젤라틴을 섞을 때 일부분이 굳을 수 있기 때문에 애벌반죽을 만들 때 섞기를 하듯 [과정2]의 일부를 덜어 녹인 젤라틴 볼에 넣고 섞어준 뒤 다시 크림에 넣고 100%까지 올리는 것이 좋다.

2_ 크림에 녹인 젤라틴을 넣으면 차갑게 식혀지면서 크림과 크레이프 반죽이 잘 고정되어 케이크를 썰거나 포장해서 이동 시 형태를 유지하는 데 도움을 준다.

  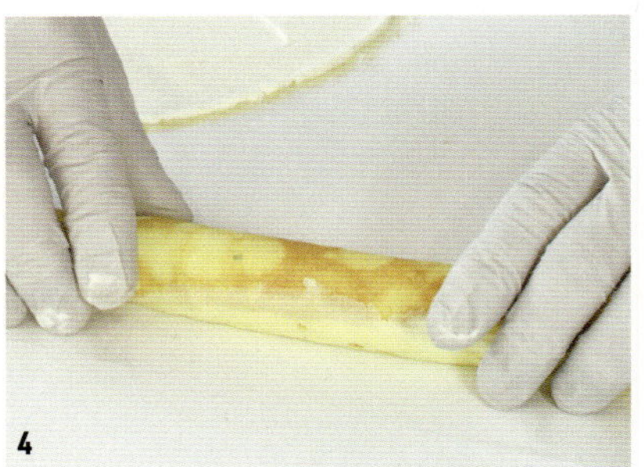

❹ 조립 및 마무리하기

1. 1개의 크레이프 롤을 만들 때 롤 반죽은 총 9장을 사용한다.

2. 1장의 반죽에 크림 50g을 L자형 스패츌러로 펴 바르고 말아준다.

3. 1장의 반죽에 크림 50g을 L자형 스패츌러로 펴 바르고 [과정2]를 올리고 말아준다.

4. [과정3]과 같은 방법으로 5장을 더 반복하여 펴 바르고 말아주기를 한다. 이때 크레이프 롤 반죽은 총 7장을 겹쳐서 말기를 한 상태이다.

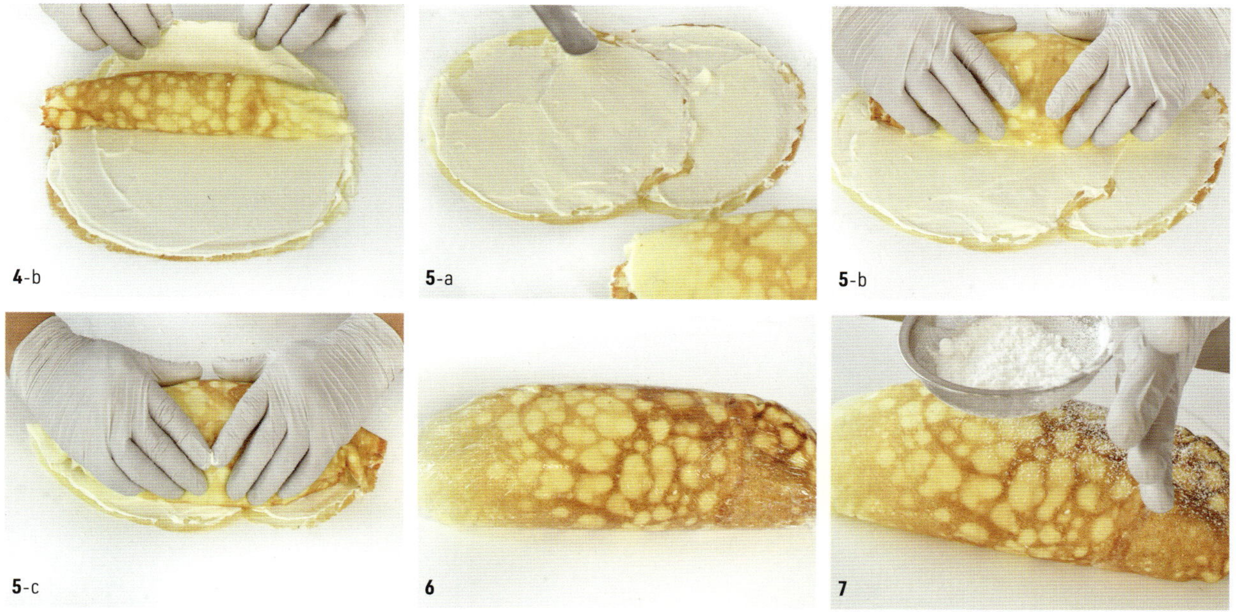

5. 7장을 겹쳐 말기 한 크레이프 롤의 직경은 1장의 반죽으로 겹쳐 말기에는 너무 크다. 그래서 마

지막 2장은 2장을 겹친 후 크림 100g을 바르고 7장을 겹쳐 말기 한 크레이프 롤을 올려놓는다.

6. 말기를 한 다음 랩으로 싸서 냉장고에서 굳혀준다.

> TIP
>
> **1**_젤라틴이 들어가 크림이 굳기 때문에 빠르게 작업한다.

7. 슈가파우더를 뿌리고, 픽을 꽂아 마무리한다.

> TIP
>
> **1**_본 공정은 플레인 크레이프 롤 케이크이며, 크레이프 롤 안에 계절 과일을 넣어 다양하게 변형시킬 수 있다.

도지마롤
DOJIMAROLL

일본에서 만들어진 롤 케이크의 일종으로, 얇은 케이크 한가운데에 생크림을 듬뿍 채워 동그랗게 말아서 만든 이 제품은 2003년경 아리타 이츠로(有田逸郎)라는 호텔 제과사가 처음 개발했다. 오사카에 위치한 호텔 엠비언트 도지마에서 처음 팔기 시작하여 도지마롤이라는 제품명이 붙기 시작했다. 현재 이 제품은 일본 오사카 지방의 특산품이 되었다. 일본에서는 고원지대와 홋카이도 등에서 유제품이 대량으로 싸게 공급되므로 유크림 등의 단가가 한국보다 싸다. 일본의 도지마롤에 사용되는 충전용 크림은 주성분인 생크림의 유크림 함유량이 64% 정도나 되기 때문에 더 고소한 맛이 난다. 이처럼 높은 유크림 함유량은 크림이 들어간 일부의 디저트가 고소하게 느껴지는 이유이다.

한국의 제과인으로서 도지마롤을 보면서 느낀 점은 제조능력도 중요하지만, 재료에 대한 이해와 기기 및 장비의 활용능력도 중요하다는 것 이었다. 이런 생각을 갖게 만든 원인은 제품의 형태적인 부분만 똑같고 맛이 다르기 때문이었다. 업계의 부단한 노력으로 우리나라의 제과 재료도 많이 좋아져 기술자가 표현하고자 하는 맛과 질감을 표현하는 데 있어 용이해졌다.

이 책의 레시피로 일본의 몽슈슈를 통해 우리나라에 알려진 일본식 도지마롤을 우리나라 사람들이 좋아하는 맛으로 재해석해 보았다. 먼저 충전용 크림이 너무 많아 부담스러워 하는 사람들이 많아서 크림과 케이크의 밸런스를 맞추었다. 그리고 일본의 고소한 생크림 맛에 가깝게 만들기 위해 전지분유를 적당량 첨가하였다.

01_Formula │ 평철판 **2**장 분량

롤	
노른자	360g
슈가파우더	55g
꿀	45g
식용유	110g
흰자	820g
설탕	255g
박력분	150g
전분	20g

충전용 크림	
휘핑크림	425g
생크림	750g
설탕	120g
분유	120g
판 젤라틴	6장

Process

반죽	>	패닝	>	굽기	>	크림	>	마무리
롤 반죽 제조		롤 반죽을 880g씩 팬에 패닝		이중 팬으로 윗불 187℃ / 아랫불 172℃, 11분 굽고 평철판 1장을 빼고 3분 더 굽기		충전용 크림 제조		충전용 크림 760g씩 펴 바르고 말기

❶ 롤 만들기

1. 노른자와 슈가파우더를 믹서볼에 넣고 약간 하얗게 될 정도로 80% 거품을 올린다.

2. [과정1]에 꿀, 식용유를 같이 넣고 100% 올려준다.

TIP

1_거품이 올라오기 전에 꿀과 식용유를 넣으면 기포의 포집이 잘 되지 않아 80% 정도 올린 뒤 넣어서 노른자 반죽이 부피감 있게 완성되도록 한다.

2_꿀과 식용유를 같이 넣는 이유는 포집된 기포가 꺼지는 소포작용을 방지하기 위함이다.

3. 큰 스테인리스 볼에 [과정2]를 옮겨 담는다.

4. 기름기가 없도록 깨끗이 씻은 믹서볼에 흰자를 담고 설탕을 3번에 나눠 넣으면서 거품

을 올려준다.

TIP

1_조밀한 머랭을 위해 차가운 흰자를 넣는다.

2_작업 전날 흰자는 냉장고에 넣어두고, 급하면 냉동실에 넣어서 최대한 흰자를 차갑게 만들어준다.

5. [과정3]의 노른자 반죽에 [과정4]의 머랭을 3분의 1 정도 넣어 가볍게 섞어준다.

6. 균일하게 혼합 후 체로 친 박력분과 전분을 넣고 퍼 올리듯 가볍게 섞어준다.

7. 나머지 [과정4]의 머랭을 3번에 나누어 넣으면서 가볍게 섞어준다.

(TIP)

1_반죽을 오버 믹싱 하지 않고 윤기가 나기 시작하는 정도까지 섞어준다.

2_윤기가 나면 기포가 어느 정도 죽었다는 것을 뜻한다.

8. 평철판에 유산지를 깔고 880g 패닝 후 플라스틱 스크레이퍼로 고르게 펴준다.

(TIP)

1_평철판에 패닝한 반죽을 펴줄 때 손을 많이 대게 되면, 표면의 기포가 꺼지고 질겨지므로 최대한 빨리 펴준다.

9. 이중 팬으로 윗불 187℃ / 아랫불 172℃ 오븐온도에서 11분간 굽고, 평철판 1장을 빼고 3분
더 구워 밑색을 내고 굽기를 마무리한다.

2-a 2-b

❷ 충전용 크림 만들기

1. 준비한 판 젤라틴을 찬물에 10분 정도 불린 후 중탕으로 녹인다.

2. 휘핑크림, 생크림, 설탕, 분유 등을 믹서볼에 붓고 휘퍼로 60% 정도 올리고, 용해시킨

젤라틴을 넣고 100%로 꼿꼿하게 올린다.

CHEF'S NOTE

휘핑크림과 생크림의 차이점

1_휘핑크림의 특징

ㄱ 식물성 지방이 40% 이상인 크림을 거품 낸 것이다.

ㄴ 휘핑크림은 4~6°C에서 거품이 잘 일어난다.

ㄷ 휘핑 후 크림(생크림, 아이스크림)의 체적(공기포집 정도)이 증가한 상태를 나타내는 수치로 오버런(Over-run)을 사용하는데 휘핑크림이 오버런은 크림의 4배 정도 오버런이 된다.

2_생크림의 특징

ㄱ 우유의 지방함량이 35~40% 정도의 진한 생크림을 휘핑하여 사용한다.

ㄴ 생크림의 보관이나 작업 시 제품온도는 3~7°C가 좋으므로 0~5°C의 냉장온도에서 보관하는 것이 좋다.

ㄷ 생크림 휘핑 시 크림 100에 대하여 10~15%의 분설탕을 사용하여 단맛을 낸다.

ㄹ 생크림의 휘핑시간이 적정시간보다 짧으면 기포가 너무 크게 되어 안정성이 약해지므로 휘핑 완료점을 잘 파악한다.

ㅁ 생크림의 오버런은 3배 정도 된다.

2-c

❸ 조립 및 마무리하기

1. 구운 반죽에 붙은 유산지를 떼어낸다.

2. 유산지를 약 10cm 너비로 접어서 준비한다.

3. 새로운 유산지를 깔아 그 위에 유산지를 떼어낸 롤을 놓는다.

4. 충전용 크림 760g을 롤 위에 얹고 L자형 스패출러로 펴 바른다.

> TIP
>
> **1_** 크림을 바를 때 가장자리는 살짝 발라주고 가운데는 두껍게 발라준다. 말리기 좋게 스패출러로 끝에 줄을 그어준다.

5. 유산지 뒷면으로 밀대를 넣어 크림이 밀리지 않도록 부드럽게 말아준다.

6. 끝까지 말아준 다음 밀대로 끝부분을 팽팽하게 고정하여 모양을 만든다.

7. 말기를 한 롤의 끝부분 가장자리 부분을 [과정2]에서 준비한 10cm 너비 유산지에 놓고 냉동 보관하여 완전히 굳힌 뒤 필요한 길이만큼 잘라서 제품으로 판매한다.

> TIP
>
> **1_** 말린 롤의 끝부분 가장자리에는 크림이 일부 쏠려서 롤 겉면에 묻을 가능성이 있고 냉동으로 이동 시 망가질 우려가 있기 때문에 10cm 너비로 접은 유산지를 이동하는 받침대 용도로 사용하면 편리하다.
>
> **2_** 완성된 롤은 냉동고에서 2~3일 정도 보관이 가능하고, 매장에서 원할 때 작은 제품은 7.5cm, 큰 제품은 17.5cm로 잘라서 판매한다.

초코치즈랑

CHOCO CHEESE RANG

치즈 케이크의 맛을 결정하는 일차적인 요소는 치즈의 질과 함량의 비율이다. 이것의 의미는 '맛과 재료비와의 상관관계'에 있어 그 긴밀함이 매우 크다는 것이다. 이런 제품군을 생산할 때는 제품의 재료비를 아끼지 말고, 작업손실률을 낮추어 재료비를 아끼려는 노력을 하는 것이 좋다. 이런 방식으로 가성비 높은 제품을 제조하면 고객의 만족도를 높여 판매량을 늘릴 수 있고 이윤도 극대화할 수 있다. 이런 개념은 박리다매와는 결이 좀 다르다. 만약에 나만의 레시피를 내걸고자 한다면, 여러 경로를 통해 얻은 레시피를 가져와서 수십 번, 수백 번 해보아야 한다. 여기에 이론까지 받쳐준다면 자기 색깔, 자기화가 된 자기 제품으로 만들 수 있다. 여기 소개하고자 하는 이 제품은 자기화가 된 '나'의 제품이다. 초코치즈랑은 초콜릿 쿠키의 질감과 가공된 치즈의 질감이 잘 어우러질 수 있도록 하면서 하드하고 진한 치즈의 맛을 표현하기 위해 중탕이 아닌 직화로 구워 나만의 색깔이 담긴 질감과 맛을 표현했다.

01_Formula | **10개** 분량

쿠키 바닥	
초콜릿 쿠키	420g
버터	135g

치즈 반죽	
버터	110g
설탕	62.5g
크림치즈	750g
달걀	4개
화이트 초콜릿	450g

장식물	
화이트 초콜릿(판 초콜릿)	소량
코코아분말	소량

Process

준비	>	패닝1	>	반죽	>	패닝2	>	굽기	>	마무리
쿠키 바닥 제조		미니 케이크 사이즈 틀에 쿠키 바닥 반죽 50g씩 패닝		치즈 반죽 제조		미니 케이크 틀에 치즈 반죽 150g씩 패닝		윗불 175°C / 아랫불 170°C, 35분		초콜릿 장식물 얹고 코코아분말 뿌리기

❶ 쿠키 바닥 만들기

1. 버터를 중탕으로 완전히 액체 상태로 녹인다.

2. [과정1]을 초콜릿 쿠키에 넣어 보슬보슬하게 섞어 마무리한다.

3. 쿠키 바닥 반죽 50g을 미니 케이크 사이즈 틀(지름 10cm x 높이 5cm)에 넣고 틀을
돌려가며 형태를 잡아주며 꾹꾹 눌러준다.

> (TIP) **쿠키 바닥으로 제조하는 방식의 치즈 케이크의 장점**
>
> **1**_치즈 케이크 반죽이 오븐에서 구워져 나온 후 틀에서 쉽게 뺄 수 있다.
>
> **2**_쿠키 바닥의 바삭하고 고소한 식감이 부드러운 치즈 케이크와 함께 어우러지게 한다.

② 치즈 반죽 만들기

1. 화이트 초콜릿을 중탕으로 녹여준다.

2. 버터, 설탕, 크림치즈를 믹서볼에 넣는다.

3. [과정2]를 섞어만 준다는 느낌으로 비터로 섞는다.

4. 달걀을 2~3회 나누어 넣으면서 반죽 안에 덩어리가 생기지 않도록 풀어주듯이 섞는다.

5. [과정1]의 녹인 초콜릿을 [과정4]에 한 번에 부어 섞어준다.

(TIP)

1_ 치즈 반죽 제조 시 공기가 많이 혼입될 경우 구울 때 많이 부풀어 올라 구운 후 치즈 케이크의 볼륨이 푹 가라앉게 되므로 최대한 공기가 들어가지 않도록 유의하며 녹인 초콜릿을 한 번에 부어준다.

2_ 치즈 케이크 반죽에 화이트 초콜릿을 첨가하면 달콤하고 부드러운 맛뿐만 아니라 굳혔을 때 제품의 형태를 유지하는 역할을 한다.

③ 패닝, 굽기 및 마무리하기

1. 쿠키 바닥을 담은 미니 케이크 틀에 치즈 반죽을 150g씩 패닝을 한다.

2. 윗불 175°C / 아랫불 170°C에서 35분간 굽는다.

3. 오븐에서 꺼내어 식힌 다음 화이트 초콜릿을 칼로 긁어서 만든 초콜릿 장식물을 얹고 코코아 분말을 체로 뿌려 마무리한다.

Chef's Secret Recipe
치즈Cheese 개론

젊을 때 열정을 가지고 터득한 기술들은 시간이 지나도 몸에 남아있습니다. 그러므로 스스로 노력하고 배우려고 한다면 결국 실력과 위치는 올라가게 되어있습니다. 여러분이 이론을 기반으로 하여 기능을 축적한 제과제빵 기술인이 되길 진심으로 바랍니다. 그래서 제가 치즈 케이크를 연구할 때 노트에 적어둔 치즈의 개론을 여러분과 공유합니다.

1_치즈의 정의

우유나 그 밖의 유즙에 송아지의 제4위에서 추출하여 조제한 응유효소인 레닌을 넣어 카세인을 응고시킨 후, 발효·숙성시켜 치즈를 만드는 것이 일반적이다. 그러나 블루 치즈의 한 종류인 고르곤졸라(Gorgonzola)는 곰팡이와 세균에 의해 발효·숙성시켜 만든다. 예전에는 치즈를 젖산균(유산균)을 넣어 응고시킨 후 발효·숙성시켜 만들었다.

2_치즈의 분류

치즈의 수분함량 및 경도에 따라 다음과 같이 분류할 수 있다.

초경질 치즈	파마산, 페코리노 로마노 등이 있다.
경질 치즈	체다, 고다, 에멘탈 등이 있다.
반경질 치즈	고르곤졸라, 그 이외의 다양한 블루 치즈 등이 있다.
연질 치즈	카망베르, 모짜렐라, 브리 등이 있다.

3_치즈의 특징

파마산 / 파르미노 자노 레자노	분말로 만들어 이용하므로 분말치즈라고도 한다. 지방을 뺀 탈지우유로 만든다.
페코리노 로마노	이탈리아가 원산지로 페코리노는 '양(羊)'이라는 뜻을 가진 이탈리아어 '페코라'에서 유래했다. 이 치즈는 성서에 언급되어 있는 현존하는 치즈 가운데 가장 오래된 것으로 알려져 있다.
고르곤졸라	푸른곰팡이와 세균에 의해 발효·숙성시켜 만든다. 이 치즈는 군데군데 푸른색이 있어 블루 치즈의 한 종류이다.
카망베르	페니실리움 카멤베르티 곰팡이와 세균에 의해 발효·숙성시켜 만든다. 이 치즈는 숙성기간이 짧으며, 표면은 흰색으로 덮여 있고 내부는 크림과 같은 부드러운 질감과 색깔을 띠고 있다.
크림치즈	숙성시키지 않은 부드러운 치즈로 수분함량이 55% 이상이며, 33% 이상의 지방을 함유하고 있다.

Café
COFFEE
BREAD
SANDWICH
CAFE
베이커리
빙수
포장
가능
Real
Ice Flakes

CHEF'S BREAD & DESSERT

1 2
3 4
5 6
7 8
9 10
11 12
13

• Chef's **Profile**

현) ㈜철은인터내셔날 기술전무
전) ㈜팜팩토리 메뉴 개발이사
　　㈜롯데 웰푸드 근무
　　㈜삼양 웰푸드 근무
　　㈜서울 하인즈 근무
　　제과기능장
　　식품위생사
　　식품가공기능사
　　세계 요리경연대회 금메달 수상
　　대한제과협회 제빵 금상 수상
　　베이커리 페어 은상 수상

• Bakery **Know-how**

잘 되는 매장 3군데, 안 되는 매장 3군데 베이커리 카페를 가 보면 눈에 보인다. 왜 잘 되는 베이커리에는 사람이 많고 매출이 나오는지, 반면에 왜 안 되는 베이커리에는 매출이 안 나오는지, 쉽게 확인할 수 있다. 인테리어가 잘못됐든 불친절하든 아니면 제품이 맛이 없든 셋 중의 하나는 보인다. 이러한 문제점 중에서 우리가 도움을 줄 수 있는 '맛있는 제품'을 알려드리고자 한다.

요즘 많은 베이커리 카페의 제품들을 보면 사워도우를 이용해 만든 다양한 컨셉 빵들이 주를 이루고 있다. 여기서 놓치지 말아야 할 가장 중요한 요소는 우리나라 사람들이 좋아하는 종류의 빵과 맛에 사워도우를 적절하게 활용해야 한다는 것이다.

이 책을 통해 통밀 사워종을 적절하게 활용하는 방법과 이를 활용해 만든 맛있는 조리빵 2품목, 과자빵 1품목, 건강빵 1품목을 소개한다.

옥수수 달콤빵

CORN SWEET BREAD

수분이 많은 야채는 반죽의 되기에 큰 영향을 미칠 수 있다. 수분이 많은 야채를 그대로 사용하면 반죽이 너무 질어져 원하는 형태로 만들기 어려울 수 있다. 따라서, 반죽의 되기를 적절히 조절하는 것이 중요하다.

수분 조절 방법에는 몇 가지가 있다.

첫째, 수분이 많은 야채를 미리 조리하여 수분을 일부 증발시키거나 야채의 수분 함량을 줄이는 방법이 있다. 둘째, 반죽에 들어가는 액체 재료의 양을 조절하여 반죽의 질감을 원하는 수준으로 맞출 수 있다. 셋째, 가루 재료를 추가하여 반죽의 농도를 조절하는 방법도 있다. 이러한 방법은 특히 당일생산과 당일판매가 이루어지는 베이커리나 카페에서 유용하다.

하지만, 장기 보관과 유통이 필요한 경우에는 다른 접근법이 필요한데, 탈수기를 사용하여 야채의 수분을 충분히 제거한 후 반죽에 넣는 것이 좋다. 이렇게 하면 반죽의 되기를 조절하기가 쉬워질 뿐만 아니라, 제품의 변질을 늦출 수 있어 장기간 보관 및 유통이 가능하다. 또한, 탈수된 야채는 반죽에 첨가될 때 더욱 강한 맛과 식감을 제공할 수 있어 소비자들에게 더욱 만족스러운 제품을 제공한다. 이러한 방법은 대량 생산 및 납품이 필요한 경우에 특히 효과적이며, 제품의 품질을 일정하게 유지할 수 있다.

01_Formula | 41개 분량

빵 반죽	
강력분	1,000g
설탕	100g
소금	16g
드라이이스트	20g
달걀	150g
우유	275g
물(바시나주)	275g
버터	100g
통밀 사워종	100g

충전물	
스위트 콘	1,300g
마요네즈	300g
피자치즈	400g
설탕	100g
메이플시럽	100g
옥수수분말	120g

토핑물	
버터	430g
설탕	340g
달걀	300g
박력분	46g
옥수수분말	170g
연유	38g
식용유	24g

Process

믹싱	1차 발효	분할	중간 발효	성형	2차 발효	굽기
최종단계, 반죽온도 24℃	27℃, 75%, 40분	반죽 50g, 충전물 60g, 토핑물 32g	10분	반죽에 충전물을 포앙	32℃, 85%, 40분	윗불 190℃ / 아랫불 170℃, 20분

1. 믹싱 : 최종단계(100%), 반죽온도 24°C

❶ 드라이이스트는 물에 풀어 액체재료와 함께 넣고 버터를 제외한 전 재료 넣고 저속 1분 믹싱한다.

❷ 중속 2분 ➡ 버터 투입 ➡ 고속 3~5분 믹싱한다.

❸ 픽업단계에서 반죽의 되기를 보면서 물을 가감하여 조절한다.

(TIP)

1_반죽의 pH는 발효가 진행됨에 따라 하강이 일어나야 한다. 왜냐하면 pH의 하강은 전분의 수화와 팽창, 효소의 작용 속도, 반죽의 산화·환원과정을 포함하는 여러 가지 생화학반응에 영향을 미치기 때문이다. 그래서 반죽의 pH를 떨어뜨리기 위해 발효가 진행됨에 따라 유기산을 생성시키거나 유기산·무기산을 첨가하는 방법을 사용한다. 여기서는 통밀 사워종을 사용하여 유기산을 첨가하는 방법을 제시한다.

2. 1차 발효 : 27°C, 75%, 40분

> (TIP)
>
> **1_**생이스트를 강력분 기준 4%를 넣고 1차 발효시간을 40분 정도 설정한다. 이는 발효의 3단계 진행과정에서 1단
> 계인 반죽의 팽창에 초점을 두어 발효를 시키는 것이다. 반죽의 팽창에 초점을 맞추어 발효를 진행시키면 완제품
> 을 가볍고 부드러운 상태로 만들 수 있다.

3. 분할 : 50g ⇒ 둥글리기

4. 중간 발효 : 26°C의 실온에서 10분간 벤치타임을 진행한다.

5. 성형 :

❶ 반죽 50g에 충전물 60g을 해라로 포앙한다.

❷ 평철판에 포앙한 반죽을 12개씩 패닝한다.

6. 2차 발효 : 32°C, 85%, 40분

7. 굽기 전 : 토핑을 짤주머니에 담아 윗면에 달팽이 모양으로 32g씩

짜준다.

> (TIP)
>
> **1_**만약에 토핑물을 많이 짜게 되면 구우면서 흘러내려 모카번처럼 되므로 형태를
> 구분하기 위해 제품의 약 50%를 덮는 정도로 짠다.

8. 굽기 : 윗불 190°C / 아랫불 170°C, 20분

1 _마요네즈, 설탕, 메이플시럽을 체로 거른 후 물기를 완전히 제거한 스위트
콘, 피자치즈에 넣고 손으로 섞는다.

2 _[과정1]에 옥수수분말을 넣고 손으로 섞으면서 되기를 보고 옥수수분말을
추가하며 되기를 조절한다.

TIP

1 _물기를 이렇게까지 신경 써서 제
거하지 않으면 충전물이 질어져
반죽 속에 충전하기가 어렵다.

2 _충전물의 되기가 일정하지 않은
이유는 스위트 콘의 물기를 제거
하는 정도가 다르기 때문이다.

1 _설탕, 버터, 식용유, 연유를 스테인리스 볼에 넣고 핸드 거품기로 균일하
게 섞는다. 만약에 믹서를 사용할 경우에는 반죽날개는 비터를 사용한다.

2 _[과정1]에 달걀을 4~5번에 나누어 투입하면서 균일하게 섞는다. 섞을
때 공기포집이 많이 되지 않도록 주의한다.

3 _균일하게 혼합 후 체질한 박력분과 옥수수분말을 넣고 핸드 거품기로 가
볍게 섞는다.

TIP

1 _공기포집이 지나치게 많이 되면
구울 때 토핑물이 익지 않을 수도
있으니 주의한다.

메이플 프로마쥬 브레드
MAPLE FROMAGE BREAD

 메이플 프로마쥬 브레드와 같은 제품은 최근에 크림치즈를 활용하여 더욱 부드러운 질감을 추구하는 경향이 있다. 이에 따라, 크림치즈를 부드럽게 만드는 것이 중요한 작업 중 하나로 부각되고 있다. 제조사에서 권장하는 이론적인 방법은 사용하기 전에 크림치즈를 실온에 꺼내어 자연스럽게 유연하게 만드는 것이다. 그러나 이 방법은 작업장의 온도가 계절에 따라 바뀌기 때문에 실질적으로 적용하기 어려운 경우가 많다.

따라서, 이 책에서는 전자레인지를 사용하여 크림치즈를 부드럽게 만드는 방법을 제안하고자 한다. 이 방법은 초콜릿을 녹일 때 전자레인지를 사용하는 것과 비슷한 원리를 따른다. 구체적인 방법으로는, 먼저 크림치즈를 전자레인지에 넣기 적합한 용기에 담는다. 그 후, 전자레인지를 여러 차례 크림치즈가 골고루 부드러워지도록 한다. 이 과정에서 주의해야 할 점은 크림치즈가 과열되지 않도록 주기적으로 상태를 확인하고, 필요한 경우 잘 저어주는 것이다. 이러한 방법은 작업 환경의 온도에 상관없이 안정적으로 크림치즈의 질감을 조절할 수 있는 유용한 대안이 될 것이다.

이와 같은 방법을 통해 크림치즈를 보다 쉽게 다룰 수 있으며, 메이플 프로마쥬 브레드의 질감을 최적화하는 데 도움이 될 것이다.

01_Formula | **45**개 분량

빵 반죽			충전물			토핑물	
강력분	1,200g		크림치즈	1,200g		버터	364g
타피오카(소프트T)	134g		설탕	100g		설탕	520g
제빵개량제	7g		전분	15g		연유	64g
설탕	94g		동물성 생크림	100g		달걀	90g
소금	24g		메이플시럽	100g		중력분	270g
버터	80g					베이킹파우더	6g
고당용 드라이이스트	24g					베이킹소다	6g
몰트엑기스	13g						
우유	450g						
물(바시나주)	450g						
통밀 사워종	270g						

Process

믹싱	1차 발효	분할	중간 발효	성형	2차 발효	굽기
최종단계, 반죽온도 24°C	27°C, 75%, 40분	반죽 60g, 충전물 35g, 토핑물 26g	26°C, 10분	반죽에 충전물을 포앙	32°C, 85%, 40분	윗불 180°C / 아랫불 190°C, 20분 내외

02_ How to make

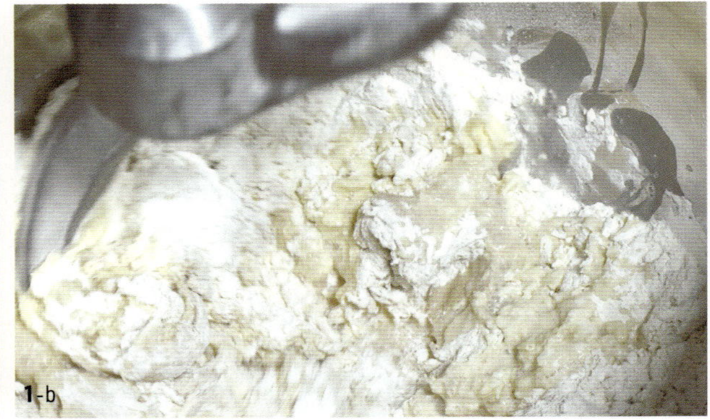

1. 믹싱 : 최종단계(100%), 반죽온도 24°C

❶ 버터를 제외한 모든 재료를 믹서볼에 넣는다.

❷ 드라이이스트를 물에 풀고, 몰트엑기스는 우유에 섞어 넣고 저속 1분 믹싱한다.

❸ 중속 2분 ➡ 고속 3분 ➡ 버터 투입 후 저속 1분 ➡ 고속 3~5분 믹싱한다.

❹ 픽업단계에서 반죽의 되기를 보면서 물을 가감하여 조절한다.

(TIP)

1_물의 양에서 45g 정도를 빼 조절수로 사용한다.

2_배합 시 물의 양에서 조절수를 떼어 반죽의 되기에 따라 가감하는 이유는 다음과 같다.

　㉠ 밀가루의 수율에 따라 수분흡수율이 달라지므로 반죽의 되기가 달라진다.

　㉡ 밀가루를 보관하는 장소의 습도에 따라 밀가루의 수율이 달라지므로 반죽의 되기가 달라진다.

3_설탕이 많이 들어가는 반죽에는 고당용 이스트를 사용한다. 이 이스트는 저당용 이스트에 비해서 설탕을 분해하는 속도가 대단히 느린 특징을 갖고 있다. 그러므로 이 고당용 이스트는 프랑스빵과 같이 설탕의 배합이 적은 반죽에서는 아주 천천히 발효작용을 할 수밖에 없지만, 단 과자빵과 같이 대량의 설탕을 함유한 반죽에서는 오히려 적절한 속도로 설탕을 분해해서 활발히 발효를 할 수 있도록 한다.

2. 1차 발효 : 27°C, 75%, 40분

3. 분할 : 60g ⇒ 둥글리기

4. 중간 발효 : 26°C의 실온에서 10분간 벤치타임을 진행한다.

（TIP）

1_분할과 둥글리기를 작업하는 동안 반죽은 유연성(신장성)과 탄력성을 잃어버리고 축적된 발효가스가 손실되는 상당한 물리적 손상을 받게 된다. 반죽 특성의 이러한 변화는 정형공정 시 반죽의 작업성에 나쁜 영향을 미친다. 그러므로 둥글리기를 끝낸 반죽이 분할공정 전의 물리적 특성을 회복할 수 있도록 성형하기 전에 작업대 위에서 잠시 발효시키는 중간발효를 진행한다. 이를 일명 벤치타임이라고도 한다.

5. 성형 : 반죽 60g에 충전물 35g을 해라로 포앙한 후 평철판에 놓고 원형이 되도록 손바닥으로 눌러준다.

6. 2차 발효 : 32°C, 85%, 40분

7. 굽기 전 :

❶ 짤주머니에 토핑물을 담아 26g씩 원형으로 짜준다.

❷ 그 위에 테프론시트를 얹고 가벼운 평철판을 올린다.

(TIP)

1 _ 업장의 철판이 너무 무거운 철판일 경우 미니 타르트틀과 같은 받침대를 놓고 올린다.

2 _ 토핑물을 납작하게 누를 때 덧가루를 적절히 사용하면서 작업을 진행한다.

8. 굽기 : 윗불 180℃ / 아랫불 190℃, 20분 내외

1_크림치즈를 부드럽게 만든다.

2_전분을 제외한 모든 재료를
한꺼번에 넣고 핸드 거품기로 섞는다.

3_[과정2]에 전분을 넣고
균일하게 섞어 완성한다.

TIP **크림치즈를 부드럽게 만드는 방법**

1_전자레인지용 용기에 크림치즈를 담는다.

2_1000W 기준 전자레인지에 크림치즈를 담은 용기를 넣고 2분간 돌린다.

3_전자레인지의 문을 열고 확인 후 다시 30초 간격으로 돌리면서 크림치즈의
상태를 확인한다.

4_크림치즈의 부드러운 정도를 확인하면서 30초 간격으로 돌리기를 반복한다.

토핑물 만들기

1_버터, 설탕, 연유를 믹서볼에 넣고 핸드 거품기로 균일하게 섞는다.

2_휘핑하면서 달걀을 2~3번에 나누어 투입한다.

3_90% 이상의 상태로 크림화한다.

4_균일하게 혼합 후 체질한 중력분, 베이킹파우더, 베이킹소다를 [과정3]에 붓고 핸드 거품기로 균일하게 섞는다.

5_완성된 토핑물을 10°C 냉장온도에서 24시간 숙성 후 사용한다.

양파빵

ONION BREAD

양파빵을 만들 때 이스트의 선택과 적절한 비율은 빵의 질에 큰 영향을 미친다. 발효가 적절히 이루어지면 양파의 단맛과 이스트의 풍미가 잘 어우러져 맛있는 양파빵을 만들 수 있다. 생이스트와 드라이이스트를 적절히 조합하면 냄새와 맛의 밸런스를 조절하여 제품의 질을 높일 수 있다.

생이스트를 강력분 대비 4% 이상 사용할 경우 생이스트가 갖고 있는 특유의 냄새와 맛 때문에 제품의 질이 떨어질 수 있다. 이런 경우에 생이스트의 일부분을 고당용 드라이이스트로 대체하면 냄새와 맛을 개선할 수 있다. 만약에 생이스트를 고당용 드라이이스트로 대신하는 경우 생이스트의 40~50%를 사용한다. 예를 들면, ㉠생이스트 100g을 드라이이스트로 대신한다면, 100g×0.5=50g이 된다. ㉡드라이이스트 50g을 생이스트로 대신한다면, 50g÷0.5=100g이 된다.

이 외에도, 양파빵의 향과 맛을 개선하기 위해 추가적으로 고려할 수 있는 요소들은 양파의 준비 방법(캐러멜라이징 등), 발효 시간 및 온도 조절 등이 있다. 이러한 요인들도 함께 고려하여 최상의 맛을 내는 것이 중요하다.

01_Formula │ 26개 분량

빵 반죽

강력분	1,000g
설탕	100g
소금	18g
고당용 드라이이스트	22g
달걀	200g
우유	170g
물(바시나주)	170g
통밀 사워종	100g
다진 양파	100g
건조 파슬리	6g

충전물

롤 치즈	676g

토핑물

슬라이스 양파	720g
케첩	60g
마요네즈	60g
슬라이스 치즈	120g
피자치즈	200g
건조 파슬리	적당량

Process

믹싱	1차 발효	분할	중간 발효	성형	2차 발효	굽기
최종단계, 반죽온도 24°C	27°C, 75%, 40분	120g	26°C, 10분	롤 치즈를 넣고 타원형 모양	32°C, 85%, 50분	윗불 200°C / 아랫불 150°C, 17분

1. 믹싱 : 최종단계(100%), 반죽온도 24°C

❶ 저속 1분 ⇒ 고속 3~4분 ⇒ 다진 양파, 파슬리 투입 후 중속 3분 믹싱한다.

❷ 이스트는 물에 풀어 액체재료와 함께 넣고 부재료를 제외한 모든 재료를 넣고 저속 1분 믹싱한다.

❸ 픽업단계에서 반죽의 되기를 보면서 물을 가감하여 조절한다.

(TIP)

1_반죽에 양파를 투입 후 양파 자체에서 물이 나오기 때문에 이를 감안하여 반죽이 질어지지 않도록 유의한다.

❹ 다진 양파와 건조 파슬리는 글루텐이 어느 정도 발전된 단계에서 투입 후 중속으로 3분 더 믹싱한다.

CHEF'S NOTE

믹싱 마지막 단계에서 중속으로 돌리는 이유

1_마찰열에 의해 반죽의 온도가 상승하여 밀가루의 수분흡수율을 낮추는 것을 방지하기 위함이다.

2_고속으로 믹싱하면서 손상된 글루텐을 중속으로 믹싱하여 재정돈하기 위함이다.

3_다진 양파가 지나치게 으깨져 물이 나오는 것을 방지하기 위함이다.

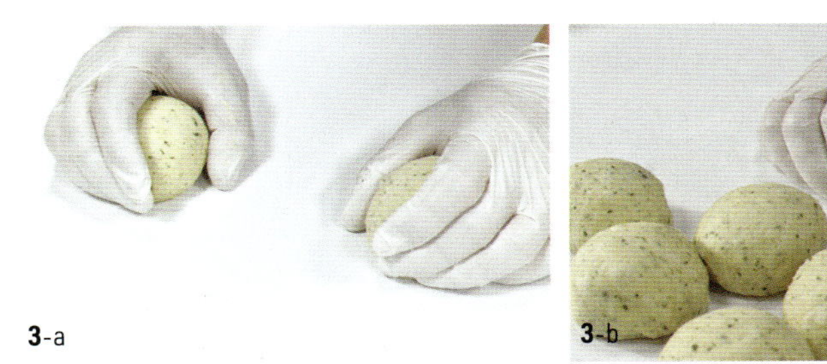

3-a

3-b

5-a

5-b

5-c

2. 1차 발효 : 27°C, 75%, 40분

3. 분할 : 120g ⇒ 둥글리기

4. 중간 발효 : 26°C의 실온에서 10분간 벤치타임을 진행한다.

5. 성형 :

❶ 밀대로 길게 밀어준다.

❷ 반죽 위에 롤 치즈 26g을 골고루 편 후 타원형으로 말아준다.

❸ 평철판에 6개씩 패닝한다.

5-d

TIP

1_패닝은 정형이 완료된 반죽을 틀(Tin)에 넣거나 팬(Pan)에 나열하는 공정으로 패닝을 할 때 틀과 팬의 온도는 32°C가 적당하다. 왜냐하면 1차 발효와 성형을 거치는 동안 상승한 반죽온도보다 팬의 온도가 낮으면 반죽의 온도가 낮아져 2차 발효시간이 길어지고 완제품의 질감이 질겨지기 때문이다.

2_제빵공정 시 반죽온도는 믹싱에서부터 굽기까지 지속적으로 상승될 수 있도록 관리하는 것이 매우 중요하다.

3_팬에 반죽을 나열할 때는 굽기 시 열의 흐름인 대류로 빵의 옆면을 균일하게 착색시키기 위하여 위와 아래, 좌우를 일정하게 벌려놓아야 한다.

6. 2차 발효 : 32°C, 85%, 50분

7. 굽기 전 :

❶ 발효된 반죽을 손바닥으로 가볍게 눌러 양파가 올라갈 수 있도록 자리를 만든다.

❷ 반죽 1개당 토핑물을 50g씩 얹고 골고루 펴준다.

8. 굽기 : 윗불 200℃ / 아랫불 150℃, 17분 정도 구운 뒤 파슬리로 장식한다.

(TIP)

1_ 굽기는 제빵과정에서 가장 중요한 공정으로 반죽을 가열하여 가볍고 기공이 많은 조직으로 소화하기 쉽고 향이 있는 완성제품을 만들어내는 것을 의미한다.

2_ 굽기 공정에서는 온도, 습도, 시간 등을 관리하여 부피의 증가, 전분의 호화, 단백질의 변성, 효모와 효소의 불활성, 갈변반응, 껍질과 향의 생성 등을 조절한다.

3_ 굽기에 의한 반죽의 착색 방식에는 복사(방사), 전도, 대류 등이 있으며, 복사(방사)는 빵의 윗면에, 전도는 빵의 밑면에, 대류는 빵의 옆면에 착색을 유도한다. 이러한 열전달 방식이 오븐에 따라 다양하게 적용되어 있다. 맛있는 빵을 만들기 위해서는 제품에 알맞은 열전달 방식의 오븐을 선정해야 한다. 그래서 이 책에서는 구울 때 사용한 오븐이 보일 수 있도록 했다.

토핑물 만들기

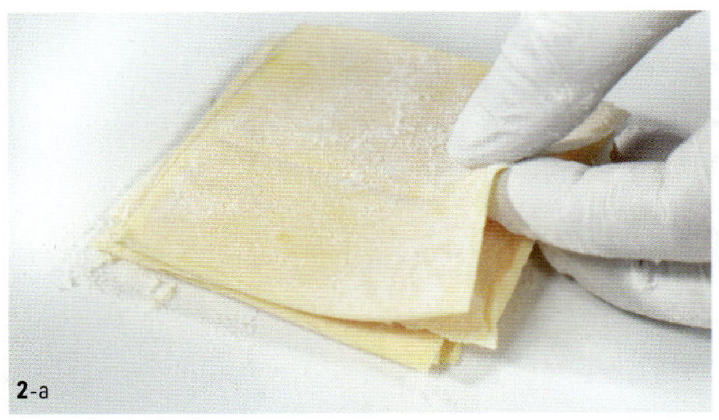

2-a

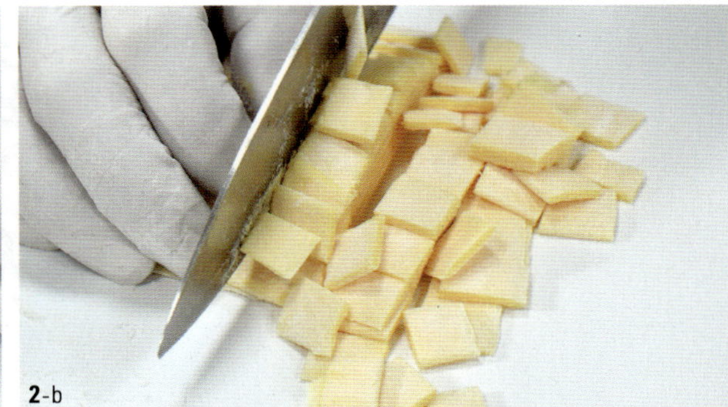

2-b

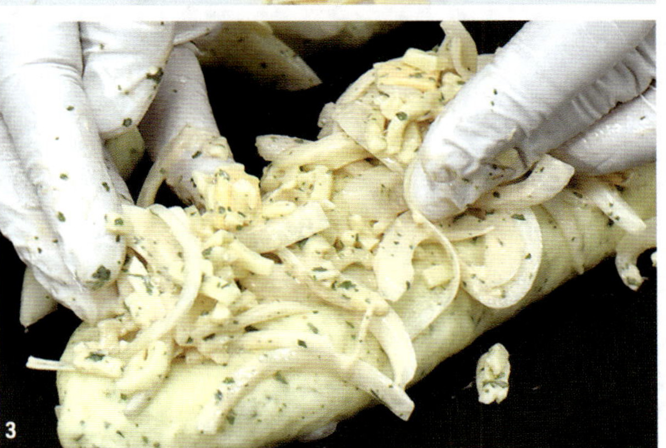

3

1 _슬라이스를 한 양파에 케첩과 마요네즈를 짜서 파슬리와 함께 버무린다.

2 _체다 슬라이스 치즈는 전분 또는 강력분을 앞뒤로 묻힌 후 겹쳐 스크레이퍼로 1cm의 정사각형으로 자른다.

3 _준비된 체다 슬라이스 치즈와 피자 치즈를 [과정1]에 넣고 골고루 버무린다.

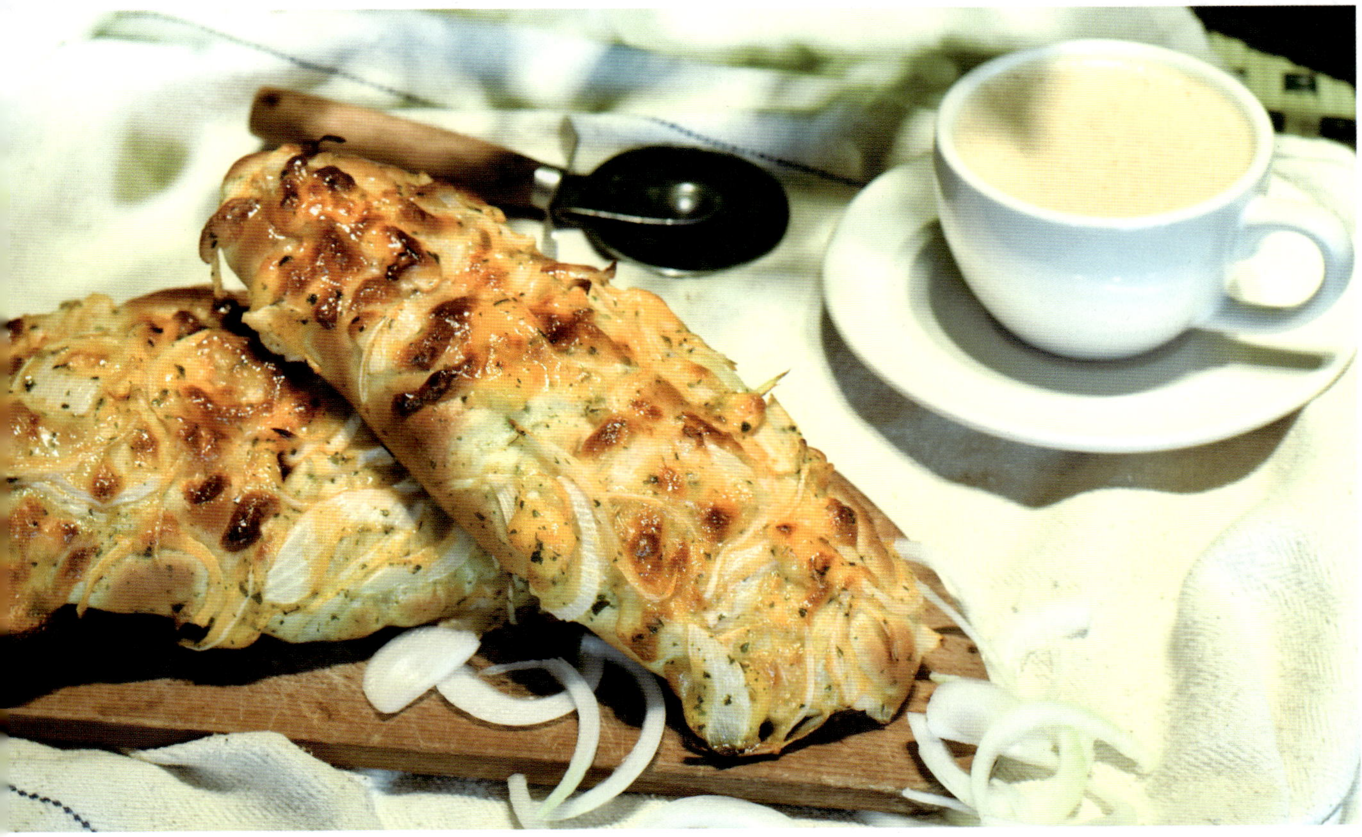

통밀 이나카
WHOLE WHEAT INAKA

깜빠뉴의 매력은 자연스러움에 있다. 현대의 빵이 배양효모를 첨가해 빠르게 발효되는 것과 달리, 깜빠뉴는 자연에서 얻은 야생효모로 발효된다. 공기 중의 효모가 반죽에 스며들어 천천히 그 맛을 낸다. 사워도우 방식으로 만들어진다는 점이 특별한데, 이는 빵 반죽을 조금 남겨두었다가 다음 반죽에 섞어 발효시키는 전통적인 방법이다. 이렇게 만들어진 깜빠뉴는 두꺼운 크러스트와 묵직한 크럼을 가진다. 한입 베어 물면 바삭한 소리가 나고, 그 안은 쫄깃하게 씹힌다. 구수한 향과 함께 미묘하게 감도는 신맛이 이 빵의 매력을 더한다.

하지만 이렇듯 개성 강한 깜빠뉴가 모든 이에게 사랑 받는 것은 아니다. 특히, 아시아인에게는 그 진한 맛과 두꺼운 껍질이 다소 부담스러울 수 있다. 이에 반해 일본에서 만들어진 이나카는 깜빠뉴의 장점을 살리면서도 아시아인의 입맛에 맞춘 버전이라 할 수 있다. 이나카는 일본어로 '시골'이라는 뜻을 가지고 있는데, 그 이름처럼 소박하고도 따뜻한 빵이다.

이나카는 깜빠뉴의 두꺼운 크러스트 대신 조금 더 부드럽고 먹기 쉬운 질감을 가지고 있다. 신맛도 적당히 줄여, 처음 깜빠뉴를 접하는 사람들도 부담 없이 즐길 수 있다. 깜빠뉴의 전통적인 방법을 존중하면서도 현대적인 입맛을 반영한 이 빵은, 일본의 장인 정신과 섬세한 미각이 결합된 결과물이라 할 수 있다.

01_Formula | 15개 분량

빵 반죽

강력분	3,090g	달걀	450g
고운통밀가루	450g	우유	1,100g
흑설탕	450g	물(바시나주)	1,100g
통밀 사워종	600g	우유버터	300g
소금	45g	건포도	525g
드라이이스트	75g	건크랜베리	450g
몰트엑기스	30g	호두	300g
분유	150g		

Process

믹싱	1차 발효	분할	중간 발효	성형	2차 발효	굽기
최종단계, 반죽온도 24°C	27°C, 85%, 40분	600g	10분	긴 원통형 모양 제조 후 바네통에 패닝	27°C, 85%, 50분	윗불 230°C / 아랫불 220°C, 스팀 후 15분 굽고, 윗불 180°C / 아랫불 180°C로 낮추어 15분

1-a 1-b 1-c
1-d 1-e

1. 믹싱 : 최종단계(100%), 반죽온도 24°C

❶ 버터와 부재료를 제외한 모든 재료와 사전 반죽을 넣고 저속으로 1분 믹싱한다.

❷ 고속으로 5분, 중속으로 8분간 믹싱한다.

❸ 발전단계(80%)까지 도달한 반죽에 버터를 4번에 나누어 투입하면서 중속으로 섞는다.

❹ 건포도, 건크랜베리, 호두를 넣고 저속으로 3분간 믹싱한다.

(TIP)

1_하드계열 빵 반죽에 주로 사용하는 스파이럴 믹서로 믹싱할 경우 반죽 시간은 조금 더 길어지지만 믹싱기의 훅과
반죽의 마찰이 버티컬 믹서에 비해 현저히 적기 때문에 반죽의 온도를 22~24°C로 낮게 완성하는 빵 반죽의 믹
싱에 용이하다.

2_건포도와 건크랜베리는 물에 여러 번 세척 후 약 1시간가량 불린 다음 사용하고, 호두는 170°C 오븐에 15분간
구워서 식힌 후 사용한다.

1-f

2. 1차 발효 : 27°C, 85%, 40분

3. 분할 : 600g ⇒ 둥글리기

4. 중간 발효 : 실온에서 10분간 벤치타임을 진행한다.

5. 성형 :

❶ 반죽을 긴 원통형으로 말아준다.

❷ 겉면에 가볍게 물을 분사한 후 호밀을 묻혀준다.

❸ 길이 22cm의 원통형 바네통에 패닝한다.

6. 2차 발효 : 27°C, 85%, 50분

7. 굽기 전 : 반죽을 테프론시트에 옮기고 쿠프 나이프로 칼집을 내준다.

TIP

1_쿠프 나이프로 칼집을 내줄 때 날을 수직이 아니라 수평에 가깝게 들고 얇게 내주어야 껍질이 얇고 구웠을 때 완제품의 부피가 오히려 더욱 큰 결과물을 만들 수 있다.

8. 굽기 :

❶ 윗불 230°C / 아랫불 220°C, 스팀 분사 후 15분 굽는다.

❷ 윗불 180°C / 아랫불 180°C 로 온도를 낮추어 15분 더 굽는다.

TIP

1_하드계열의 빵은 초기에 높은 온도로 오븐 스프링을 더욱 잘 일어나게 하고 껍질을 형성시키는 역할을 하며 이후 온도를 낮추어 굽게 되면 겉면이 너무 타는 것은 방지하고 구운 뒤 식혔을 때 크러스트의 식감 유지를 돕는 역할을 한다.

Chef's Secret Recipe
통밀 사워종 만들기

1_재료 준비 : 유기농 통밀가루 8,100g, 물 8,100g, 레몬주스 6g

2_배양기의 배양온도 : 26°C

3_1차 통밀 사워종 만들기 :

❶ 통밀가루 100g, 물 100g, 레몬주스 6g 등을 준비한다.

❷ 통밀가루에 26°C의 계량한 물을 넣고 주걱으로 균일하게 섞는다.

❸ 1차 통밀 사워종을 배양기에서 24시간 배양한다.

❹ 24시간 배양할 때 8시간마다 주걱으로 휘저어준다.

1_레몬주스를 넣어 pH를 낮추면 세균성 식중독균을 제압할 수 있다.

2_배양할 때 사워종을 휘저어(Shaking)주면 곰팡이균의 발아를 억제할 수 있다. 그리고 배지에 산소를 혼입시켜 미호기성 유산균과 호
기성 효모균의 증식을 촉진할 수 있다.

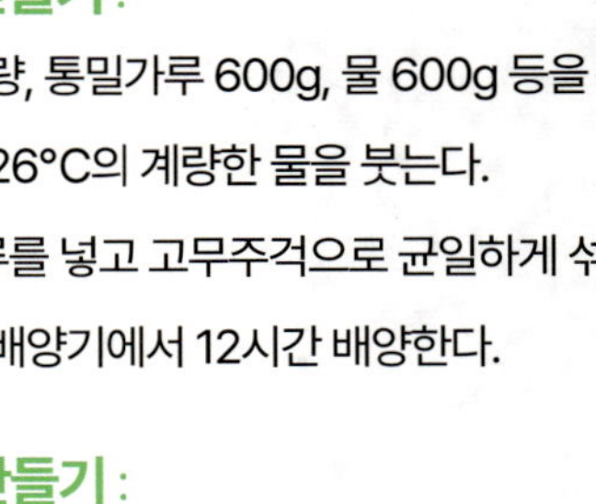

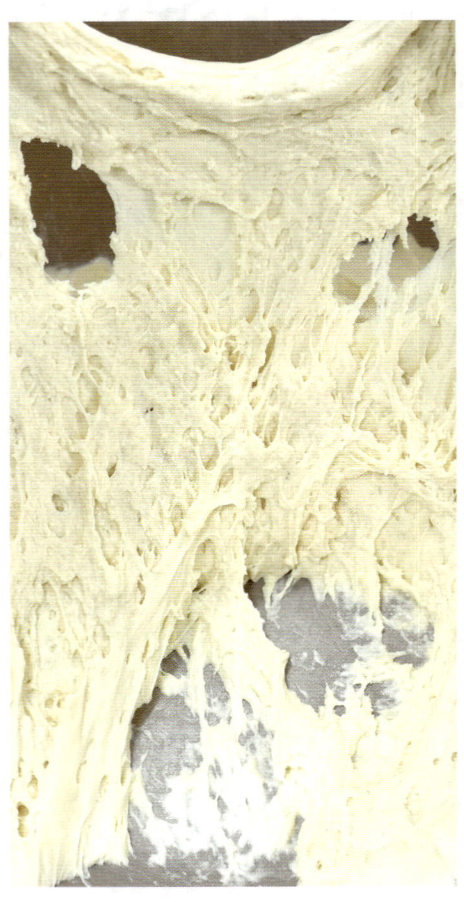

4_2차 통밀 사워종 만들기 :

❶ 1차 통밀 사워종 전량, 통밀가루 200g, 물 200g 등을 준비한다.

❷ 1차 통밀 사워종에 26°C의 계량한 물을 붓는다.

❸ [과정❷]에 통밀가루를 넣고 주걱으로 균일하게 섞는다.

❹ 2차 통밀 사워종을 배양기에서 24시간 배양한다.

❺ 24시간 배양할 때 8시간마다 주걱으로 휘저어준다.

5_3차 통밀 사워종 만들기 :

❶ 2차 통밀 사워종 전량, 통밀가루 600g, 물 600g 등을 준비한다.

❷ 2차 통밀 사워종에 26°C의 계량한 물을 붓는다.

❸ [과정❷]에 통밀가루를 넣고 고무주걱으로 균일하게 섞는다.

❹ 3차 통밀 사워종을 배양기에서 12시간 배양한다.

6_4차 통밀 사워종 만들기 :

❶ 3차 통밀 사워종 전량, 통밀가루 1,800g, 물 1,800g 등을 준비한다.

❷ 3차 통밀 사워종에 26°C의 계량한 물을 붓는다.

❸ 믹싱 볼에 [과정❷]와 통밀가루를 넣고 믹서에 비터를 장착한 후 저속
과 중속으로 믹싱하여 균일하게 섞는다.

❹ 4차 사워종을 배양기에서 6시간 배양한다.

7_5차 통밀 사워종 만들기 :

❶ 4차 통밀 사워종 전량, 통밀가루 5,400g, 물 5,400g 등을 준비한다.

❷ 4차 통밀 사워종에 26°C의 계량한 물을 붓는다.

❸ 믹싱 볼에 [과정❷]와 통밀가루을 넣고 믹서에 비터를 장착한 후 저속과 중속으로 믹싱하여 균일하게 섞는다.

❹ 5차 통밀 사워종을 배양기에서 3시간 배양한다.

8_계대배양하는 과정의 통밀 사워종이나 혹은 완성된 통밀 사워종을 손가락으로 찍어 맛을 보고 냄새를 맡았을 때 쓴맛이 강하면서 은행냄새가 난다면 망한 사워종이다. 이럴 때는 무조건 오븐에 구워서 버린다. 통밀 사워종에서 쓴맛과 은행냄새가 생긴 이유는 30°C 이상의 배양온도에서 종배양을 했기 때문이다.

9_계대배양으로 완성된 통밀 사워종의 완료점은 발효력으로 확인한다. 발효력을 확인하는 방법은 26°C의 실온에서 통밀 사워종이 3시간 안에 2배가 되면 된다.

10_보관과 사용기간 :

완성된 5차 통밀 사워종에 통밀 810g, 5°C의 물 810g 등을 넣어 섞은 후 5°C의 냉장고에서 여름에는 1일 정도, 겨울에는 2일 정도의 범위 안에서는 미생물의 개체수와 가스 발생력의 큰 편차 없이 사용이 가능하다. 그러나 냉장고에서 꺼내어 사용할 때는 통밀 사워종의 상태를 확인하면서 먹이주기를 한 다음 2시간 후에 사용한다.

11_최종적으로 완성되는 통밀 사워종의 양을 조절하고 싶다면 통밀 사워종의 계대배양 패턴(사워종 100 : 통밀 100 : 물 100)을 이해하고 필요로 하는 통밀 사워종의 양에 맞추어 계대배양 패턴에 대입한다. 예를 들어 완성된 통밀 사워종의 양이 2,100g이 필요하다면 다음과 같다.

계대배양 차수	앞차수의 사워종	26°C의 물	통밀가루	레몬주스
1차 통밀 사워종	-	100g	100g	6g
2차 통밀 사워종	1차 통밀 사워종 100g	100g	100g	나머지 2차 통밀 사워종은 버린다.
3차 통밀 사워종	2차 통밀 사워종 150g	150g	150g	나머지 3차 통밀 사워종은 버린다.
4차 통밀 사워종	3차 통밀 사워종 250g	250g	250g	나머지 4차 통밀 사워종은 버린다.
5차 통밀 사워종	4차 통밀 사워종 700g	700g	700g	2,100g의 통밀 사워종을 얻는다.

CHEF'S BREAD & DESSERT

• Chef's **Profile**

현) 만오제빵소 오너 셰프
　　전주의 명품 '수제 초코파이' 개발자
　　전주시가 키운 제빵부문 국가대표
　　대한민국 제과기능장

• Bakery **Know-how**

빵은 '제품'이 될 수도 있고 '상품'이 될 수도 있다. 빵의
'질적인 요소'만 강조한다면 그것은 제품이고, 빵에 '가
치적인 요소'까지 담아낸다면 그것은 상품이 된다.

제품이 창출하는 매출보다는 상품이 창출하는 매출이
더 크다. 그래서 빵이 상품이 되도록 빵에 가치를 담아내
야 하고, 그 가치에 대해 지역 커뮤니티에서 응원을 해줘
야 한다. 여기 전주의 커뮤니티에서 응원을 받고 있는 상
품을 소개한다. 전주의 명품 '수제 초코파이' 개발자로서
레시피를 공유한다. 많은 분들이 이를 참고하여 제품을
넘어 상품을 만들기를 바란다.

전주 수제 초코파이

JEONJU CHOCO PIE

전주에 방문한 적이 있는 사람이라면, 그 독특한 맛과 향을 기억하고 있을 것이다. 전주비빔밥, 한옥마을, 그리고 이제는 전주의 명품으로 자리 잡은 '전주 수제 초코파이'가 그렇다. 이 초코파이는 단순히 달콤한 디저트 이상의 의미를 가지고 있다. 전주의 지역적 특성과 제과인들의 협력, 그리고 '공생공영'이라는 가치를 담고 있기 때문이다.

· **제품에서 상품으로** : 처음 전주 수제 초코파이를 개발했을 때, 나는 이 제품이 그저 맛있는 디저트로 끝나지 않기를 바랐다. 맛있고 질 좋은 초코파이를 만드는 것만으로는 충분하지 않았다. 더 많은 이들에게 사랑받기를 원했고 지역을 대표하는 상품으로 자리 잡기를 바란다. 나는 '수제초코파이'라는 제품을 '상품'으로 발전시키기 위한 중요한 결정을 내렸다. 그것은 바로 레시피를 전주의 제과인들과 공유하는 것이었다.

· **공유의 가치** : 레시피를 공유한다는 것은 쉬운 결정이 아니다. 자신이 가진 노하우와 비법을 공개하는 것은 일종의 위험을 감수하는 일이기도 하다. 하지만 나는 전주라는 도시의 성장과 발전을 함께 이루고자 하는 마음에서 이 결정을 내렸다. 많은 제과인들이 나의 레시피를 바탕으로 자신의 아이디어와 창의성을 더하며 초코파이를 발전시켰다. 그 결과, 전주 수제 초코파이는 단순한 초코파이가 아닌, 전주를 대표하는 관광 상품으로 성장할 수 있었다.

· **함께 만들어가는 전주의 명품** : 이제 전주의 많은 제과점들이 전주 수제 초코파이를 함께 만들고 있다. 각각의 제과점은 저마다의 방식으로 초코파이를 조금씩 변형하고, 자신만의 특색을 더하고 있다. 이 과정에서 자연스럽게 경쟁이 아닌 협력이 이루어졌고, 서로의 발전을 돕는 파트너가 되었다. 이런 이유로 전주 수제 초코파이는 단순히 맛있는 디저트를 넘어, '더불어 살아가는 가치'를 담고 있는 상품으로 자리매김하게 되었다.

· **더 넓은 공생공영을 바라며** : 나는 이 레시피를 타 지역에도 공유하고자 한다. 전주에서 시작된 이 작은 움직임이 더 넓은 곳에서도 '공생공영'의 가치를 실현할 수 있기를 바라며, 다른 지역의 제과인들과도 협력하고 싶다. 우리가 함께 발전하고 성장할 때, 비로소 진정한 의미의 '공생'이 이루어진다고 믿기 때문이다.

전주 수제 초코파이는 단순한 디저트 그 이상의 가치를 가지고 있다. 그것은 맛과 품질을 넘어, 함께 나누고 협력하며 더불어 살아가는 삶의 방식을 보여주는 전주의 자랑스러운 명품이다.

01_Formula | **18개** 분량

초코파이 반죽

설탕	500g	베이킹파우더	5g
버터	425g	코코아분말	50g
달걀	7개	호두	150g
박력분	500g		

버터크림

설탕A	158g	설탕B	7g
물	54g	우유버터	375g
물엿	16g	연유	38g
소금	2g	럼주	8g
흰자	34g		

Process

반죽	>	분할	>	굽기	>	크림	>	마무리
초코파이 반죽 제조		짤주머니로 34g씩 짜기		윗불 210℃ / 아랫불 190℃, 12분		버터크림 제조		버터크림 샌드

02_How to make

❶ 초코파이 반죽 만들기

1. 믹서볼에 설탕, 버터를 동시에 넣고 비터로 저속 6분, 중속으로 믹싱한다.

TIP

1_달걀을 넣기 전에 충분히 믹싱을 해주어야 한다. 그렇지 않으면 원하는 만큼 충분히 거품이 올라오지 않는다. 버터가 최대한 맛을 낼 수 있는 상태까지 올려줘야 퍼짐 없고 부드럽고 바삭한 맛을 낼 수 있다. 버터가 약 28°C일 때 실온의 달걀과 함께 믹싱해주는 것이 좋다.

2. 달걀을 3~4분마다 1개씩 넣어주며 100% 믹싱한다.

3. 균일하게 혼합한 후 체로 친 박력분, 베이킹파우더, 코코아분말 그리고 호두를 저속으로 가볍게 섞어주며 마무리한다.

TIP

1_호두는 꼭 물에 세척 후 100°C 오븐에 40분간 장시간 구워준다. 너무 높은 온도로 구우면 호두가 타면서 풍미가 안 좋아질 수 있어서 낮은 온도로 최대한 오래 구워 풍미를 끌어올려준다.

4-a　　**4-b**

4. 철판에 유산지를 깔고 짤주머니를 이용해서 34g씩 짜준다.

1_ 버터가 안 섞인 부분이 있을 수 있으므로 짜기 전 손으로 충분히 섞어준다.

5. 윗불 210°C / 아랫불 190°C에서 12분 정도 구워준다.

1_ 작업장마다 주어진 오븐의 특성이 다르므로 색을 보면서 시간을 조절한다.

5

❷ 버터크림 만들기

1. 설탕A, 물엿, 물, 소금을 118°C까지 끓여 청을 잡는다.

(TIP)

1_시럽을 끓일 때 온도가 너무 올라가면 지나친 수분 증발로 인하여 설탕이 과포하상태가 되어 재결정이 생기게 된다.

2_물엿을 넣으면 설탕이 재결정화 되는 것을 어느 정도 막는 효과가 있다.

2. 흰자와 설탕B를 60%까지 믹싱한다.

3. [과정2]에 [과정1]을 조금씩 흘리면서 100%까지 믹싱한다.

(TIP)

1_[과정3]이 너무 뜨거울 때 우유버터를 바로 넣게 되면 버터가 분리되며 녹아 믹싱이 되지 않기 때문에 어느 정도 식혀서 넣어준다.

2_이때 버터가 너무 딱딱하면 부서지는 식감이 날 수 있어서 버터를 부드럽게 크림화한 다음 넣어준다.

CHEF'S NOTE

제과 시 블렁쉬(Blanchir) 작업

1_앙글레이즈, 이탈리안 머랭, 파트 아 봄브, 제누아즈를 공립법으로 만들 때 하는 작업이다.

2_뜨거운 시럽이나 우유, 중탕한 버터를 휘핑한 달걀 반죽, 흰자 반죽, 노른자 반죽 등에 첨가하는 작업을 가리킨다.

3_만약에 뜨거운 시럽이나 우유, 중탕한 버터를 휘핑하지 않고 달걀 반죽, 흰자 반죽, 노른자 반죽 등에 바로 부으면 꼭 라면국물에 풀어진 달걀처럼 군데군데 덩어리지는 걸 볼 수 있다.

4_하지만 달걀, 흰자, 노른자에 약간의 공기포집을 해서 뜨거운 우유, 시럽, 용해버터를 부어주면 공기입자들이 완충역할을 해 달걀이 익는 걸 방지할 수 있다.

---

4. 우유버터를 투입한 후 연유와 럼주를 넣고 섞어준다.

(TIP)

1_과도하게 믹싱해서 버터가 녹았을 경우, 1단으로 약하게 믹싱하여 되살릴 수 있다.

2_완성된 버터크림은 여름은 냉장보관, 겨울은 상온보관한 뒤 필요할 때 다시 부드럽게 만들어 사용한다.

❸ 마무리 및 완성하기

1. 구운 초코파이를 뒤집은 후 그 위에 버터크림을 짤주머니를 이용하여 도넛 모양으로 짠다.

2. 도넛 모양 버터크림 안에 산딸기 잼을 25~30g 정도 짤주머니로 짜 넣는다.

3. 중탕으로 녹인 다크 초콜릿을 사각형 모양으로 찍어낸 후 굳힌다.

(TIP)

1_초콜릿을 많이 묻히게 되면 너무 단맛이 나므로 조금만 묻혀준다. 이 제품의 단맛의 포인트는 산딸기 잼이므로 초콜릿이 아닌 산딸기 잼을 최대한 많이 짜주는 것이 맛의 포인트이다. 빵에 잼의 수분이 들어가서 촉촉해지면서 산딸기 잼의 단맛과 조화를 이루는 것이 이 제품의 특징이다.

Chef's Secret Recipe
가장 널리 알려진 세 가지의 버터크림과 그 특징

1_앙글레이즈 버터크림

❶ 달걀의 노른자, 설탕, 우유로 만든 앙글레이즈 소스에 버터를 섞어 만드는 크림이다.

❷ 노른자와 설탕을 먼저 섞은 후 80℃ 정도로 끓인 우유를 함께 섞은 다음 다시 가열해 걸쭉한 농도가 생길 수 있도록 만든다. 어느 정도 농도가 생기면 버터가 녹지 않을 정도로 식혀서 버터와 섞어준다.

❸ 앙글레이즈를 구성하는 기본 재료인 노른자와 우유는 버터크림의 맛을 고소하고 진하게 만든다.

❹ 앙글레이즈 소스의 농도에 따라 버터크림의 부드러움과 노른자의 농후함에 따른 깊은 맛이 결정되며, 버터크림의 안정성을 더해준다.

❺ 노른자의 감칠맛과 우유의 밀키한 맛 그리고 버터의 부드러운 맛이 매우 잘 살아나기 때문에 고급스러운 버터를 사용할수록 맛과 풍미가 더 좋아지는 버터크림이다.

❻ 앙글레이즈 버터크림은 무스케이크의 식감과 연결되는 베이스 혹은 마카롱과 다쿠아즈의 필링으로 사용하거나, 컵케이크의 토핑물이나 장식용으로 많이 사용한다.

2_이탈리안 머랭 버터크림

❶ 달걀의 흰자에 설탕과 물을 기본 재료로 함께 끓인 시럽을 넣어서 밀도 있는 거품을 만든 후에 버터와 함께 크림화해서 만드는 크림이다.

❷ 흰자만을 사용하기 때문에 완성된 버터크림에서 달걀의 맛은 느껴지지 않으나, 버터와 섞기 때문에 크림은 가볍고 부드럽다.

❸ 개인적으로는 이탈리안 머랭 버터크림을 만들 때 사용하는 버터는 향이 짙은 발효 버터보다는 풍미가 약한 앵커 버터나 페이장 버터가 어울린다고 생각한다.

❹ 흰자만을 사용하기 때문에 완성된 버터크림의 맛과 색이 가볍고 밝아서 첨가되는 부재료의 색과 맛을 아주 잘 살릴 수 있다.

❺ 이탈리안 머랭 버터크림은 거의 모든 과일 퓌레와 잘 어울리기 때문에 다양한 퓌레로 맛과 색을 연출할 수 있다.

❻ 특유의 밝은 크림색 때문에 버터크림 공예에도 많이 사용되며, 일부러 더 흰색을 띠는 서울우유 버터나 기글리오 버터를 사용하기도 한다.

❼ 일부러 더 흰색을 띠도록 만든 이탈리안 머랭 버터크림에 다양한 색소를 사용하여 원하는 색을 만들어 낼 수 있다.

❽ 오랫동안 크림화 해도 매우 안정적이기 때문에 버터가 녹지 않도록 온도만 잘 조절해준다면 다양한 파이핑 데코레이션이 가능하다.

3_파트 아 봄브 버터크림

❶ 파트 아 봄브 버터크림을 만드는 방법에는 2가지가 있다.

첫째는 달걀의 노른자를 휘핑한 후 끓인 시럽을 천천히 부으면서 휘핑하여 만든다.

둘째는 노른자, 설탕, 물을 잘 섞어서 뭉근한 불로 열을 직접 가하거나 혹은 90℃ 이상의 물에 중탕하여 노른자가 익지 않도록 조심하면서 소스의 온도가 80℃가 되도록 잘 저어준다. 그리고 빠르게 휘핑하여 어느 정도 거품을 낸다.

❷ 노른자로 만드는 파트 아 봄브 버터크림은 흰자로 만드는 이탈리안 머랭만큼은 거품이 잘 나지 않지만 그래도 최대한 거품이 나올 수 있도록 고속으로 휘핑한다.

❸ 파트 아 봄브 버터크림을 휘핑하면서 열기도 빠져나가고 어느 정도 볼륨감이 생기면 버터와 섞어 고속으로 휘핑한다.

❹ 별도의 수분이 첨가되지 않고 처음에 넣어준 시럽이 전부이기 때문에 좀 더 버터 본연의 맛이 강조된다.

❺ 초콜릿, 견과류, 커피 등과 잘 어울리므로 오페라, 모카 토르테의 크림을 만들 때 많이 사용한다.

❻ 비스퀴 조콩드, 모카크림, 가나슈 크림 모든 것에 완벽하게 어울리는 오페라는 파트 아 봄브 버터크림을 사용해서 맛을 내는 대표적인 메뉴 중 하나이다.

❼ 파트 아 봄브를 이용한 모카 버터크림으로 인서트와 외관까지 마무리하는 아주 클래식한 케이크로 모카 토르테는 클래식한 케이크의 대표주자이다.

구운 도넛
BAKED DOUGHNUT

Food Network의 'Ina Garten' 셰프의 레시피를 참고로 던킨도너츠와 크리스피크림도넛에서 제조하는 튀긴 도 넛에 밀리지 않는 황금 레시피를 찾았다. 본 제품은 초등학교 단체주문을 겨냥해 공정을 단순화시킨 제품이다. 비록 공정은 단순하나 구운 도넛은 아이들의 건강을 위해 반죽을 튀길 때 제품이 흡유하는 기름이 없기 때문에 느끼하지 않고 담백한 맛을 기본으로 가져간다. 그 담백한 맛에 순한 단맛을 표현하기 위해 그래뉴당과 트레할로 스를 넣는다. 반죽의 특성상 식감은 묵직하지만 질감은 촉촉하게 표현하기 위해 물엿, 생크림을 첨가한다. 그리 고 도넛의 특징인 기름진 맛은 버터를 중탕하여 넣어서 표현한다. 시중에서 파는 도넛은 튀김용 쇼트닝에 튀기기 때문에 건강이라는 관점을 중요시하는 소비자들에게 중탕한 버터는 구매 포인트가 된다. 도넛에 딸기레진, 딸기 크런치, 화이트 초콜릿을 첨가하여 변화를 주었듯이 다양한 레진과 크런치 그리고 초콜릿을 사용하면 다채로운 도넛으로 만들 수도 있다.

01_Formula | **40**개 분량

본 반죽		토핑물	
달걀	170g	딸기 크런치	소량
노른자	190g	화이트 초콜릿	600g
그래뉴당	290g	초콜릿 색소	소량
트레할로스	70g		
물엿	144g		
생크림	132g		
딸기 레진	90g		
박력분	336g		
아몬드분말	156g		
베이킹파우더	8g		
중탕한 버터	254g		

Process

반죽	>	패닝	>	굽기	>	마무리
구운 도넛 반죽 제조		도넛 팬에 46g씩 패닝		윗불 180°C / 아랫불 150°C, 16~18분		초콜릿을 묻히고 딸기 크런치를 뿌리기

❶ 구운 도넛 반죽 만들기

1. 버터를 55~60°C로 중탕해서 녹인다.

2. 가루재료인 박력분, 아몬드분말, 베이킹파우더를 균일하게 혼합 후 체에 쳐서 준비한다.

3. 달걀과 노른자를 섞은 후, 그래뉴당과 트레할로스를 넣고 섞는다.

TIP

1_우리가 일반적으로 사용하는 설탕은 첨가하지 않고 그래뉴당과 트레할로스를 첨가하여 본 제품이 차별화되는
감미와 부드러움을 표현했다.

4. [과정3]에 물엿, 생크림, 딸기레진을 넣고 섞은 후 체 친 가루재료를 넣고 섞는다.

5. [과정4]에 녹인 버터를 3번 나누어 섞는다.

❷ 마무리 및 완성하기

1. 24시간 숙성 후 도넛 팬에 46g씩 팬닝한다.

TIP

1_구워 나온 반죽이 잘 떨어질 수 있도록 이형제로 버터를 발라준 뒤 덧가루를 살짝 뿌려준다.

2. 윗불 180°C / 아랫불 150°C에서 16~18분 굽는다.

TIP

1_작업장마다 주어진 오븐의 특성이 다르므로 색을 보면서 시간을 조절한다.

3. 토핑물을 이용해서 초콜릿을 묻히고 그 위에 딸기 크런치를 뿌려준다.

TIP

1_토핑물을 만들 때는 화이트 초콜릿과 초콜릿 색소를 한 번에 넣고 중탕하여 녹여준다.

<h1 style="text-align:center">Chef's Secret Recipe</h1>

<h2 style="text-align:center">그래뉴당과 트레할로스</h2>

1_그래뉴당의 특징

❶ 정제당의 일종으로 결정의 크기에 따라 분류한 당이다.

❷ 정제당은 결정이 비교적 큰 것이 싸라기 설탕이고, 작은 것이 차당이다. 그래뉴당은 싸라기 설탕 중에서 결정이 가장 작은 설탕이다.

❸ 그래뉴당은 백설탕보다도 불순물이 없기 때문에 식재료를 구성하는 수분에 더 잘 녹는다.

❹ 그래뉴당은 무기질과 회분이 많이 함유된 함밀당처럼 독특한 맛이나 향이 있는 것은 아니다.

❺ 그래뉴당은 설탕 본래의 순수한 단맛만 느낄 수 있다.

2_트레할로스의 특징

트레할로스는 전분을 원료로 제조된 이당류의 전분당이다. 제과 시 설탕을 대신하여 사용할 경우 얻을 수 있는 10가지 효과는 다음과 같다.

❶ 전분의 노화를 억제하는 효과가 있다.

　㉠ 트레할로스는 당류 중에서도 전분의 노화를 방지해주는 힘이 가장 강하다.

　㉡ 배합표 상에서 설탕 사용량의 20~30% 정도를 트레할로스로 대체해서 사용하면, 케이크의 경화와 푸석함을 억제하는 효과를 얻을 수 있다.

　㉢ 전분의 노화를 억제하므로 제품의 신선도를 오랫동안 유지할 수 있다.

　㉣ 트레할로스를 커스터드 크림 제조에 사용하면 물이 배어나오는 이수현상을 방지할 수 있다.

❷ 단백질 변성에 의한 응고를 억제하는 효과가 있다.

　㉠ 트레할로스는 단백질의 여러 형태의 변성을 억제하는 힘이 강하다.

　㉡ 젤리나 푸딩 제조 시 설탕 사용량의 20~50% 정도를 트레할로스로 대체해서 사용하면, 단백질의 열변성을 보호하여 제품의 식감을 부드럽게 해주는 효과를 얻을 수 있다.

　㉢ 치즈크림 등 단백질 중심의 크림 제조 시 소성 후에도 부드러운 상태를 유지하는 효과를 얻을 수 있다.

　㉣ 소성이란 크림에 들어가는 재료를 혼합하고 가열하여 단단한 성질의 물질을 만드는 과정을 가리킨다.

❸ 단백질 변성을 억제하여 기포의 안정성을 높이는 효과가 있다.

　㉠ 트레할로스는 흰자 등 단백질이 기포화되었을 때 건조에 의한 변성을 억제한다.

　㉡ 단백질로 만들어진 기포에 적절한 점도를 맞춰주어 기포 막의 강도를 향상시켜 준다.

❹ 수분을 보유하는 성질인 보수성을 높이는 효과가 있다.

　㉠ 트레할로스는 특히 물을 내포하는 성질이 강하기 때문에 이수를 방지하거나 건조를 억제해주는 효과가 탁월하다.

❺ 가공하거나 가열할 때 제품의 풍미가 유지되도록 하는 효과가 있다.

 ㉠ 트레할로스는 환원성 말단을 가지고 있지 않아 아미노산과 메일라드 반응을 일으키지 않기 때문에 구웠을 때 갈변되지 않는다.

 ㉡ 폴리페놀, 칼슘, 마그네슘 등 반응성이 높은 물질을 안정적으로 유지시켜 주며, 제품의 풍미와 색의 변화를 방지해준다.

❻ 냉동할 때 조직을 보호하는 효과가 있다.

 ㉠ 제과 시 반죽에 트레할로스의 농도가 높을수록 얼리기 어려우며, 얼음의 부피가 잘 팽창하지 않는다.

 ㉡ 트레할로스는 같은 당도일 경우 설탕보다 얼음의 결정을 작게 해주는 효과가 있다.

 ㉢ 트레할로스는 얼지 않은 부분을 글래스화시켜 줌으로써 얼리는 것에 의해 생기는 고르지 못한 반죽의 되기를 최소한으로 억제해준다.

❼ 단맛을 낮추는 성질인 저감미성 효과가 있다.

 ㉠ 트레할로스는 설탕의 40~45% 감미도를 가지고 있다.

 ㉡ 당류는 제과제빵 제조 시 여러 가지 기능을 하기 때문에 억지로 당의 농도를 감소시키게 되면 단맛만 낮추어지는 것이 아니라 여러 악영향이 발생하게 된다. 그러므로 단맛만 낮추고자 한다면 트레할로스를 사용하면 된다.

❽ 식품의 손상을 억제하여 신선도를 향상시키는 효과가 있다.

 ㉠ 트레할로스 수용액에 야채나 과일을 담가두면 손상을 억제하고 신선도를 유지할 수 있다.

❾ 글래스화하는 효과가 있다.

 ㉠ 트레할로스는 다른 당에 비해 간단한 방법으로 글래스화되는 능력을 가지고 있다.

 ㉡ 글래스화란 설탕공예 시 유리처럼 되는 현상을 말한다.

❿ 당류의 재결정성을 필요로 하는 제품을 만들 때 효과적이다.

 ㉠ 트레할로스는 설탕보다 결정화시키기가 효과적이다.

 ㉡ 트레할로스는 저감미도이기 때문에 제품에 맛 내기가 효과적이다.

 ㉢ 트레할로스는 산에 강하여 잘 용해되지 않고 대기 중의 수분을 잘 흡습하지 않는다.

크룽지
CRISPY CROISSANT

크룽지의 기본은 크루아상이다. 크루아상의 식감과 질감을 어떻게 만들 것인가에 따라 크룽지의 맛이 결정된다. 먼저 질감에 있어 바삭함을 높이기 위해 단백질 함량이 우리나라의 중력분과 박력분 사이인 밀가루(T-55)를 사용한다. 묵은 반죽을 첨가하여 반죽의 pH를 낮추면 껍질의 터짐을 일으켜 바삭함을 높인다. 그리고 롤인용 유지의 종류와 함량이 바삭함을 결정하는데, 미국 스타일은 반죽무게의 20~40%를 사용하고, 덴마크 스타일은 반죽무게의 40~50%를 사용한다. 이 제품에서는 바삭함을 더욱 향상시키기 위해 덴마크 스타일을 선택한다. 또한 롤인용 유지의 가소성은 완제품에 층상구조(분명한 결의 구조)를 만드는데, 버터는 가소성 범위가 매우 좁아 층상구조가 잘 만들어지지 않으므로 밀어 펴기 작업 시 냉장휴지 온도와 시간관리를 철저히 한다.

01_Formula | 13~14개 분량

빵 반죽

강력분	250g
밀가루(T-55)	250g
설탕	60g
소금	10g
분유	15g
드라이이스트	10g
묵은 반죽	50g
물	120g
우유	120g
달걀	50g
버터	25g
충전용 버터	250g

묵은 반죽

크루아상을 재단하는 과정에서 발생하는 반죽을 묵은 반죽으로 사용한다.

Process

믹싱	1차 발효	유지충전 및 밀어 펴기	성형	2차 발효	굽기 전	굽기
발전단계, 반죽온도 24°C	실온에서 1시간 휴지 후 3°C 냉장고에서 24시간 저온 발효	4절 1회, 3절 1회 접기	가로 9cm x 세로 25cm로 재단 후 크루아상 모양	30°C, 80%, 40분	설탕을 덧가루로 가로 130cm x 세로 28cm의 크룽지 모양으로 밀기	윗불 150°C / 아랫불 150°C, 18분

1. 믹싱 : 발전단계(80%), 반죽온도 24°C

❶ 모든 재료를 넣고 저속 6분, 중속 6분으로 믹싱한다.

❷ 반죽온도 24°C를 맞출 수 있게 물 온도를 조절하여 사용한다.

(TIP)

1_믹싱을 강하게 하면 밀가루가 수분을 뱉어내므로 저속으로 믹싱을 하여 밀가루가 스트레스받지 않고 충분히 수화되도록 하여 손님들이 빵을 한입 먹었을 때 질긴 느낌을 주지 않게 한다.

2. 1차 발효 : 실온에서 1시간 휴지 후 3°C 냉장고에서 24시간 저온 발효한다.

(TIP)

1_보통 빵을 구매하는 고객들은 바로 먹지 않고 집에 가서 혹은 다음 날 먹는 경우가 많다. 그렇기 때문에 반죽온도를 27°C가 아닌 24°C로 맞추고 발효시간을 늘려서 빵의 노화를 지연시키는 공정을 사용하고 있다.

3. 유지 충전 및 밀어 펴기 :

❶ 가로 19cm x 세로 19cm로 만든 충전용 버터를 반죽 속에 넣고 감싼다.

❷ 파이롤러로 4절 x 1회(85~90cm) 밀어 편 후 접고 5°C 이하의 냉장고에서 40~60분간 휴지한다.

❸ 파이롤러로 3절 x 1회(85~90cm) 밀어 편 후 접고 5°C 이하의 냉장고에서 40~60분간 휴지한다.

(TIP)

1_버터가 밀가루에 잘 붙어서 안 움직이고 버터와 밀가루 반죽이 똑같이 늘어날 수 있도록 밀대로 힘을 주어 누른 후
  비닐에 넣어서 냉장 휴지한다.

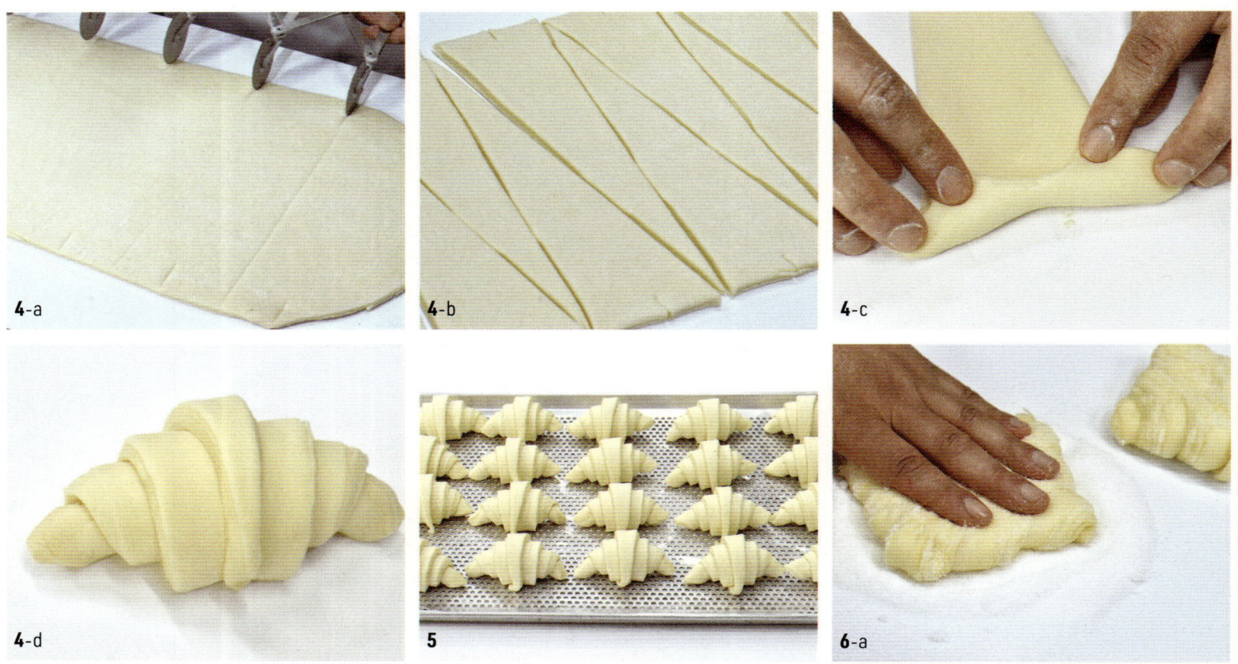

4. 성형 :

❶ 파이롤러를 사용하여 마지막으로 두께 4.5mm x 세로 26cm로 밀어서 편 후 작업대 위에 올려놓는다.

❷ 가로 9cm x 세로 25cm로 재단 후 크루아상 모양으로 성형한다.

5. 2차 발효 : 30°C, 80%, 40분

6. 굽기 전 : 설탕을 덧가루로 이용해서 가로 130cm x 세로 28cm 크기의 크룽지 모양으로

밀어 편다.

(TIP)

1_ 시중 제품보다 얇게 밀기 위해서 2차 발효 후 강하게 한 번 민 다음 10분 정도 휴지를 준 뒤 굽기 전 한 번 더 밀
어 최대한 얇게 해주고 낮은 온도로 장시간 구워 딱딱하지 않고 바삭한 식감의 누룽지 같은 식감으로 굽는다.

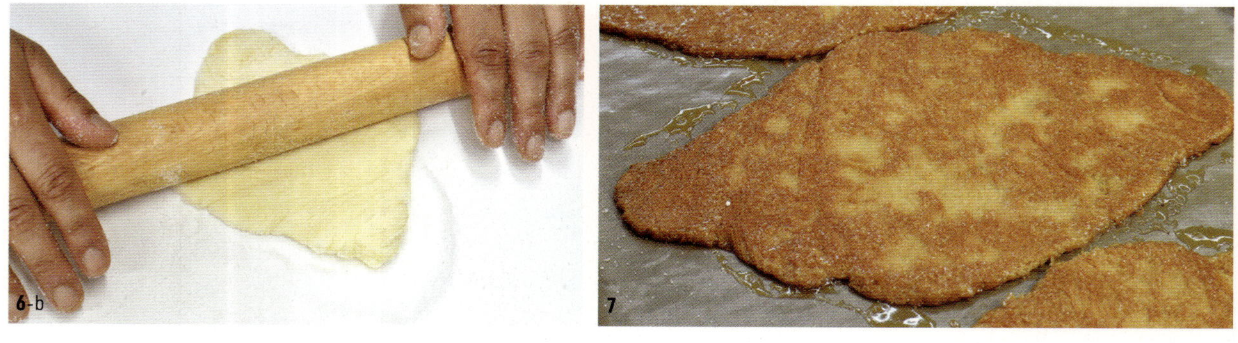

7. 굽기 : 철판을 덧댄 후 윗불 150°C / 아랫불 150°C에서 18분 정도 구워준다.

Chef's Secret Recipe
파이의 종류에 따른 버터와 마가린 활용법

1_파이용 마가린의 특징

❶ 예전에는 계절과 실온에 상관하지 않고 항상 깨끗한 층을 만들 수 있도록 개발된 파이 전용 마가린을 사용했다. 이 마가린은 일반적으로 가소성의 범위가 10~30℃ 이상으로 대단히 넓은 것이 특징이다.

❷ 이 마가린을 써서 파이를 만들면 기온이 30℃가 넘는 더운 때에도 반죽에서 유지가 녹아 나올 염려가 없었다.

❸ 반죽에서 마가린이 잘 늘어 펴지기 때문에 작업자의 숙련에 관계없이 깨끗한 층(결)을 만들 수 있게 된다.

❹ 파이용 마가린은 풍미와 구용성에 있어 버터에 비하면 매우 부족하다.

❺ 파이의 종류에 따라서 버터와 파이용 마가린을 잘 나누어서 쓰는 것이 중요하다.

2_충전용 버터의 특징

❶ 요즘에는 파이반죽의 충전용으로 버터를 많이 사용하고 있다.

❷ 충전용 버터로 접어 펴기를 하는 파이반죽을 만들 때 가장 중요한 것은 먼저 반죽을 밀어 펴는 단계에서 반죽과 버터층을 같은 상태로 얇게 밀어 펴나가는 일이다.

❸ 어느 한쪽이 너무 단단하거나 지나치게 부드러워도 깨끗한 층상으로는 되지 않는다.

❹ 이와 같이 소재가 늘리기 쉽고 정형하기 쉬운 상태로 되는 것을 가소성(可塑性)이 있는 상태라고 한다.

❺ 버터의 경우 이 상태로 되는 것은 13~18℃로서 비교적 범위가 좁은데 30℃를 넘으면 너무 부드러워져 일정한 형태를 유지하기가 어렵다.

❻ 접어 펴는 파이를 만들 때도 실온이 지나치게 높고 손의 온도로 반죽이 너무 따뜻해지면 버터가 녹아서 반죽에 스며들어 깨끗한 층을 형성하지 않는다.

❼ 충전용 버터의 가소성 범위가 매우 떨어져 여기서는 4절 1회와 3절 1회를 2회 정도 진행한다.

3_파이반죽의 온도 조절

❶ 일반적으로 소재가 적당한 유연성을 갖고 정형하기 쉬운 상태로 되는 것을 가소성의 상태라고 한다.

❷ 밀어 펴는 파이반죽을 만드는 경우에도 반죽을 형성하는 2종류 층의 가소성을 어떻게 잘 조절하느냐가 중요한 포인트가 된다.

❸ 반죽의 가소성은 반죽 시 일어나는 형상인 글루텐의 점탄성과 밀접한 관계가 있다.

❹ 글루텐의 점탄성은 반죽을 휴지시키거나 식히면 서서히 약해지는 성질을 갖고 있다.

❺ 밀어 펴기 시 반드시 냉장고에서 파이반죽을 휴지시켜 파이반죽의 점탄성을 약하게 만든다.

❻ 버터층의 가소성은 버터에 함유되어 있는 고체지방과 액상유의 비율에 크게 영향을 미친다. 이유는 버터와 같은 고형유지는 언뜻 보기에는 균일한 상태로 보이더라도 실제는 고체지방과 액상유가 합쳐진 것으로, 온도에 따라서 이들의 비율이 변화하기 때문이다.

❼ 일반적으로 고형유지는 고체지방의 비율이 15~25%일 때 가소성이 가장 좋은 상태이다.

❽ 버터의 경우 이 상태로 되는 것은 온도가 13~18°C의 범위로서 비교적 그 범위가 좁다.

❾ 5°C 이하에서는 지나치게 단단해서 잘 늘어나지 않는다. 반대로 25°C 이상에서는 지나치게 부드러워서 반죽에 빨려 들어가 버린다.

❿ 접어 펴는 파이반죽을 좋은 상태로 하는 데는, 비록 작업 중이더라도 절대로 반죽의 온도가 20°C를 넘지 않는 것이 중요하다.

⓫ 파이반죽은 아무래도 밀대로 밀어 펼 때에 따뜻해진다. 그러므로 버터의 상태를 좋은 상태로 하는 데에도 저온에서 반죽을 휴지시키는 작업은 중요한 역할을 한다.

4_굽기 시 파이반죽과 충전용 버터 사이에서 일어나는 작용

❶ 파이반죽을 오븐에 넣으면 반죽층 사이에 얇게 끼어있는 버터층은 급격히 녹아버린다.

❷ 그 안에 들어있는 수분이 빠르게 증발해서, 반죽 1장 1장을 떠오르게 한다.

❸ 반죽 안에 있는 글루텐은 열에 의해서 딱딱하게 되지만, 그때 나오는 수증기는 전분립에 스며들어서 전분의 호화에 이용된다.

❹ 최종적으로는 녹은 버터가 전부 반죽에 스며들어 마치 튀긴 것 같은 상태로 전체가 딱딱해진다.

❺ 이렇게 해서 얇은 반죽 1장 1장에 버터가 스며들어 버리면 각각의 반죽 사이에 틈이 생겨서 나뭇잎을 포갠 것처럼 독특한 층상구조를 형성한다.

❻ 굽기 시 온도가 지나치게 낮으면 반죽의 층이 떠오르기 전에 층과 층이 붙어버린다.

❼ 굽기 시 오븐은 200°C 이상에서 한 번에 층을 떠오르게 해야 한다.

CHEF'S BREAD & DESSERT

• Chef's **Profile**

현) 종로호텔제과직업전문학교 부학교장
전) 브랑제리 드 삐에르 헤드 셰프
　　제빵 직업훈련 교사
　　천연발효빵 마스터
　　제빵산업기사
　　제빵기능사

김창석
종로호텔제과
직업전문학교
부학교장

• Bakery **Know-how**

고도화된 산업사회에서 육체 노동과 감정 노동으로 몸과
마음이 쇠약해짐에 따라 현대인들의 건강에 대한 관심이
높아지고 있다. 그중에서도 특히 건강한 음식에 대한 중
요성이 대두되고 있는데, 동시대를 살아가는 우리는 이
들을 위한 특별한 레시피를 제시해야 한다. 내가 생각하
는 특별한 레시피는 빵과 요리에 천연발효 메커니즘을
적용하는 것이다. 천연발효 메커니즘을 이용한 건강한
빵은 현대 사회에 지친 이들에게 훌륭한 안식처가 될 수
있다. 그리고 우리의 고부가가치 상품도 될 수 있다.

갈릭 치즈 난

GARLIC CHEESE NAAN

난의 어원은 '빵'을 뜻하는 페르시아어 '난(ﻥﺎﻥ)'이다. 페르시아어를 계승하고 있는 이란어로는 빵을 뜻하는 단어 자체가 '난'이지만, 인도 아리아어의 하나인 힌디어에서는 빵을 뜻하는 단어가 '로티'이다. 한국이나 영어권 등 유라시아 스텝 바깥 지역에서 쓰이는 '난(Naan)'이라는 단어는 발효된 밀가루 반죽을 진흙으로 만든 화덕의 안쪽 벽면에 붙여 구워 낸 납작한 빵으로, 플랫브레드(Flat Bread)의 일종이다. 이 책에서 소개하는 난은 인도풍의 난이다. 인도 스타일의 난은 손으로 반죽하는 과정만 빼면 만들기가 매우 쉽다. 단지 밀가루를 물과 소금, 이스트, 우유와 함께 걸쭉하게 반죽하고 3시간 정도 발효시킨 다음 반죽을 눈물 혹은 잎사귀 모양으로 늘려 인도의 전통 진흙 오븐인 탄두르(Tandoor)의 안쪽 벽면에 붙여 구워서 만든다. 기본적인 재료로만 만드는 플레인 난은 반죽을 발효시켜 탄두르에서 굽는 동안 1~1.5cm 두께로 부풀어 올라 속이 가볍고 폭신폭신하며, 겉은 바삭바삭하면서도 부드러운 맛이 있다. 그리고 탄두르의 열원이 숯이기 때문에 난에서 스모키한 향을 느낄 수 있다. 난은 들어가는 재료가 단순하여 맛이 밋밋하기 때문에 주로 커리를 찍어먹거나 쌈을 싸먹는다. 한국에서는 인도 요리 전문점에서 주로 맛볼 수 있으며 기본인 플레인 난, 갈릭 난, 버터 난 등이 있다. 개인적으로는 갓 구워낸 플레인 난 위에 까망베르 슬라이스 치즈를 올려놓고 전자레인지에 돌려 먹는 방법을 추천한다. 프랑스 내 인도 식당들은 실제로 이 방식으로 치즈 난을 파는데 인기 메뉴라 한다. 같은 난 반죽이라도 탄두르나 오븐을 사용하지 않고 프라이팬에서 굽는 경우에는 난이 아니라 '빠라따(Paratha)'라고 한다.

01_Formula │ 20개 분량

빵 반죽	
강력분	870g
건조 파슬리	4g
버터	50g
물	570g
소금	18g
생이스트	35g
올리브 오일	50g
풀리쉬 반죽	260g
체다 슬라이스 치즈	250g

풀리쉬 반죽	
강력분	130g
물	130g
생이스트	1.5g

토핑물	
마요네즈	200g
달걀	1개
럼주	6g
설탕	100g
생크림	50g
다진 마늘	32g

장식용	
피자치즈	160g
건조 파슬리	소량

Process

믹싱	1차 발효	분할	중간 발효	성형	2차 발효	굽기
앞선 반죽 : 풀리쉬 반죽 **본 반죽** : 최종단계, 반죽온도 27°C	27°C, 75%, 45분	100g	15분	잎사귀 모양	38°C, 85%, 25~30분	윗불 230°C / 아랫불 150°C, 10분

1. **믹싱** : 최종단계(100%), 반죽온도 27°C

❶ 저속 5분 ⇒ 버터 투입 후 저속 2분 ⇒ 중속 6분

❷ 풀리쉬 반죽 ⇒ 강력분 ⇒ 소금, 건조 파슬리 ⇒ 액체재료 순으로 믹서볼에 넣는다.

❸ 생이스트는 물에 풀어 액체재료와 함께 넣는다.

❹ 올리브 오일은 처음에 투입하고 버터는 클린업단계에서 투입한다.

(TIP)

1_훅의 형태가 나선형인 경우에는 올리브 오일도 클린업단계에 투입한다.

2_빵 반죽 제조 시 믹서볼에 풀리쉬를 넣고 밀가루를 붓고 그 위에 가루재료와 액체재료 순으로 넣는 이유에는 두 가지가 있다. 첫째는 발효종인 풀리쉬의 발효력을 저해하는 재료를 차단하기 위함이다. 둘째는 풀리쉬와 액체재료의 결합력을 좋게 만들기 위함이다.

❺ 마지막 단계에 잘게 자른 슬라이스 치즈를 투입해 손으로 골고루 혼합한다.

(TIP)

1_빵 반죽 제조 시 체다 슬라이스 치즈는 1장당 16등분 하여 완성된 반죽에 넣고 손으로 가볍게 섞는다. 그래야 체다 슬라이스 치즈를 입자 형태로 반죽에 골고루 분산시킬 수 있다.

2. 1차 발효 : 27°C, 75%, 45분

3. 분할 : 100g ⇒ 둥글리기 후 길이 12cm의 올챙이 모양으로 늘린다.

1_분할이란 1차 발효를 끝낸 반죽을 미리 정한 무게만큼씩 나누는 것을 말한다. 한 덩어리의 반죽에서 분할을 했기 때문에 처음에는 반죽의 양과 성질이 동일하지만 분할하는 과정에도 반죽의 발효가 진행되므로 분할의 각 시점에 있어서 반죽의 양과 성질에 차이가 나게 된다. 그래서 제품의 종류에 따라 약간의 차이는 있지만 일반적으로 15~20분 이내에 분할을 완료해야 한다.

CHEF'S NOTE

소규모 빵집에서 적당한 손 분할 방법의 장점과 주의해야 할 점

1_기계 분할에 비하여 부드럽게 할 수 있으므로 약한 밀가루 반죽의 분할에 유리하다.

2_기계 분할에 비하여 오븐 스프링이 좋아 부피가 양호한 제품을 만들 수 있다.

3_덧가루는 완제품 속에 줄무늬를 만들고 맛을 변질시키므로 가능한 한 적게 사용해야 한다.

4. 중간 발효 : 26°C의 실온에서 반죽 위에 비닐을 덮고 15분간 벤치타임을 진행한다.

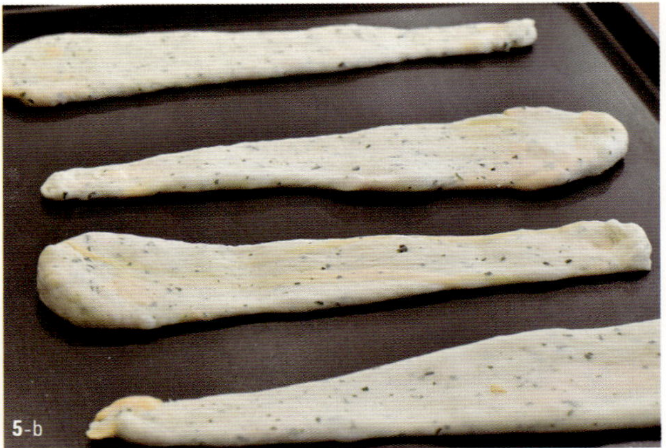

5. 성형 :

❶ 밀대를 사용하여 길이 24cm의 올챙이 모양으로 늘린다.

❷ 평철판에 반죽을 5개씩 지그재그로 패닝한 다음 손가락으로 눌러 얇게 넓혀준다.

TIP

1_갈릭 치즈 난의 성형이 완성된 모양은 이등변 삼각형이다. 그러므로 평철판에 반죽을 패닝한 후 손가락으로 눌러
가며 이등변 삼각형의 모양을 만든다.

2_인도의 난 모양은 눈물이나 잎사귀를 형상화하므로 이를 고려하면서 이등변 삼각형을 만든다.

6. 2차 발효 : 38℃, 85%, 25~30분

7. 굽기 전 :

❶ 붓을 이용해서 토핑물을 충분히 바르고 피자치즈를 8g씩 뿌린다.

❷ 가운데 부분에 파슬리를 뿌려 장식한다.

> TIP
>
> 1_토핑물 배합에 달걀이 들어가므로 제조한 토핑물의 양을 20개의 반죽 윗면에 나누어서 전부 발라도 토핑물이 흘러 평철판 바닥에 고이는 일은 없다. 그러므로 충분히 골고루 바르도록 한다.
> 2_토핑물을 바르고 뿌리는 피자치즈는 착색을 유도할 목적으로 사용하므로 골고루 뿌리도록 한다.

8. 굽기 : 윗불 230℃ / 아랫불 150℃, 10분 ⇒ 구운 후 올리브 오일을 바른다.

> TIP
>
> 1_오븐에서 갓 나온 제품의 윗면에 올리브 오일을 바르면 광택이 나서 식욕을 자극하고 제품에서 수분이 증발하는 것을 더디게 만들어 빵이 딱딱해지는 것을 어느 정도 방지한다.
> 2_올리브 오일은 빵이 오븐에서 갓 나올 때 바르는 것이 좋다. 그래야 기름이 반죽에 겉도는 일이 없이 빵의 표면에 유막을 만든다.

풀리쉬 만들기

1_풀리쉬에 들어가는 재료를 정확하게 계량하여 재료별로 진열한다.

2_풀리쉬의 적정한 반죽온도인 24~26℃가 될 수 있도록 물의 온도를 조절하여 계량한 후 생이스트를 넣고 핸드 거품기로 풀어준다.

3_밀가루에 생이스트를 푼 물을 붓고 주걱으로 재료를 균일하게 섞는다.

4_25~26℃의 실온에서 3시간 정도 방치하면 2배 정도로 부푼다.

5_2배 정도로 부푼 풀리쉬는 5℃로 설정한 냉장고에 보관한 후 24시간 안에 사용한다.

TIP

1_배양효모를 이용한 묽은 르방인 풀리쉬는 이스트의 양, 발효시간의 설정, 완성된 풀리쉬의 냉장보관 기간에 따라 다양한 상태의 발효력과 숙성 정도를 본 반죽에 표현할 수 있다.

2_이 풀리쉬에서 사용한 이스트의 양과 발효시간은 완제품의 부피를 크게 만들면서,이스트의 이취가 나지 않게 할 수 있는 황금비율이다.

3_생이스트는 반드시 물에 풀어서 사용한다. 그렇지 않고 밀가루에 넣어 사용하면, 생이스트가 풀어지지 않고 덩어리로 남아있는 경우가 있다.

4_만약에 제빵개량제를 사용하지 않고 완제품의 부피를 극대화시키고자 한다면, 2배 정도로 부푼 풀리쉬를 냉장 보관하지 않고 바로 사용한다.

5_완성된 풀리쉬를 냉장 보관하는 시간에 따라 숙성정도의 변화는 필연적으로 발생함으로 이는 반드시 고려해야 하는 사항이다.

1 _토핑물에 들어가는 재료를 정확하게 계량하여 재료별로 진열한다.

2 _순서에 상관없이 계량한 재료를 균일하게 섞어 토핑물을 완성한다.

TIP

1 _마늘을 다져 냉장고에 보관하면서 사용하면 마늘이 저온숙성이 되어 색이 연한 갈색이 되어간다. 냉장고에 보관한 시간에 따라 다진 마늘의 맛이 변화되어 토핑물의 맛도 변화가 일어난다는 사실을 기억하며 다진 마늘을 관리하도록 한다.

포테이토 치즈 하드롤

POTATO CHEESE HARD ROLL

 빵 반죽 제조 시 믹서볼에 풀리쉬를 넣고 밀가루를 붓고 그 위에 가루재료와 액체재료 순으로 넣는 이유에는 두 가지가 있다. 첫째, 발효종인 풀리쉬의 발효력을 저해하는 재료를 차단하기 위함이다. 둘째, 풀리쉬와 액체재료의 결합력을 좋게 만들기 위함이다.

충전물 제조 시 감자는 찐 감자로 사용해야 마요네즈와 1장당 16등분한 슬라이스 치즈가 충전물의 되기를 묽은 상태로 만들지 않는다.

배양효모를 이용한 묽은 르방인 풀리쉬는 이스트와 발효시간에 따라 다양한 상태의 발효력과 숙성 정도를 본 반죽에 표현할 수 있다.

제품명에 롤(Roll)이라는 이름이 붙으면 2가지 방식으로 모양을 만든다. 첫 번째 방법은 둥글리기(Rounding)로 만드는 것으로 하드롤과 모닝롤이 대표적이다. 두 번째 방법은 말기(Rolling)로 만드는 것으로 소금빵과 버터롤이 대표적이다.

01_Formula | **19개** 분량

빵 반죽

강력분	640g
중력분	160g
소금	15g
설탕	24g
올리브 오일	32g
풀리쉬 반죽	120g
물	520g
생이스트	28g

풀리쉬 반죽

강력분	60g
물	60g
생이스트	0.7g

충전물

마요네즈	96g
으깬 찐 감자	600g
잘게 자른 체다 슬라이스 치즈	84g

토핑물

크림치즈	200g
설탕	48g
레몬주스	12g
동물성 생크림	80g

Process

믹싱	1차 발효	분할	중간 발효	충전물 제조	성형	2차 발효	굽기
앞선 반죽 : 풀리쉬 반죽 **본 반죽** : 발전단계, 반죽온도 25°C	27°C, 70%, 45분	80g	26°C, 15분	-	충전물 40g 포앙	35°C, 80%, 30분	윗불 230°C / 아랫불 200°C, 17분

1-a

1-b

1. **믹싱** : 발전단계(80%), 반죽온도 25°C

❶ 저속 5분 ⇒ 중속 5분

❷ 풀리쉬 반죽 ⇒ 강력분 ⇒ 소금, 설탕 ⇒ 액체재료 순으로 믹서볼에 넣는다.

❸ 생이스트는 물에 풀어 액체재료와 함께 넣는다.

❹ 올리브 오일은 처음에 투입한다.

(TIP)

1_생이스트는 30°C 정도의 물에 풀어 사용하는 것이 이론적으로는 가장 좋다. 그 이유는 생이스트를 냉장온도에서 보관해왔기 때문에 너무 높은 온도의 물에 풀 경우 생이스트의 발효 안정성이 떨어진다.

2_제빵 시 밀가루의 일부분을 중력분이나 박력분을 사용하면 반죽의 가스 보유력이 떨어져 완제품의 볼륨이 좀 작아진다. 그러나 완제품이 식어서 전자레인지나 오븐에 데울 때 빵이 좀 덜 질겨지는 장점이 있다.

1-c

2. **1차 발효** : 27°C, 70%, 45분

TIP

1_1차 발효의 시간은 작업의 효율성과 생산성에 영향을 미치므로 짧게 설정하는 것이 좋다.

그러나 이렇게 되면 반죽의 숙성 정도가 떨어지므로 발효종을 사용하여 보완하는 것이 좋다.

3. **분할** : 80g ⇒ 둥글리기

4. **중간 발효** : 26°C의 실온에서 15분간 벤치타임을 진행한다.

TIP **중간 발효를 하는 목적**

1_반죽의 신장성을 증가시켜 정형과정에서의 밀어 펴기를 쉽게 한다.

2_가스 발생으로 반죽의 유연성을 회복시킨다.

3_성형할 때 끈적거리지 않게 반죽 표면에 얇은 막을 형성한다.

4_분할, 둥글리기 하는 과정에서 손상된 글루텐 구조를 재정돈한다.

5. 성형 :

❶ 반죽을 손바닥으로 누른 후 헤라를 이용해서 충전물 40g을 포앙한다.

❷ 평철판에 8개씩 패닝한 다음 반죽 윗면을 십자 모양으로 가위질한다.

Ⓣ️ⓘⓟ

1_정형이란 중간 발효가 끝난 생지를 밀대로 가스를 고르게 뺀 다음 만들고자 하는 제품의 모양으로 만드는 공정이다.
정형을 다른 용어로 성형이라고도 많이 사용한다. 분명히 정형과 성형은 다른 의미이나 제과제빵에는 구분하지 않고
사용한다.

2_반죽 윗면에 십자 모양으로 가위질을 너무 크게 하면 반죽이 흘러내릴 수도 있다.

CHEF'S NOTE

1_제빵에서 사용하는 좁은 의미의 정형공정(Molding)

ㄱ 밀기 : 중간 발효된 반죽을 밀대로 밀어 가스를 빼내고 기포를 균일하게 분산한다.

ㄴ 말기 : 얇게 민 반죽을 적당한 압력을 주면서 고르게 말거나 접는다.

ㄷ 봉하기 : 2차 발효 과정이나 굽는 과정에서 터지지 않도록 단단히 봉한다.

2_제빵에서 사용하는 넓은 의미의 정형공정(Make up)

ㄱ 분할 : 반죽에 최소의 손상을 입혀가며 원하는 반죽의 중량으로 나눈다.

ㄴ 둥글리기 : 손상된 글루텐을 재정돈하여 가스를 보유할 수 있게 만든다.

ㄷ 중간 발효 : 긴장된 반죽을 이완시켜 반죽에 유연성과 탄력성을 부여한다.

ㄹ 성형 : 반죽의 긴장(Tension)과 이완(Relaxation)을 조절하며 원하는 모양을 만든다.

ㅁ 패닝 : 굽기 시 빵 옆면의 착색을 유도하는 대류를 고려하며 반죽을 팬에 놓는다.

6. 2차 발효 : 35°C, 80%, 30분

Ⓣ️ⓘⓟ

1_2차 발효의 시간은 반죽의 크기를 그 기준을 정한다. 왜냐하면 반
죽의 크기에 따라 모양뿐만 아니라 식감이 달라지기 때문이다.

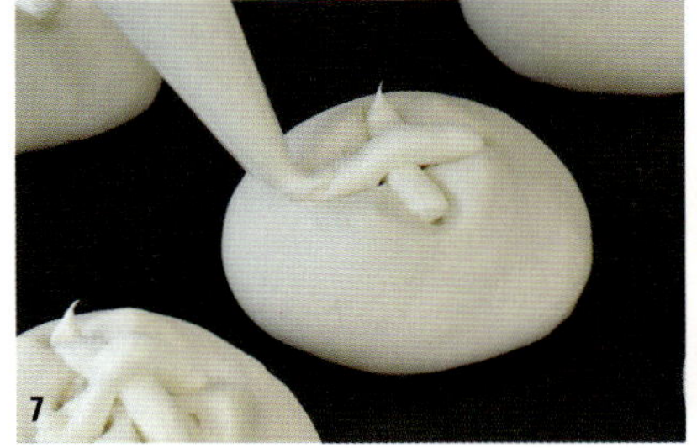  

7. 성형 :

❶ 토핑물을 짤주머니에 담아 가위질한 반죽 윗면에 십자 모양으로 짠다.

❷ 토핑물을 짠 후 스프레이로 분무하거나 스팀을 분사한다.

> TIP
>
> **1**_토핑물을 짜는 동안 건조해진 반죽 윗면에 굽기 시 착색을 유도하기 위해 분무나 스팀을 분사한다.
>
> **2**_이 제품은 고온에서 굽기 때문에 굽기 전에 파슬리를 뿌리면 변색이 되므로 구운 후 살짝 뿌려서 장식을 한다.

8. 굽기 : 윗불 230℃ / 아랫불 200℃, 17분

9. 구운 후 : 가운데 파슬리를 뿌려 장식한다.

> TIP
>
> **1**_굽기(Baking)란 제빵과정에서 가장 중요한 공정으로 반죽을 가열하여 가볍고 기공이 많은 조직으로 소화하기 쉽고 향이 있는 완성제품을 만들어내는 것을 의미한다. 굽기공정에서는 온도, 습도, 시간 등을 관리하여 부피의 증가, 전분의 호화, 단백질의 변성, 효모와 효소의 불활성, 갈변반응, 껍질과 향의 생성 등을 조절한다. 굽기에 의한 반죽의 착색 방식에는 복사(방사), 전도, 대류 등이 있으며, 복사(방사)는 빵의 윗면에, 전도는 빵의 밑면에, 대류는 빵의 옆면에 착색을 유도한다. 요즘 유럽의 천연발효빵인 하스 브레드가 주목을 받으면서 오븐 내 스팀은 중요한 고려대상이 되고 있다.

CHEF'S NOTE

빵 반죽 굽기 요령

㉠ 저율배합과 발효 과다인 반죽은 고온 단시간 굽기(Under Baking)가 좋다.

㉡ 고율배합과 발효 부족인 반죽은 저온 장시간 굽기(Over Baking)가 좋다.

㉢ 반죽의 중량은 같고 설탕, 유지, 분유량이 적은 경우 높은 온도, 많은 경우 낮은 온도에서 굽는다.

㉣ 과자빵은 식빵보다 설탕, 유지, 분유량이 많지만 중량이 적으므로 높은 온도에서 굽는다.

㉤ 분할량이 적은 반죽은 높은 온도에서 짧게, 분할량이 많은 반죽은 낮은 온도에서 길게 굽는다.

㉥ 된 반죽은 굽는 시간이 정상 반죽과 같다면 낮은 온도로 굽는다.

㉦ 과자빵과 식빵의 일반적인 오븐의 사용 온도는 180~220℃이다.

㉧ 식빵 기준으로 굽기 시간의 경과에 따라 일어나는 변화

  ⓐ 처음 굽기 시간의 25~30%는 오븐 팽창 시간이다.

  ⓑ 다음의 35~40%는 색을 띠기 시작하고 반죽을 고정한다.

  ⓒ 마지막 30~40%는 껍질을 형성한다.

1_충전물에 들어가는 재료를 정확하게 계량하여 재료별로 진열한다.

2_순서에 상관없이 계량한 재료를 균일하게 섞어 충전물을 완성한다.

1_감자는 삶지 말고 반드시 쪄서 사용하도록 한다. 왜냐하면 찐 감자로 사용해야 마요네즈와 1장당 16등분한 슬라이스 치즈가 충전물의 되기를 묽은 상태로 만들지 않는다.

1_토핑물에 들어가는 재료를 정확하게 계량하여 재료별로 진열한다.

2_순서에 상관없이 계량한 재료를 균일하게 섞어 토핑물을 완성한다.

1_생크림은 동물성 생크림을 사용하여 고소한 맛을 증진시키도록 한다.

2_굽기 시 토핑물의 착색은 설탕의 함량과 관계가 있으니 토핑물의 맛과 색을 기호에 따라 조절하고자 한다면 설탕의 양에 변화를 준다.

크림치즈 월넛 브레드

CREAM CHEESE WALNUT BREAD

 빵 반죽을 할 때는 믹서볼에 재료들을 순서대로 넣고, 기어 변속과 믹싱 시간을 조절하여 재료를 균일하게 혼합해야 한다. 이렇게 하면 밀가루가 충분히 수화되고 글루텐이 생성 및 발전하며, 공기가 혼입되어 이스트의 활력이 증진되고 반죽에 탄력이 생긴다. 그런데 반죽 제조 시 일정한 루틴으로 작업을 진행한다 할지라도 반죽의 상태는 계절에 따른 작업장의 온도와 습도의 변화, 밀가루의 수분평행상태 유지에 따른 밀가루 흡수율의 변화 등에 영향을 받아 매번 조금씩 달라진다. 그래서 반죽 시 반죽의 상태가 항상 일정하게 유지될 수 있도록 축적된 제빵 경험과 지식을 바탕으로 물의 온도와 양, 기어의 변속과 믹싱 시간을 조절한다.

충전물 제조 시 크림치즈의 종류에 따라 물성이 약간씩 다르다. 그래서 슈가파우더는 단맛뿐만 아니라 충전물의 되기를 조절하는 용도로 생각하며 사용한다.

01_Formula | 26개 분량

빵 반죽

강력분	740g
크라프트믹스	260g
설탕	90g
소금	12g
생이스트	40g
달걀	100g
우유	350g
물	200g
버터	80g

충전물

크림치즈	600g
슈가파우더	60g

토핑물

호두 또는 피칸	26개
옥수수가루	적당량

Process

믹싱	1차 발효	분할	중간 발효	성형	2차 발효	굽기
발전단계 후기, 반죽온도 27°C	27°C, 75%, 45분	70g	15분	충전용 크림 25g 포앙	35°C, 85%, 25~30분	윗불 190°C / 아랫불 170°C, 15분

1. **믹싱** : 발전단계 후기(90%), 반죽온도 27°C

❶ 저속 4분 ⇒ 버터 투입 후 저속 2분 ⇒ 중속 6분 믹싱한다.

❷ 강력분, 크라프트믹스 ⇒ 소금, 설탕 ⇒ 액체재료 순으로 믹서볼에 넣는다.

❸ 생이스트는 물에 풀어 액체재료와 함께 넣는다.

❹ 버터는 클린업단계에서 투입한다.

CHEF'S NOTE

1_반죽의 목적을 생각하며 반죽의 상태가 항상 일정하게 되도록 관리하기

㉠ 반죽에 들어가는 모든 재료를 균일하게 혼합한다.

㉡ 수용성 재료는 완전히 용해되도록 하고 불용성 재료는 균일하게 부유되게 만든다.

㉢ 물을 흡수하는 밀가루의 전분, 손상전분, 단백질을 수화시킨다.

㉣ 밀가루의 단백질인 글리아딘과 글루테닌을 엉기게 하여 글루텐을 생성 및 발전시킨다.

㉤ 반죽에 산소를 혼입시켜 이스트의 활성을 촉진시키고 반죽을 탄력성 있게 만든다.

2_이 반죽에 발효종을 넣지 않은 이유

㉠ 숙성된 크라프트믹스를 사용하기 때문이다.

㉡ 크라프트믹스를 사용하므로 글루텐을 형성하는 단백질 비율이 낮기 때문이다.

㉢ 발효종이 제품의 모양을 유지시키는 반죽의 탄력성을 약화시키기 때문이다.

2. 1차 발효 : 27°C, 75%, 45분

3. 분할 : 70g ⇒ 둥글리기

4. 중간 발효 : 15분

5. 성형 :

❶ 반죽을 손바닥으로 눌러 가스를 충분히 뺀다.

❷ 충전용 크림 25g을 얹고 해라를 이용하여 포앙한다.

❸ 포앙한 반죽을 철판에 8개씩 패닝한다.

6. 2차 발효 : 35°C, 85%, 25~30분

1차 발효와 2차 발효의 차이점

1_발효란 빵류 반죽의 발효는 재료의 혼합과 동시에 시작하여 굽기 과정에서 이스트가 불활성화될 때까지 계속되지만, 1차 발효는 재료혼합 후 반죽정형에 들어가기 전까지의 발효 기간을 말한다. 반죽을 발효시키면 물리적이고 생화학적인 변화가 일어나 고분자 유기화합물이 저분자 유기화합물로 분해되어 소화흡수율이 향상되고 빵 반죽만의 특징인 부피 팽창과 풍미 생성을 시킬 수 있다. 이렇게 발효가 진행된 반죽은 취급성이 좋아 발효 다음 공정인 분할, 둥글리기, 성형 등이 쉽게 된다. 그리고 빵류 제품의 맛과 향을 좋게 하고, 노화를 지연시킨다. 1차 발효 조건은 레시피에 따라 다르지만 표준 스트레이트법을 기준으로 보면, 1차 발효는 온도 27°C, 상대습도 75~80% 조건에서 1~3시간 진행한다. 발효의 완료점을 정할 때에는 레시피에 적힌 시간보다는 빵 반죽에 일어난 이화학적 특성(상태)을 바탕으로 판단하는 것이 좋다.

2_2차 발효란 정형공정(Make up)을 거치는 동안 불완전한 상태가 된 반죽을 온도 32~40°C, 습도 75~90%의 발효실에 넣어 숙성시켜 좋은 외형과 식감의 제품을 얻기 위하여 완제품 부피의 70~80%까지 부풀리는 작업으로 발효의 최종 검증 단계이다.최종검증은 제빵사가 암묵적 지식을 바탕으로 자기의 감각에 의하여 반죽의 성질·상태를 증거조사(Proofing)하는 발효의 마지막(Final) 공정이라는 사전적 의미이다. 발효 시 여러 변숫값이 작용하므로 시간보다는 상태로 판단한다.

7. 굽기 전:

❶ 윗면에 옥수수가루를 체질하여 뿌려주고 중앙에 호두 또는 피칸을 올린다.

❷ 그 위에 테프론시트를 얹고 평철판을 올린다.

8. 굽기 : 윗불 190°C / 아랫불 170°C, 15분

TIP

1_ 높이가 2cm인 나뭇조각 4개를 평철판의 네 모서리에 놓고 그 위에 또 다른 평철판을 올리면 일정한 두께의 제품을 얻을 수 있다.

CHEF'S NOTE

굽기 시 반죽의 표면에 일어나는 갈색화 반응의 종류와 특징

1_ 껍질의 갈색 변화 : 덱스트린 반응, 메일라드 반응, 캐러멜화 반응에 의하여 껍질이 진하게 갈색으로 나타나는 현상이다. 이때 껍질의 갈변과정에서 형성된 향은 빵 속으로 스며들어 빵의 구수함을 결정한다.

2_ 덱스트린 반응 : 100~140°C 사이에서 겉껍질에 형성된 풀 같은 전분이 열분해되어 덱스트린이 형성되는데, 이 덱스트린이 가열 초기에는 엷은 노란색을 띠다가 지속적인 가열에 나중에는 갈색화된다.

3_ 메일라드 반응 : 일명 아미노-카르보닐 반응, 마이야르 반응이라고도 한다. 이 반응은 아미노산, 펩티드, 단백질의 아미노기와 케톤, 알데히드, 특히 환원당이 반응하여 갈색색소를 생성하는 현상으로, 빵 껍질을 연한 갈색으로 변하게 한다. 비교적 낮은 온도(130°C)에서 진행되며 캐러멜화에서 생성되는 향보다 중요한 역할을 한다.

4_ 캐러멜화 반응 : 설탕 성분이 높은 온도(160~180°C)에 의해 진한 갈색으로 변하는 반응이다.

1_크림치즈를 유연하게 만든 후 슈가파우더를 넣고 주걱으로 섞어준다.

2_균일하게 섞은 충전용 크림을 25g으로 분할하여 둥글린 후 냉장고에 넣고 사용한다.

(TIP)

1_충전물 제조 시 크림치즈의 종류에 따라 물성이 약간씩 다르다. 그래서 슈가파우더는 단맛뿐만 아니라 충전물의 되기를 조절하는 용도로 생각하며 사용한다.

2_분할하고 둥글리기를 하는 동안 충전용 크림은 묽어진다. 그래서 충전용 크림을 포앙하기 좋도록 꾸덕꾸덕하게 만들기 위해 미리 만들어 냉장보관하는 것이 좋다.

Chef's Secret Recipe
풀리쉬

1_풀리쉬(Poolish)란?

풀리쉬는 강력분, 물, 이스트로 만드는 묽은 상태의 발효종이다. 풀리쉬는 24~26°C의 작업장에서 발효시키며, 설정하고자 하는 발효시간에 비례해서 이스트의 양을 조절한다.

2_기본 풀리쉬 만들기

배합표

강력분	100%	500g
물	100%	500g
생이스트	3%	15g

❶ 풀리쉬의 최종적인 발효종의 온도를 맞출 수 있도록 조절한 물에 생이스트를 풀어준 후 강력분과 혼합한다.

❷ 밀가루의 덩어리가 생기지 않도록 빠르게 섞는다.

❸ 최종적인 발효종의 온도는 23~25°C로 맞춘다.

❹ 발효시간은 24~26°C의 작업장에서 2시간 정도 진행한다. 시간을 참고하면서 상태로 발효종의 완료점을 파악한다.

❺ 완료점은 발효종이 2배 이상 부풀어 가운데가 함몰하는 징조인 줄무늬가 생기면 된다.

3_발표시간에 따른 생이스트 양 조절 이유

강력분의 양 대비 생이스트 양의 비율(%)은 설정하고자 하는 발효시간에 따라 달라진다.

❶ 풀리쉬의 발효시간이 짧아지면 이스트가 증식하고 발효시간이 길어지면 발효 대사산물의 총량이 증가한다.

❷ 풀리쉬의 생이스트 양을 고정하고 발효시간을 길게 가져갈 경우, 풀리쉬에 다양한 발효 대사산물의 총량이 많아지는데 이 중에서 이산화탄소의 양이 가장 많이 증가한다. 그러면 풀리쉬가 터져 주저앉게 된다.

❸ 그래서 풀리쉬의 발효시간을 늘려 발효 대사산물의 총량을 증가시키려면 생이스트의 양을 줄여야 한다.

❹ 그리고 풀리쉬을 이용하여 이스트의 균수를 증식시켜 발효력을 향상시키려면 발효시간을 줄여야 한다.

❺ 번거롭게 풀리쉬를 이용하여 이스트의 균수를 증식시켜 발효력을 향상시키는 이유는 이스트의 이상한 냄새와 맛을 없앨 수 있기 때문이다.

❻ 풀리쉬는 다른 발효종보다 발효 대사산물의 총량은 적고 발효력은 가장 좋다.

발효시간	생이스트의 양	발효시간	생이스트의 양
2시간	3%	10시간	0.3%
4시간	1.5%	13시간	0.2%
6시간	1%	15시간	0.1%
8시간	0.5%		

4_다음과 같이 생각할 수도 있다. 풀리쉬 제조 시 생이스트의 양이 많고 발효시간이 짧으면 풀리쉬의 발효력이 좋고, 반대로 양이 적고 시간이 길면 풀리쉬의 발효 대사산물의 총량이 증가한다.

풀리쉬(Poolish) 제법이 하스 브레드(Hearth Bread)에 미치는 생화학적 영향에 대한 분석

하스 브레드(Hearth Bread)는 풍부한 발효향과 독특한 질감으로 잘 알려진 빵으로, 풀리쉬(Poolish) 제법은 이 빵의 특성을 극대화하는 데 중요한 역할을 합니다. 풀리쉬는 본 반죽을 만들기 전에 물, 밀가루, 그리고 소량의 효모로 미리 발효시킨 혼합물로, 이는 반죽의 생화학적 환경을 변화시켜 최종 제품의 맛, 질감, 보존성 등에 지대한 영향을 미칩니다. 이러한 과정은 주로 효모와 효소의 활성, 발효 중 발생하는 발효대사산물, 그리고 글루텐 네트워크의 형성에 따라 결정됩니다.

1_효모와 효소 활성의 조절

풀리쉬는 반죽에 소량의 효모를 미리 투입하여 충분히 발효시킨 혼합물입니다. 이 과정에서 효모는 밀가루 속 탄수화물을 분해하여 에탄올과 이산화탄소를 생성합니다. 이러한 발효 과정 중에 효소, 특히 아밀라아제와 프로테아제가 활발히 작용하게 됩니다. 아밀라아제는 전분을 말토오스와 같은 더 작은 당으로 분해하여 효모가 사용할 수 있는 에너지원으로 제공합니다. 이 과정은 효모의 발효 속도를 증가시켜 반죽 내 기포 형성과 팽창에 기여합니다.

프로테아제는 반죽 속 단백질을 분해하여 글루텐 네트워크를 약화시키는 동시에 유연성을 부여합니다. 이는 최종 빵의 질감에 영향을 미쳐 부드럽고 쫀득한 질감을 만들어냅니다. 이러한 효소들의 활동은 풀리쉬 반죽에서 특히 두드러지며, 하스 브레드 특유의 질감을 형성하는 데 중요한 역할을 합니다.

2_발효 과정의 진전과 산 생성

풀리쉬 제법은 발효 시간이 연장되면서 효모가 더 많은 유기산, 주로 젖산과 아세트산을 생성하게 합니다. 이 유기산들은 반죽의 pH를 낮춰, 발효 과정의 속도를 조절하며, 빵의 풍미를 더욱 복합적으로 만듭니다. 산도 증가로 인해 효모의 활동이 억제되지만, 이는 글루텐 네트워크의 형성과 빵의 구조적 안정성을 높이는 데 기여합니다. 결과적으로 빵의 크럼(Crumb)이 더 섬세하고 균일하게 형성되며, 씹을 때 탄력 있는 식감을 느낄 수 있습니다.

3_글루텐 네트워크의 최적화

풀리쉬 반죽은 이미 부분적으로 발효된 상태로, 이 반죽을 본 반죽에 섞어줌으로써 글루텐 네트워크가 적절히 형성되도록 도와줍니다. 일반적으로 오랜 발효 시간은 글루텐을 점진적으로 분해하지만, 풀리쉬 제법은 반죽 내에서 글루텐의 적절한 분해와 재형성을 촉진하여 빵의 부피를 유지하면서도 질감을 향상시킵니다. 이러한 글루텐 네트워크는 하스 브레드가 풍성하게 부풀고, 쫄깃한 내부 구조를 가지는 데 핵심적인 요소입니다.

4_당의 분해와 풍미 증진

풀리쉬 발효 중 아밀라아제는 전분을 포도당, 말토오스와 같은 단순한 당으로 분해합니다. 이러한 당은 효모의 에너지원으로 사용되어 발효를 더욱 촉진합니다. 또한, 이 당들은 빵을 구울 때 마이야르 반응을 통해 빵 껍질의 갈색화와 고소한 풍미를 형성하는 데 기여합니다. 하스 브레드 특유의 진한 구수한 향은 이 과정에서 기인하며, 이는 풀리쉬 제법을 사용하지 않은 빵과의 차별화된 특징으로 작용합니다.

CHEF'S BREAD & DESSERT

• Chef's **Profile**

현) 태극당 총괄 셰프
전) 폼파도로 오너 셰프
　　그랑프리 헤드 셰프

**소홍무 제과장
태극당 총괄 셰프**

• Bakery **Know-how**

2024년에 78년의 역사를 맞이한 태극당에서 총괄 셰프로 근무하면서 추구하고 있는 맛은, 태극당의 축적된 제조 역량을 바탕으로 전통의 맛에 급변하는 트랜디한 맛을 어떻게 접목시킬까 하는 점이다. 이런 어젠다(Agenda)를 해결하고자 수많은 고뇌 속에서 찾아낸 맛은 나이 드신 분들에게는 추억을 선물하고, 삶에 지친 젊은 분들에게는 편안함을 주는 것이었다. 이렇게 태극당에서 만드는 제품은 전통의 맛을 이어가되 변하는 소비자들의 입맛도 놓치지 않고 소비자들과 보폭을 맞추어가고 있다. 이렇게 찾아낸 맛을 이 3가지 품목을 이 책에서 소개하려 한다.

먹깨비빵
GOBLIN BREAD

제빵 산업이 발달하며 제빵 시장이 커짐에 따라 소비자들이 원하는 제품을 만들기 위해 셰프들은 항상 고민하고 연구한다. 신제품 개발 후 마지막 고민이 제품명을 정하는 것이다. 제품명을 잘 짓기 위해서는 제품의 본질에서 벗어나야 한다. 제품을 구상하는 데 있어서는 무슨 재료로 만들지가 중요하겠지만, 제품명을 정하는 데 있어서는 무엇으로 만들었는지보다는 제품이 지닌 매력과 하고 싶은 이야기를 파고들어야 한다. 이름이 튀기만 해서도 안 된다. 낯설면서도 공감대를 형성해야 한다. 비율로 따지면 낯섦 30%, 공감 70% 정도가 좋다. 제품으로 고객과 공감하려면 제품명을 보고 고객들이 제품에 대해 상상 할 수 있어야 한다. 제품명으로 시각·촉각·청각을 모두 건드려야 한다. 시대상에도 부합해야 한다. 네이밍은 제품이 고객에게 직관적으로 느껴지면서도 어느 정도의 낯섦이 있어야 한다. 또한, 제품이 가진 매력을 스토리로 끄집어낼 수도 있어야 한다. 그래야 다른 경쟁 제품들과 확연한 차별성이 생기기 때문이다. 그래서 먹물, 윗면 토핑, 호두 등을 이용하여 먹물을 뒤집어쓴 도깨비방망이라는 스토리가 담긴 '먹깨비빵'으로 이 제품명이 탄생하게 되었다.

01_Formula | 15개 분량

본 반죽

강력분	300g
설탕	135g
소금	6g
탈지분유	18g
우유	60g
오징어먹물	15g
버터	130g

스펀지 반죽

강력분	450g
설탕	35g
소금	7g
물	160g
우유	160g
드라이이스트(골드)	12g

토핑물

설탕	420g
버터	420g
아몬드분말	335g
달걀	450g
중력분	100g
오징어먹물	45g

충전물

크림치즈	630g
설탕	66g
분당	66g
크리미비트	25g
소프트T	100g
생크림	50g

토핑용 재료

호두분태	적당량

Process

믹싱	>	플로어 타임	>	분할	>	중간 발효	>	성형	>	2차 발효	>	굽기
앞선 반죽: 스펀지 반죽 **본 반죽**: 최종단계, 반죽온도 24°C		27°C, 75%, 30분		100g		실온에서 15분		속 크림 70g 충전		32°C, 75%, 25~30분		컨벡션 오븐 170°C, 16분

1. **믹싱** : 최종단계(100%), 반죽온도 24°C

❶ 믹서볼에 스펀지 반죽 포함, 본 반죽에 첨가하는 모든 재료를 넣고 믹싱하는 스펀지 도우법이다.

❷ 저속 5분 ⇒ 중속 6분 믹싱한다. 믹서의 구조와 성능에 따라 믹싱시간은 달라질 수 있다.

❸ 반죽의 완료점은 글루텐 막이 얇게 잡히는 상태가 되었을 때이다.

(TIP)

1_먹물이 들어간 반죽은 믹서볼 하단까지 모든 재료가 잘 섞일 수 있도록 믹싱 중간중간에 스크레이퍼로 긁어주면 서 반죽을 완성한다.

2_반죽의 수분감이 있는 편이라 적절하게 덧가루 혹은 물을 사용하여 완성된 반죽을 정리한다.

2. **플로어 타임** : 27°C, 75%, 30분

(TIP)

1_플로어 타임이란 스펀지 도우법에서 본 반죽을 만든 후 반죽할 때 파괴된 글루텐 구조를 다시 재결합시키기 위 하여 10~40분간 작업장에서 발효를 시키는 공정이다.

2_플로어 타임의 시간이 변하는 경우

ㄱ 본 반죽 시간이 길어지면 플로어 타임 시간을 늘 린다.

ㄴ 본 반죽 온도가 낮으면 플로어 타임 시간을 늘린다.

ㄷ 스펀지에 사용한 밀가루의 양이 적으면 플로어 타 임 시간을 늘린다.

ㄹ 사용하는 밀가루 단백질의 양과 질이 좋으면 플로 어 타임 시간을 늘린다.

ㅁ 본 반죽 상태의 쳐지는 정도가 크면 플로어 타임 시간을 늘린다.

2

3-a 3-b 4

3. 분할 : 100g 분할 후 타원형으로 둥글리기

4. 중간 발효 : 실온에 15분

5-a 5-b 5-c 5-d 5-e

5-f

5. 성형 :

❶ 반죽을 타원형 모양으로 밀어 펴준다.

❷ 속 크림 70g을 넓게 펼쳐서 발라준다.

❸ 반죽을 타이트하게 말아주고 이음매를 꼼꼼하게 마무리한다.

❹ 윗면에 우유 물을 바르고 호두를 찍어서 발효실에 넣는다.

6. **2차 발효 :** 32°C, 75%, 25~30분

7. **굽기 전 :** 짤주머니에 토핑물을 넣고 짠 뒤, 호두를 뿌려준다.

8. **굽기 :** 컨벡션 오븐에서 170°C로 16분간 구워준다.

TIP

1_호두는 170°C의 컨벡션 오븐에서 20분 정도 구워서 사용한다. 구워서 사용하지 않으면 색이 나지 않고, 전 내가 날 수 있으므로 호두는 반드시 구운 뒤 식혀서 사용하도록 한다.

2_컨벡션 오븐(Convection oven)의 특징

㉠ 오븐의 실내 속에서 뜨거워진 유체(流體, 액체와 기체를 합쳐 부름)를 팬(Fan)을 사용하여 강제로 순환시키는 데에서 그 명칭인 컨벡션(대류, 對流)을 얻게 되었다.

㉡ 강제 순환된 공기의 흐름(대류)은 굽는 반죽 위에 차가운 공기층이 형성되는 것을 막기 때문에 열이 빵이나 케이크에 좀 더 직접적이고도 효율적으로 도달하게 된다.

㉢ 컨벡션 오븐(대류식 오븐)은 오븐 내에서 자연 순환에 의존하는 데크 오븐보다 반죽을 14~19°C 낮은 온도에서 좀 더 빠르게 구울 수 있다.

㉣ 비스킷 반죽이 토핑물로 올라가는 제품을 컨벡션 오븐에 구우면 바삭한 식감을 얻을 수 있다.

스펀지 반죽 만들기

1_스펀지 반죽에 들어가는 재료를 정확하게 계량하여 재료
별로 진열한다.

2_전 재료를 믹서볼에 넣고 저속 3분 ➡ 중속 3분 믹싱한다.

3_완성된 스펀지 반죽을 실온에서 최소 1시간 이상 둔 다음
사용한다.

1_표준 스펀지 반죽은 저속에서 4~6분 정도 믹싱하여 1
단계(Pick up stage)까지 반죽을 만든다. 그리고 스
펀지 발효를 27°C의 실온에서 3~5시간 진행한다. 그
러나 여기서는 2단계(Clean up stage)까지 반죽하고
1시간 정도에서 발효를 완성한다. 이렇게 발효를 진행
하면 발효향은 약화시키면서 완제품 식감의 가벼움과
질감의 부드러움을 얻을 수 있다.

충전물 만들기

1_충전물에 들어가는 재료를 정확하게 계량하여 재료별로
진열한다.

2_전자레인지를 이용하여 크림치즈를 부드럽게 만든다.

3_설탕, 분당, 크리미비트, 소프트T 등을 균일하게 섞어 크림
치즈에 넣고 균일하게 섞는다.

4_생크림을 붓고 균일하게 섞어 충전물을 완성한다.

1_양이 많지 않으므로 손으로 반죽을 만든다. 만약에 양
이 많아 믹서를 사용할 경우에는 반죽날개는 비터를
사용한다.

토핑물 만들기

1_토핑물에 들어가는 재료를 정확하게 계량하여 재료별로 진열한다.

2_스테인리스 볼에 버터를 넣고 휘퍼로 유연하게 한 후 설탕을 붓고 크림화한다.

3_달걀을 3~4번 나누어 투입하면서 부드러운 크림상태를 만든 후 오징어먹물을 넣고 균일하게 섞는다.

4_균일하게 혼합 후 체로 친 가루재료를 넣고 믹싱하여 마무리한다.

붉은 고구마 쌀빵
RED SWEET POTATO RICE BREAD

40년 넘게 경제활동을 성실히 수행하다 보니 이제는 내 의사결정에 따라 공동체에 작은 영향을 줄 수도 있게 되었다. 의사결정에 있어 요즘에 많이 생각하는 부분이 더불어 잘 사는 '공생공영(共生共榮)' 이다. 그래서 신제품 개발 시 우리 농산물을 일정 부분 사용하려고 노력하고 있다. 이런 '장(場)'에 참여하게 되어, 기쁜 마음으로 우리 형제자매가 재배한 쌀로 만든 빵용 쌀가루, 붉은 고구마로 만든 고구마 가루, 그리고 생고구마를 시럽에 넣고 끓여서 만든 당절임 고구마 등을 이용하고 '공생공영'의 마음을 담은 붉은 고구마 쌀빵의 레시피를 함께 나누고자 한다. 비록 화려하진 않지만, 이 레시피에는 78년째인 우리 태극당의 더불어 잘 살고자 하는 '혼(魂)'이 담겨 있다.

01_Formula | 8개 분량

본 반죽

쌀 탕종	100g
요구르트 종	100g
소금	12g
설탕	120g
우유	550g
드라이이스트	19g
버터	80g
달걀	2개
자색 고구마 분말	60g
골드 강력 쌀가루	1,000g

쌀 탕종

골드 강력 쌀가루	1,000g
설탕	100g
소금	50g
물(100°C)	1,500g

요구르트 종

강력분	300g
소금	30g
드라이이스트	2g
물	180g
불가리스 요구르트	30g

커스터드 크림

설탕	1,638g
박력 쌀가루	255g
전분	255g
달걀	756g
노른자	756g
생크림	60g
버터	300g
우유	6,300g

충전물

롤 치즈	400g

고구마 필링

구운 고구마	1,000g
꿀	100g
커스터드 크림	100g
자색 고구마 분말	50g
크리미비트(되기 조절용)	40g

고구마 당절임

튀긴 고구마	1,000g
물	400g
설탕	500g
레몬즙	24g

Process

믹싱	1차 발효	분할	중간 발효	성형	2차 발효	굽기
앞선 반죽 : 요구르트 종, 쌀 탕종 **본 반죽** : 최종단계, 반죽온도 24°C	27°C, 75%, 30분	250g	실온에서 10분	고구마 당절임 150g, 롤 치즈 50g 충전	35°C, 80%, 30분	윗불 220°C / 아랫불 200°C, 스팀 후 25분

1-a 1-b

1. 믹싱 : 최종단계(100%), 반죽온도 24°C

❶ 두 종류의 앞선 반죽을 사용하여 본 반죽을 만드는 붉은 고구마 쌀빵의 반죽법은 스펀지 도우법과 같다고 생각하면 된다.

❷ 믹서볼에 모든 재료를 넣고 저속 5분 ➡ 중속 5~6분 믹싱한다. 믹서의 구조와 성능에 따라 믹싱시간은 달라질 수 있다.

❸ 반죽의 완료점은 글루텐 막이 끊어지지 않는 상태가 되었을 때이다.

(TIP)

1_현장에서는 작업의 효율성과 신속성을 위해 버터가 많이 들어가지 않는 반죽은 모든 재료를 동시에 넣고 반죽을 하고 있다.

2_강력 쌀가루로 만드는 빵이기 때문에 믹싱의 최종단계에서도 일반 강력분만 사용한 반죽처럼 글루텐이 잡히지는 않는다. 반죽이 완전히 매끄럽게 되어 보이지 않아도 반죽의 일부를 떼어내어 양쪽을 잡아 당겼을 때 끊어지지 않는 정도를 믹싱 완료 시점으로 잡는다.

2. 1차 발효 : 27°C, 75%, 30분

2-a

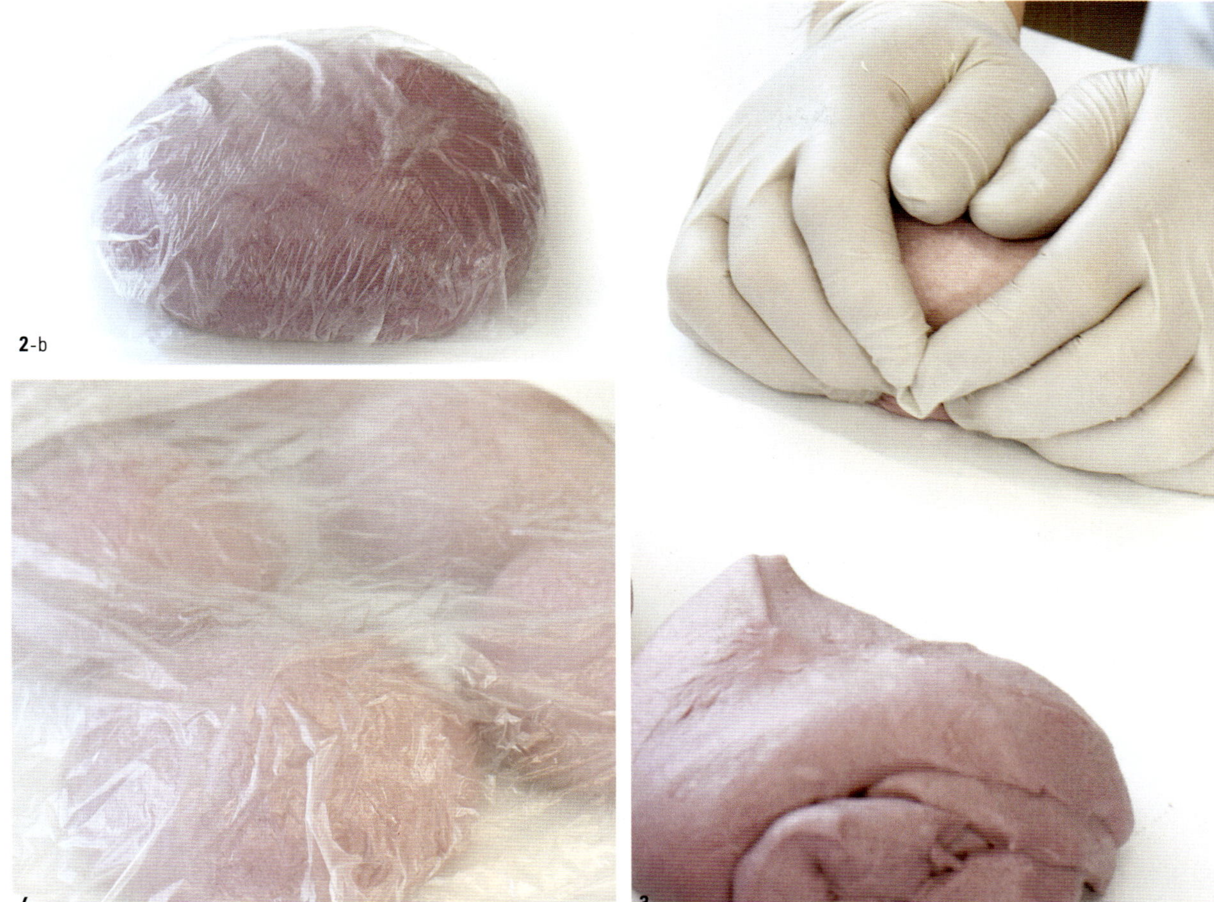

3. 분할 : 250g 분할 후 원형으로 둥글리기

CHEF'S NOTE

1_내구성을 높이고 손상을 줄이는 방법

㉠ 직접 반죽법(스트레이트법)보다 중종 반죽법(스펀지법)이 기계에 대한 내구성이 강하다.

㉡ 반죽의 결과온도는 비교적 낮은 것이 기계에 대한 내구성이 좋다.

㉢ 밀가루는 단백질 함량이 높고 양질의 것이 기계에 대한 내구성이 좋다.

㉣ 반죽은 흡수량 혹은 가수량이 최적이거나 약간 된 반죽이 기계에 대한 내구성이 좋다.

2_기계 둥글리기 시 반죽 표면의 점착성을 줄여 끈적거림을 제거하는 방법

㉠ 최적의 발효상태를 유지하여 반죽의 결합수를 증가시켜 겉도는 수분 양을 줄인다.

㉡ 덧가루는 적정량을 사용하여야 하며 지나치게 사용하면 완제품에 줄무늬가 생긴다.

㉢ 반죽에 유화제를 사용하여 반죽 속으로 스며드는 수분 양을 증가시켜 겉도는 양을 줄인다.

㉣ 반죽에 가수량이 많으면 반죽이 질어져 끈적거리므로 반죽에 최적의 가수량을 넣는다.

㉤ 유동파라핀 용액(오일)(반죽무게의 0.1~0.2% 사용)을 작업대, 라운더(Rounder)에 바른다.

---

4. 중간 발효 : 실온에서 10분

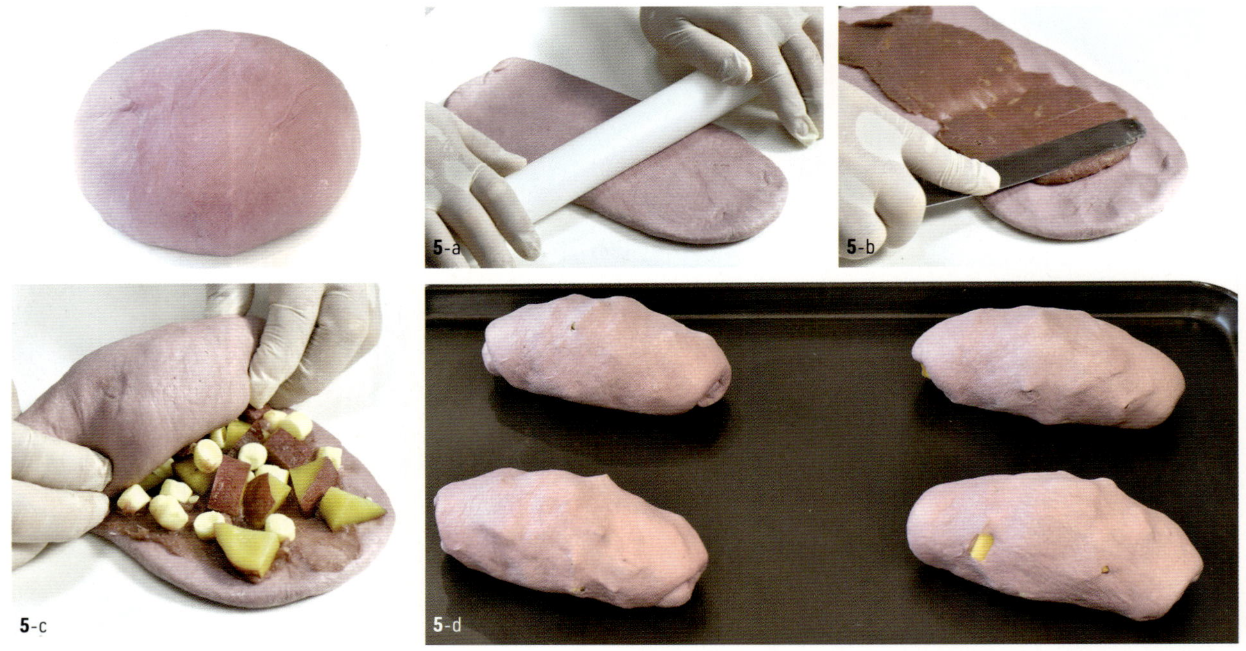

5. 성형 :

❶ 반죽을 타원형 모양으로 밀어 펴준다.

❷ 고구마 필링을 펴 바른 뒤 고구마 당절임 150g, 롤치즈 50g 넣고 말아준다.

❸ 한 판에 4개씩 패닝한다.

6. 2차 발효 : 35℃, 80%, 30분

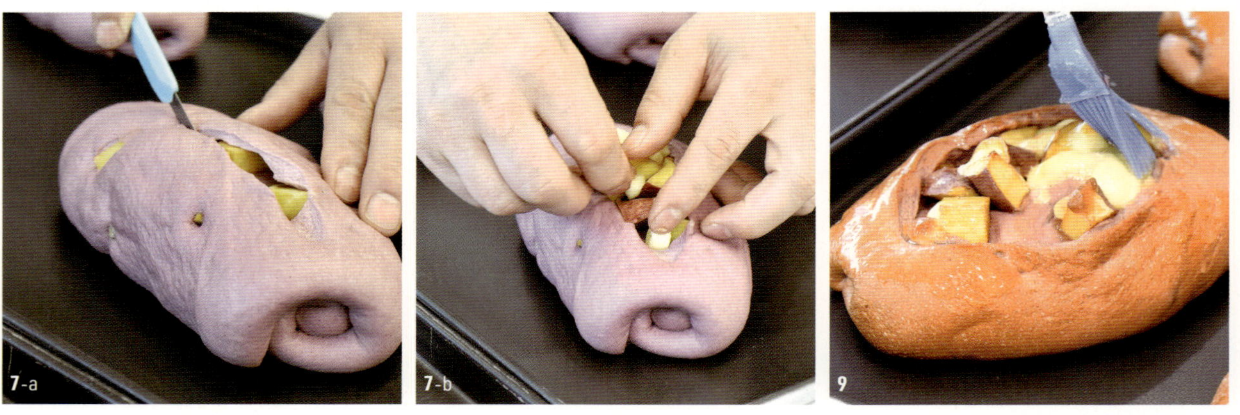

7. 굽기 전 : 중간에 길게 칼집을 낸 뒤 고구마 당절임과 롤 치즈를 올려준다.

8. 굽기 : 데크 오븐에서 윗불 220℃ / 아랫불 200℃로 스팀을 주며 25분간 굽는다.

9. 구운 후 : 고구마의 달달한 맛을 살리기 위해 꿀 시럽을 발라서 마무리한다.

> (TIP) 꿀 시럽 만들기
>
> 1_꿀과 물을 100:10의 비율로 균일하게 섞어서 만든다.
>
> 2_꿀 시럽을 발라주면 완제품의 보존 및 보습력을 높여주고 광택을 주어 더욱 먹음직스러워 보이는 효과가 있다.

쌀 탕종 만들기

1_쌀 탕종에 들어가는 재료를 정확하게 계량하여 재료별로 진열한다.

2_물을 100°C로 끓여서 준비한다.

3_믹서볼에 강력 쌀가루, 소금, 설탕을 넣고 반죽날개 훅을 이용하여 저속으로 섞으면서 끓인 물을 부어준다.

4_중속으로 속도를 올려서 약 3분간 믹싱하여 완성한다.

요구르트 종 만들기

1_요구르트 종에 들어가는 재료를 정확하게 계량하여 재료별로 진열한다.

2_요구르트 종의 적정한 반죽 온도인 25°C가 될 수 있도록 물의 온도를 조절하여 계량한 후 드라이이스트를 넣고 핸드 거품기로 풀어준다.

3_요구르트 종 재료를 모두 믹서볼에 넣고 저속으로 3분간 믹싱한다.

4_완성된 종 반죽을 스테인리스 볼에 옮기고 랩을 씌워 냉장온도에서 하루 정도 숙성시킨 후 사용한다.

커스터드 크림 만들기

1_볼에 설탕, 박력 쌀가루, 전분을 넣고 핸드 거품기로 골고루 섞어둔다.

2_다른 볼에 달걀, 노른자, 생크림을 붓고 핸드 거품기로 골고루 섞어둔다.

3_또 다른 볼에 우유를 붓고 가스레인지에 올려 끓인다.

4_끓인 우유를 [과정2]에 붓고 균일하게 섞는다.

5_[과정4]를 [과정1]에 붓고 균일하게 섞은 후 가스레인지에 올려 되직하게 끓인다.

6_끓인 크림을 가스레인지에서 내린 후 버터를 넣고 잔열로 녹이면서 균일하게 섞는다.

고구마 필링 만들기

1_고구마 필링에 들어가는 재료를 정확하게 계량하여 재료별로 진열한다.

2_스테인리스 볼에 커스터드 크림, 꿀, 자색 고구마 분말을 넣고 핸드 거품기로 균일하게 섞는다.

3_크리미비트로 되기를 조절하면서 핸드 거품기로 균일하게 섞는다.

4_구운 고구마를 넣고 주걱으로 섞어 완성한다.

고구마 당절임 만들기

1_고구마 당절임에 들어가는 재료를 정확하게 계량하여 재료별로 진열한다.

2_고구마를 세척 후 깍두기 모양으로 잘라서 180℃ 기름에 살짝 튀겨준다.

3_스테인리스 볼에 물, 설탕, 레몬즙을 넣고 끓여 시럽을 만든다.

4_자연스러운 단맛을 위해 끓인 시럽에 튀긴 고구마를 5분 정도 넣어서 코팅한다.

5_냉동 고구마를 쓰면 잘 으깨지고 깨지므로 제품의 퀄리티를 위해 반드시 생고구마를 튀겨서 사용한다.

황치즈 시오빵

YELLOW CHEESE SALT BREAD

2003년경 히라타 미토시라는 일본인 제빵사가 아들에게 프랑스에서는 소금을 뿌린 빵이 유행하고 있다는 말을 듣고 이를 응용하여 소금을 강조한 빵을 만들게 되었다. 원래 프랑스에서 먹던 소금빵은 바게트 같이 딱딱한 식사빵을 소금에 찍어 먹는 식사의 한 형태이었지만, 식사빵이 보편적이지 않은 일본 식문화의 특성상 간식빵으로 개조하였다. 이 과정에서 소금을 찍어먹던 것을 반죽을 굽기 전에 소금을 뿌리고 달콤한 맛을 더해 오늘날의 소금빵을 만들게 되었다. 소금빵은 배합률에 따라 lean type의 저율배합이 있고 rich type의 고율배합이 있다. Rich type은 크리스피 솔트 버터 롤이라고 부르기도 하며, 부드러운 반죽을 얇게 펴서 버터 블록을 채운 다음 그 위에 굵은 소금을 뿌려 만든 맛있는 베이커리 간식이다. Lean type 소금빵은 굽기 시 증기를 분사하여 구워내는데, 이렇게 만든 빵은 겉은 바삭하고 속은 부드러워 풍미 가득하게 만들어진다. 이런 형태의 소금빵은 간식이나 식사와 함께 즐기기에 적합하다. 이 장에서 소개하고자 하는 빵은 요즘에 핫한 소금빵을 응용한 나름 잘 팔리는 빵의 배합표이다. 그런데 여기서 이야기를 하고 싶은 내용은 '황치즈 시오빵'이라는 단어이다. 이 단어를 구성하는 요소를 보면, 황(黃)은 누른 빛을 의미하는 한자어, 치즈는 유단백질을 응고시켜 만든 유제품을 의미하는 영어, 시오는 소금을 의미하는 일본어, 빵은 일본을 통해 들어온 포르투갈어 등으로 만들어져 있다. 이 제품명을 보면서 요즘 우리가 만들어야 하는 빵의 방향성을 가늠할 수 있다. 그 방향성이란 다양한 문화적 융합을 베이스로 하여 우리나라 사람이 좋아할 수 있는 빵을 창조하는 것이다.

01_Formula | **30개** 분량

빵 반죽	
강력분	1,000g
골드강력 쌀가루	200g
황치즈 분말	50g
소프트T	50g
설탕	30g
버터	110g
드라이이스트	22g
소금	22g
탈지분유	50g
제빵개량제	20g
우유	900g

속 재료	
충전물 버터	300g
슬라이스 체다 치즈	15장

장식용 재료	
펄솔트	약간

Process

믹싱	>	분할	>	중간 발효	>	성형	>	2차 발효	>	굽기
최종단계, 반죽온도 24°C		80g		실온에서 10분		올챙이 모양		32°C, 75%, 40분		컨벡션 오븐 170°C, 15분

1. 믹싱 : 최종단계(100%), 반죽온도 24°C

❶ 전 재료를 믹서볼에 넣고 한 번에 반죽하는 스트레이트법으로 믹싱한다.

❷ 저속 2분 ⇒ 중속 10분 믹싱한다. 믹서의 구조와 성능에 따라 믹싱시간은 달라질 수 있다.

❸ 반죽의 완료점은 글루텐 막이 끊어지지 않는 상태가 되었을 때이다.

(TIP)

1_황치즈 시오빵 반죽에는 강력분의 일부를 박력 쌀가루로 대체하여 식감의 바삭함과 쌀가루 특유의 쫀득함을 반죽에 부여했다.

2_박력 쌀가루를 일부분 첨가하여 만드는 빵이기 때문에 믹싱의 최종 단계에서도 일반 강력분만 사용한 반죽처럼 글루텐이 잡히지는 않는다. 반죽이 완전히 매끄럽게 되어 보이지 않아도 반죽의 일부를 떼어내어 양쪽을 잡아 당겼을 때 끊어지지 않는 정도를 믹싱 완료 시점으로 잡는다.

3_반죽에 우유만 넣을 때보다 탈지분유를 일부 함께 넣어주면 우유의 풍미를 더욱 높여주고 크러스트에 구움색이 잘 나오며 전분의 노화를 늦추기 때문에 완제품의 보존성을 향상시키는 효과도 기대할 수 있다.

1_발효관리 3대 요소

발효관리란 제빵법에 따라 발효관리 3대 요소인 온도, 습도, 시간을 적절히 관리하여 가스 발생력과 가스 보유력이 평행과 균형이 이루어지게 하는 것을 말하며, 발효관리가 잘되면 완제품의 기공, 조직, 껍질색, 부피, 맛과 향 등이 좋아진다.

2_발효 완료점을 이화학적 특성으로 확인하는 방법

㉠ 반죽의 부피가 증가한 상태, 반죽 표면의 색 변화, 핀홀(바늘구멍) 등을 확인한다.

㉡ 반죽 내부에 글루텐에 의해 만들어진 망상조직 상태를 확인한다.

㉢ 손가락으로 반죽을 찔렀을 때 손가락 자국이 수축하는 탄력성 정도를 확인한다.

㉣ 손가락으로 반죽을 찔러 발효 완료점을 확인하는 것을 핑거 테스트(Finger test)라고 한다.

㉤ 반죽 내부의 온도가 올라가는 변화 정도를 확인한다.

㉥ 반죽 내부의 pH가 올라가는 변화 정도를 확인한다.

2-a

2-b

3

2. 분할 : 80g 분할 후 올챙이 모양으로 둥글리기

3. 중간 발효 : 실온에서 10분

4. 성형 :

❶ 반죽을 긴 삼각형으로 약 22~24cm까지 길게 밀어준다.

❷ 슬라이스 체다 반쪽과 10g의 버터를 삼각형의 밑변 부분에 놓아준다.

❸ 가장자리를 안쪽으로 밀어 넣어 버터가 보이지 않도록 해준 뒤 말아준다.

❹ 1팬에 10개씩 놓는다.

(TIP)

1_시오빵을 성형할 때 버터를 삽입 후 가장자리 반죽을 안쪽으로 여며주며 성형을 해주면 버터가 녹아 나오는 것을
최소화할 수 있고, 완제품을 갈랐을 때 버터가 녹아 나온 구멍이 남아있는 것을 확인할 수 있다.

2_체다 치즈는 반씩 가른 다음 비닐을 벗기면 칼에 묻지 않고 형태를 유지하며 편리하게 사용할 수 있다.

3_속재료로 사용하는 버터는 가로 약 6cm, 두께 1cm로 준비한다.

4_충전용 버터의 중량은 1개당 10g 정도이다. 작업 전에 미리 잘라 냉동실에 보관한다.

5. 2차 발효 : 32℃, 75%, 40분

(TIP)

1_2차 발효의 시간을 설정하는 기준

㉠ 빵의 종류, 이스트의 양, 제빵법, 반죽온도, 발효실의 온도, 습도, 반죽 숙성도, 단단함, 성형할 때 가스 빼기의
정도 등을 고려하여 2차 발효의 시간을 결정한다.

㉡ 2차 발효의 시간은 통상 60분이 최적이지만, 발효상태를 보고 판단한다.

6. 굽기 전 : 윗면에 물 분무 후 펄솔트를 뿌려준다.

7. 굽기 : 컨벡션 오븐에서 170°C로 15분간 구워준다.

오븐 스프링과 오븐 라이즈 비교

굽기를 할 때 일어나는 반죽의 변화 중 오븐 팽창은 아주 중요한 굽기의 목적 중 하나이다. 일반적으로 완제품의 부피 팽창은 발효할 때 결정된다고 생각하지만 완제품 부피의 33%는 굽기 시 결정된다. 오븐 팽창을 결정하는 작동 원리에는 2가지가 있다.

1 _오븐 스프링(Oven Spring) 작동원리

    ㉠ 굽기 시 처음 5~6분 동안에 반죽의 내부온도가 49°C에 달하면 탄산가스의 기화로 반죽이 급격하게 부풀어 오븐에 넣기 전 2차 발효가 완료된 크기를 기준으로 해서 약 1/3 정도 빵을 크게 팽창시킨다. 그래서 2차 발효의 완료점은 오븐에서 빼낸 완제품 기준 70~80% 정도로 정한다. 그리고 이러한 급격한 오븐 팽창을 오븐 스프링이라고 한다.

    ㉡ 반죽 표면의 물방울은 방사열(복사열)로 기화하기 시작하고 기화에 필요한 열을 반죽 표면에서 빼앗아 반죽 표면의 온도 상승이 억제되어 빵의 부피가 증가한다.

    ㉢ 글루텐의 연화와 전분의 호화, 가소성화(열의 작용으로 영구적 변형이 일어남)가 팽창을 돕는다.

    ㉣ 탄산가스와 용해 알코올이 기화하면서 가스압이 증가하여 오븐 스프링이 일어난다.

    ㉤ 반죽 온도가 49°C로 상승하면 탄산가스가, 79°C로 상승하면 알코올이 증발하여 오븐 스프링의 효과를 준다.

2 _오븐 라이즈(Oven Rise)의 작동원리

    ㉠ 반죽의 내부 온도가 아직 60°C에 이르지 않은 상태에서 발생한다.

    ㉡ 사멸 전까지 이스트가 활동하며 가스를 생성시켜 반죽의 부피를 조금씩 키우는 과정이다.

Chef's Secret Recipe
스트레이트법과 스펀지법의 비교

실무에 있어서 가장 중요한 것은 현장 경험이다. 여기에 이론적 기반과 오랜 경험이 바탕이 된다면, 기본기를 탄탄하게 쌓을 수 있고, 변화에 능동적으로 대처할 수 있으며, 현장에 맞는 제법으로 제품의 퀄리티와 공정의 효율성을 높일 수 있다. 먹깨비빵에 사용한 스펀지 도우법의 이론적 배경과 현장에 맞는 변형 방식을 통해 이를 알려드리고자 한다.

1 _ 스트레이트법(Straight Dough Method)의 특징

❶ 모든 재료를 순차적으로 믹서볼에 넣고 반죽을 한 번만 배합을 하는 방법으로 직접법이라고도 한다.

❷ 이 제법은 미생물(Microflora)의 생화학적 작용으로 반죽을 장시간 숙성시키는 정통적인 제빵법을 대체하기 위하여 발효력이 좋은 배양효모(Saccharomyces cerevisiae)를 이용한다.

❸ 믹서를 이용한 기계적(물리적)인 작용과 이스트 푸드를 이용한 화학적인 작용 등을 함께 사용하여 반죽을 단시간에 숙성시키는 현대적인 제빵법이다.

❹ 스펀지 도우법과 비교한 스트레이트법의 장점과 단점

장점	· 발효 시간이 짧고 제조 공정이 단순해 만들기 쉽다. · 발효 시간이 짧아 발효 시 발생하는 발효손실을 줄일 수 있다. · 재료혼합과 반죽 발효가 한 번에 이루어지기 때문에 제조시설과 제조장비가 간단하다. · 재료혼합과 반죽 발효가 한 번에 이루어지기 때문에 노동력과 노동시간이 절감된다. · 발효 시간이 짧아 발효 향이 생성되지 않으므로 재료의 풍미가 살아난다. · 크럼(Crumb)에 당기는 힘이 있어 씹는 질감이 좋다.
단점	· 발효 시간이 짧기 때문에 수화가 불충분해 빵의 경화와 노화가 빠르다. · 발효 시간이 짧기 때문에 발효 향과 식감이 떨어진다. · 반죽의 신전성이 나쁘기 때문에 기계 성형 시 취급에 무리가 생기므로 정형 공정 기계에 대한 내구성이 약하다. · 반죽의 신전성이 나쁘기 때문에 발효 내구성도 나쁘다. · 반죽은 환경의 변화에 민감해 각 공정의 오차 허용범위가 좁다. 그래서 잘못된 공정을 수정하기가 어렵다. · 발효시간에 문제가 발생하면 그대로 제품 불량으로 이어질 수도 있다.

2 _ 스펀지 도우법(Sponge Dough Method)의 특징

❶ 처음의 반죽을 스펀지(Sponge) 반죽, 나중의 반죽을 본(Dough) 반죽이라 하여 배합을 한 번 더 하는 반죽법이다.

❷ 스펀지 반죽이 발효종이고 이 발효종을 본 반죽 제조 시 가운데 넣는다고 하여 중종법(中種法)이라고도 한다. 중종법을 사전적인 의미로 정의하면 '발효의 씨앗을 가운데 넣는 법'이다.

❸ 이 제법은 믹서를 이용한 기계적(물리적)인 작용과 이스트 푸드를 이용한 화학적인 작용 등을 활용하여 반죽을 단시간 숙성시키는 현대적인 제빵법을 보완하기 위해 공장제 효모(Cerevisiae)를 사용하여 생화학적 작용으로 반죽을 장시간 숙성시키는 정통적인 방법을 일정 부분 구현한 제빵법이다.

❹ 공장제 효모의 장시간 발효로 밀가루의 수화가 잘 되어 결합수가 증가하므로 빵 완제품의 저장성이 향상된다.

❺ 반죽 피막이 얇게 되며 가스 보유력이 크므로 부피가 큰 제품을 얻을 수 있고 빵의 조직과 속결, 촉감도 부드럽다.

❻ 에틸알코올과 유기산의 생성으로 빵 완제품에 발효 향이 생성된다.

❼ 스펀지 반죽을 만들 때 이스트 푸드가 들어가는 것은 다른 발효종과는 다른 스펀지 반죽만의 특징이다. 이것은 어디까지나 공학자의 분류 기준이고 제빵사는 요즘 소비자의 요구사항을 반영하여 스펀지에서 이스트 푸드를 빼고 발효시간을 늘리는 방법으로 만들고 있다.

❽ 스트레이트법과 비교한 스펀지 도우법의 장점과 단점

장점	· 발효 시 발생하는 가스압력에 반죽이 견디는 발효 내구성이 강하다. · 반죽 정형시 정형 공정 기계가 반죽에 가해지는 힘에 견디는 내구성이 증가한다. · 반죽의 유연성이 증가함으로써 각 공정에서 작업의 정밀도나 시간의 로스(Loss) 등에 대한 허용범위가 넓다. · 전체 발효시간이 길어 반죽의 숙성이 진행됨과 동시에 수화가 충분히 이루어져 완제품에 부드러운 크럼(Crumb)이 만들어진다. · 발효시간이 길어 반죽의 수화가 충분히 일어나므로 보수력이 우수해 빵의 노화를 더디게 만든다. · 발효시간이 길어 반죽의 신전성이 증가해 반죽이 유연하므로 취급이 쉬우며 볼륨 있는 빵이 된다.
단점	· 스펀지의 발효시간이 길어 빵 제조에 시간이 걸리고 두 번 믹싱하는 번거로움이 있다. · 발효시간이 길기 때문에 발효손실이 증가한다. · 스펀지 반죽을 발효시킬 수 있는 별도의 발효 장소가 필요하다. · 반죽의 믹싱과 발효를 두 번에 걸쳐 진행하므로 발효시설, 노동력, 장소 등 경비가 증가한다. · 발효시간이 길어 발효 향이 충분히 생성되므로 재료 자체의 향을 살리기 힘들다. · 완제품의 크럼이 지나치게 부드러워지면 씹는 맛이 없을 수 있다.

3_스펀지 도우법(Sponge Dough Method)을 응용하기

❶ 제빵 공학자가 만든 제조 이론을 기준으로 보면, 표준 스펀지 반죽의 기본재료는 강력분, 이스트, 이스트 푸드, 물 등이다.

❷ 먹깨비빵에서 사용하는 스펀지 반죽은 강력분, 물, 이스트 등의 기본 재료는 사용하지만, 제빵개량제의 원형인 이스트 푸드는 제외했다. 왜냐하면 요즘 소비자들은 제빵개량제에 함유된 황산, 인산, 염산 등의 무기산을 이용하여 반죽을 화학적으로 숙성하는 것을 꺼려하기 때문이다.

❸ 그 대신 소금과 우유를 첨가하여 반죽의 pH가 급격히 떨어지는 것을 지연시켰다.

❹ 스펀지 반죽에 사용하는 밀가루를 기준으로 소금은 1.5%, 설탕은 7% 정도 첨가하여 삼투압 작용을 일으켜서 발효력을 지연시켰다.

❺ 스펀지의 기본 배합에서 물의 비율은 스펀지 밀가루 기준 55~60% 범위에서 사용한다. 그러나 이 제품에서는 물과 우유에 함유된 물을 67.5% 정도 투입한다.

❻ 위와 같이 pH가 급격히 떨어지는 것을 지연시키고, 삼투압으로 이스트의 활성을 지연시키는 대신에 이스트가 분비하는 효소와 밀가루에 함유된 효소가 가수분해 작용을 진행할 수 있는 시간을 만들어준다.

❼ 이런 방식으로 만든 스펀지 반죽은 앞선 반죽의 일종인 오토리즈 반죽보다 더 밀 단백질을 연화시켜 반죽의 신장성을 향상시킨다.

❽ 반죽의 신장성이 향상되면 완제품의 볼륨을 더 크게 만들어 가벼운 식감과 부드러운 질감을 가진 빵을 만들 수 있다.

❾ 우유가 들어간 스펀지는 장시간 발효를 진행할 경우 우유가 상할 수 있으므로 30분 미만으로 짧게 가져가는 것이 좋다. 아니면 스펀지 반죽을 만든 후 냉장고에 넣고 저온 발효를 시키면서 조금씩 사용하는 것도 좋다.

❿ 비상 스펀지 반죽은 생이스트를 기준으로 스펀지 반죽의 밀가루 기준 4~6% 범위에서 사용한다. 먹깨비빵에서는 5%를 사용했다.

CHEF'S BREAD & DESSERT

Chef's **Profile**

현) 유튜브 '베크니 Bakney' 운영
전) 밀로베이킹 스튜디오, 베이커리 베크니 운영
School of Artisan Food UK Professional Baking 수료
Le Cordon Bleu London/Korea 제과 디플롬

Bakery **Know-how**

수천, 수백 년의 역사적 시간 동안 인간의 주식을 담당해온 것은 '빵'이다. 먹음직스러운 구움색의 크러스트가 감싸고 있는 한 덩어리 안에는 오랜 시간 축적된 다양한 문화와 놀랍도록 아름다운 과학적 현상들이 담겨있다. 그것을 탐구해나가는 과정을 흥미롭고 즐겁게 여기면 빵과 디저트는 여지없이 그 마음에 보답하듯 결과물을 내어 놓는다. 유럽에서 배우고 접해본 빵과 디저트를 한국 정서와 맞게 풀어 가다 보면 단순히 제과, 제빵적 스킬이나 트렌드를 넘어 문화와 역사, 사회현상까지 넓은 시야로 바라보는 것이 필요하다고 느낀다. 이를 늘 기민하게 파악하고 제품 생산과 개발에 반영하도록 하는 노력이 필요하다.

통호밀 사워도우 브레드

WHOLE RYE SOURDOUGH BREAD

 사워종을 배양하고 관리하다 보니 마치 자식을 키우는 느낌이 들어 통밀과 호밀을 넣어 만든 사워종을 '라일리'라고 의인화하여 매일 먹이를 주면서 키운 다음 빵에 넣어 반죽을 했다. 우리의 '라일리'는 별도의 시크릿 레시피를 통해 안내하고, 본 레시피에서는 김진호 셰프의 레시피(p.70~71)의 통밀 사워종을 사용했으며 두 가지는 통용하여 사용 가능하니 참조 바란다. 빵 반죽을 통밀과 호밀로만하면 식감이 거칠고 딱딱해서 섭취하기 부담스럽기 때문에 유기농 강력분과 레시피를 조합하여 사용하였다. 우리가 쌀로 밥을 지어 먹을 때도 현미나 잡곡만으로 밥을 섭취하기보다 백미와 섞어서 부드러운 식감과 고른 영양을 섭취하는 방식에서 착안하여 오픈샌드위치 형태나 버터 혹은 콩포트, 소스 등과 함께 섭취할 수 있는 빵을 개발하였다.

01_Formula | 6개 분량

본 반죽	
유기농 호밀가루	140g
유기농 통밀가루	95g
소금	23g
물	165g
통밀 사워종	200g
탕종	80g
드라이이스트	8g
유기농 설탕	30g(제외 가능)
크라프트믹스	60g
멀티그레인	90g
당밀	20g
물(바시나주)	80g

오토리즈	
유기농 강력분	774g
물	472g

탕종	
유기농 강력분	300g
물	600g
소금	3g
유기농 설탕	30g

Process

믹싱		1차 발효	분할	성형	2차 발효
앞선 반죽 : 오토리즈 반죽, 탕종, 통밀 사워종 **본 반죽** : 최종단계, 반죽온도 22~24°C		27°C, 75~80%, 50분	360g	바타르 모양 제조 후 바네통에 패닝	5°C, 12~16시간

실온화	굽기 전	굽기
반죽의 온도를 14~16°C로 실온화함	테프론시트에 올리고 쿠프	윗불 240°C / 아랫불 220°C, 스팀 후 16분, 오븐을 끈 뒤 12분 더

02_**How to make**

1. 믹싱 : 최종단계(100%), 반죽온도 22~24℃

❶ 이스트는 물에 풀어주고 오토리즈 포함 전 재료를 믹서에 넣는다.

❷ 저속 6분 ⇒ 중속 8분 진행하며 상태에 따라 바시나주 물을 40~80mL 사이로 투입한다.

❸ 완료된 반죽은 큰 덩어리로 둥글리기 하여 윗면을 부드럽게 정리해준다.

> **TIP**
>
> **1**_멀티그레인 통호밀 사워도우 브레드와 같은 하드계열의 제품은 반죽온도를 계절에 따라 22~24℃로 낮게 완성하는 것이 반죽의 발효를 위해 좋다.
>
> **2**_공정 시 가감하는 물을 프랑스어로 바시나주 물이라고 한다.

CHEF'S NOTE

사워종을 넣는데 반죽에 이스트를 첨가하는 이유

1_발효력 : 통호밀 사워종은 자연적으로 발생시킨 미생물을 활용하여 빵의 발효를 진행하므로 살아있는 효모를 활용해 판매까지 가능한 고퀄리티의 크러스트와 볼륨감, 식감을 가진 빵을 생산하는 데에는 한계가 있을 수 있어 상업용 이스트의 도움을 받는 것이다.

2_항상성 : 반죽에 이스트를 첨가하는 이유는 사워종 비율이 높은 빵은 발효 완성까지 '시간'이 꼭 필요하며 사워종의 관리 상태나 날씨, 계절, 생산자의 기술 등 여러 가지 요인들에 영향을 많이 받으므로 항상 같은 퀄리티의 좋은 빵을 생산하기 위해서 도움을 받는 것이다. 그럼에도 이 레시피에서는 이스트가 다른 빵에 비해 1/2 이하 소량으로 들어가고 사워종의 비율이 높으며 전체 발효시간이 저온 숙성으로 훨씬 길기 때문에 다른 추가적인 첨가물 없이 '발효'를 통해 빵을 씹었을 때에 느껴지는 깊고 다양한 맛과 독특한 향을 즐길 수 있는 것이 큰 특징이다.

2. 1차 발효 : 27℃, 75~80%, 약 50분

3. 분할 : 360g씩 분할한다.

4. 성형 : 반죽을 바타르 모양으로 성형 후 가로 22cm의 바네통에 넣는다.

TIP

1_하드계열의 빵은 반죽을 분할할 때 최대한 생산 개수에 맞게 큰 덩어리 먼저 떼어내고 작은 덩어리를 조금씩 추가하여 분할하는 것이 좋다.

2_반죽의 기공을 크게 살리고 싶을 경우 반죽을 최대한 조심스럽게 만지며 작업하고 균일한 기공을 내고 싶을 경우 반죽을 살살 정리하듯 내면에 생성된 기공을 정리해주면서 성형하도록 한다.

3_바네통이 저온 숙성의 발효시간 동안 모양 형성 유지를 돕기 때문에 분할 성형 후 중간발효 과정 없이 바로 2차 저온 발효 과정으로 진행 가능하다.

5. 2차 저온 발효 : 5°C 냉장에서 최소 12시간~16시간 발효한다.

6. 실온화 : 냉장에서 꺼내어 약 14~16°C까지 실온화한다.

7. 굽기 전 : 테프론시트에 빵을 올리고 쿠프를 내준다.

8. 굽기 : 데크 오븐 윗불 240℃ / 아랫불 220℃, 스팀 후 약 16분 굽고 오븐을 끈 뒤 10~12분
더 굽는다.

쿠프의 역할

빵을 굽기 전 칼집을 내는 과정을 쿠프(Coupe)라고 부른다. 쿠프의 역할은 크게 두 가지이다. 첫 번째는 빵의
불규칙한 터짐 방지이다. 빵 반죽이 고온으로 예열된 오븐에 들어가고 약 5분 정도 지나면 빵이 부풀어 오르는
오븐 스프링(Oven spring)이 일어난다. 이때 쿠프를 내지 않으면 오븐 스프링 작용으로 인해 빵의 부피가 확장
되면서 빵의 불규칙한 터짐이 발생한다. 두 번째는 빵의 미적 요소이다. 보통 원통형의 빵은 중앙에 길게 살짝
포물선을 그리며 쿠프를 내어주는데 오븐 스프링이 일어나며 부피가 커지고 쿠프를 낸 부분이 들리면서 중앙
으로 오게 된다. 이로 인해 미적으로 균형 잡히고 완성도 높은 사워도우 브레드의 모습을 완성할 수 있다.

오토리즈 반죽

  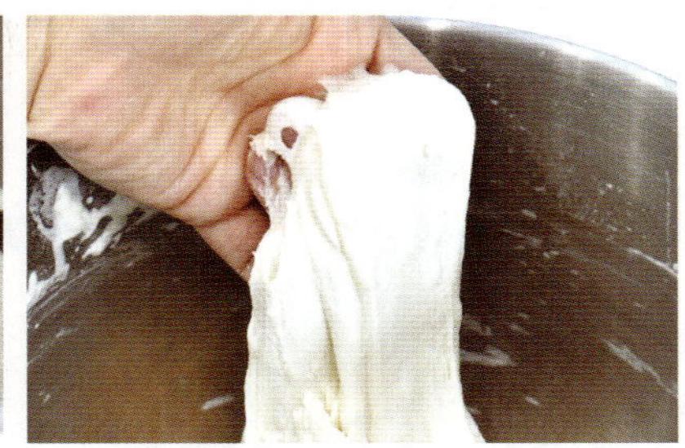

1_믹서에 오토리즈 재료를 넣고 저속 5분 믹싱한다.

2_한 덩어리가 되면 비닐을 덮어 30분~1시간 실온에서 휴지한다.

> **TIP**
>
> **1**_오토리즈(Autolyse)법은 프랑스의 과학자이자 빵 전문가 레이먼드 칼벨(Raymond Calvel)이 만든 방식으로 밀과 물을 함께 섞은 사전 반죽을 말한다. 레시피에 따라 전체 레시피에서 밀과 물의 상당 부분 이상을 따로 떼어내어 믹싱한 후 최소 30분, 최대 6시간 정도까지 휴식을 취해주어 믹서로 물리적 반죽의 힘을 이용하는 것이 아닌 자연적으로 글루텐의 발전을 유도하여 반죽온도를 올리지 않으면서 반죽시간을 단축하고 반죽의 신장성을 좋게 해주어 완제품의 질감에도 영향을 줄 수 있다.

탕종 만들기

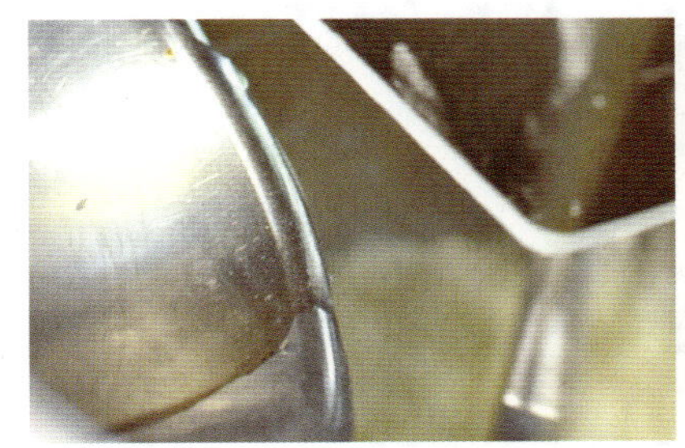  

1_믹서볼에 비터로 가루재료를 저속으로 섞으며 100℃로 끓인 물을 천천히 붓는다.

2_고속으로 올리고 약 2분간 믹싱하며 강력분을 호화시키고 쫀득한 질감이 형성되도록 해준다.

3_완성된 탕종은 실온으로 식혀준 뒤 냉장에 보관하며 3일간 사용한다.

> **TIP**
>
> **1**_유럽스타일의 사워도우 브레드는 다소 거칠고 툭툭 끊어지는 식감이 있다. 여기에 한국인이 좋아하는 쫀득하고 부드러운 식감을 탕종을 통해 구현하여 레시피를 개발하였다.
>
> **2**_탕종법은 끓일 탕(湯), 씨 종(種)을 의미하며 밀가루에 물을 넣고 가열하거나 높은 온도의 물을 밀가루에 넣어 밀가루 전분을 호화시키는 익반죽방법이다. 탕종을 빵 반죽에 넣으면 식감뿐만 아니라 반죽의 물 흡수량이 증가해 빵이 건조되는 것을 방지해주고 노화가 지연되는 장점도 있다.

다크 초코 호밀 사워도우 브레드

DARK CHOCO RYE SOURDOUGH BREAD

호밀 함량이 높은 다크 초코 호밀 사워도우 브레드는 다크 초콜릿의 쌉싸름하고 달콤한 맛과 호밀의 구수한 풍미
가 매우 잘 어울리는 빵이다. 호밀은 특히 식이섬유가 풍부하고 포만감이 크기 때문에 영양 간식으로도 커피와 함
께 즐기기 좋아 많은 사람들이 좋아하는 제품이다. 다크 초코 호밀 사워도우 브레드에 사용된 통밀 사워종은 마찬
가지로 김진호 셰프의 레시피(p.70~71)를 참조하여 제조하고 탕종은 통호밀 사워도우 브레드와 동일하므로 두
가지를 함께 제조할 경우 양을 2배로 늘려서 나누어 사용할 수 있다.

01_Formula | 5개 분량

본 반죽

유기농 호밀가루	52g
소금	14g
물	52g
통밀 사워종	140g
탕종	50g
드라이이스트	6g
유기농 설탕	110g
코코아가루	20g
다크 코코아가루	12g
다크 초코칩	160g
호두분태	80g
당밀	18g
물(바시나주)	80g

오토리즈

유기농 강력분	710g
물	430g

탕종

유기농 강력분	300g
물	600g
소금	3g
유기농 설탕	30g

Process

믹싱	>	1차 발효	>	분할	>	성형	>	2차 발효
앞선 반죽 : 오토리즈 반죽, 탕종, 통밀 사워종 **본 반죽** : 최종단계, 반죽온도 22~24°C		27°C, 75~80%, 50분		360g		볼 모양 제조 후 바네통에 패닝		5°C, 12~16시간

실온화	>	굽기 전	>	굽기
반죽의 온도를 14~16°C로 실온화함		모양내기용 스텐실로 가루 뿌리고 쿠프		윗불 240°C / 아랫불 220°C, 스팀 후 16분, 오븐을 끈 뒤 12분 더

1. 믹싱 : 최종단계(100%), 반죽온도 22~24°C

❶ 이스트는 물에 풀어주고 부재료 제외, 오토리즈 포함한 전 재료를 믹서에 넣는다.

❷ 저속 6분 ➔ 중속 5분 진행하며 상태에 따라 바시나주 물을 40~80mL 사이로 투입한다.

❸ 부재료(호두, 다크 초콜릿)를 넣고 중속 3분간 믹싱한다.

❹ 완료된 반죽은 큰 덩어리로 둥글리기 하여 윗면을 부드럽게 정리해준다.

(TIP)

1_호두는 170°C로 20분간 구워서 식힌 후 사용한다. 호두는 기호에 따라 피칸, 캐슈넛, 헤이즐넛으로 변경 가능하다.
2_코코아가루는 두 가지 종류를 사용하여 다크 초콜릿 브레드 특유의 맛깔스러운 색을 구현하도록 하였다.

2. 1차 발효 : 27°C, 75~80%, 약 50분

3. 분할 : 360g씩 분할한다.

4. 성형 : 반죽을 볼 모양으로 성형 후 외경 지름 20cm 볼 모양의 바네통에 넣는다.

TIP

1_ 통호밀 사워도우 브레드와 마찬가지로 바네통이 저온 숙성의 발효시간 동안 모양 형성 유지를 돕기 때문에 분할 성형 후 중간발효 과정 없이 바로 2차 저온 발효 과정으로 진행 가능하다.

5. 2차 저온 발효 : 5°C 냉장에서 최소 12~16시간 발효한다.

6. 실온화 : 냉장에서 꺼내어 약 14~16°C까지 실온화한다.

7. 굽기 전 :

❶ 테프론시트에 빵을 올리고 모양내기용 스텐실로 가루를 체에 쳐서 올려준다.

❷ 쿠프를 내준다.

8. 굽기 : 데크 오븐 윗불 240℃ / 아랫불 220℃, 스팀 후 약 16분 굽고 오븐을 끈 뒤 10~12분

더 굽는다.

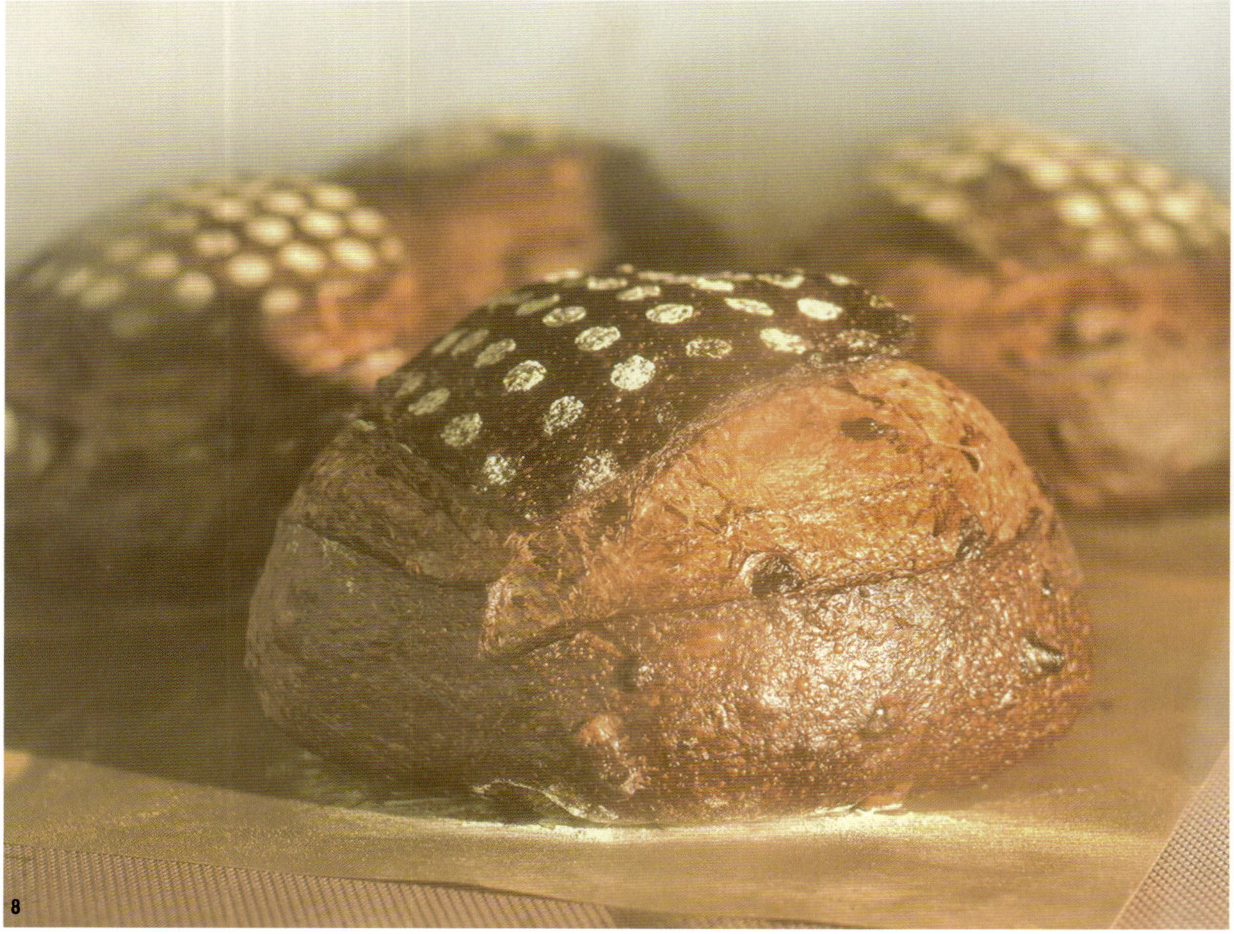

오토리즈 반죽

1_믹서에 오토리즈 재료를 넣고 저속 5분 믹싱한다.

2_한 덩어리가 되면 비닐을 덮어 30분~1시간 실온에서 휴지한다.

> **TIP**
>
> **1**_통호밀 사워도우 브레드와 동일한 제법으로, 업장에서 생산 시에는 통호밀 사워도우 브레드와 다크 초코 사워도우 브레드의 오토리즈 분량을 합쳐 제조한 후 각각 떼내어 사용하는 방식으로 생산 효율을 높였다.

탕종 만들기

1_믹서볼에 비터로 가루재료를 저속으로 섞으며 100°C로 끓인 물을 천천히 붓는다.

2_고속으로 올리고 약 2분간 믹싱하며 강력분을 호화시키고 쫀득한 질감이 형성되도록 해준다.

3_완성된 탕종은 실온으로 식혀준 뒤 냉장에 보관하며 3일간 사용한다.

> **TIP**
>
> **1**_통호밀 사워도우 브레드와 동일한 제법으로, 업장에서 생산 시에는 통호밀 사워도우 브레드와 다크 초코 사워도우 브레드의 탕종 분량을 합쳐 제조한 후 각각 떼내어 사용하는 방식으로 생산 효율을 높였다.

잼 스콘
JAM SCONE

영국의 대표 디저트 하면 가장 먼저 떠오르는 것은 바로 '스콘'이다.

한국에서 스콘은 대형 베이커리 카페 어디에서나 볼 수 있고 스콘 전문점도 있을 만큼 유명하지만 영국인들은 늘 티(Tea)를 마시는 문화와 함께 스콘을 함께하는 일상을 즐기다 보니 스콘에 대한 자부심과 더불어 크림, 잼 등 다양하게 스프레드해서 먹는 방식이 있다. 반면 한국인들은 스프레드해 먹는 방식보다 크림빵처럼 빵과 크림이 한꺼번에 있거나 손에 묻지 않고 좀 더 먹기 편한 방식을 선호하기 때문에 스콘과 잼을 한꺼번에 먹을 수 있고 비주얼적으로도 더욱 예쁘게 개발한 방법의 레시피이다.

01_Formula │ **20**개 분량

본 반죽

중력분	340g
박력분	428g
설탕	300g
소금	2g
베이킹파우더	14g
버터	200g
바닐라페이스트	10g
달걀	100g
우유	120g
생크림	230g
통밀 사워도우 브레드를 간 것	80g

달걀물

노른자	20g
우유	20g
소금	1g

충전물

딸기 잼	각 15g

Process

반죽 >	성형1 >	성형2 >	휴지 >	달걀물 >	충전물 >	굽기
스콘 반죽 제조	90g씩 분할 후 둥글리기	중앙에 깊은 구멍 내기	냉동휴지 2시간	평철판에 패닝 후 달걀물 칠하기	구멍에 딸기 잼 짜기	컨벡션 오븐 200°C 반죽 넣고 185°C로 18분

02_**How to make**

1. 스콘 반죽 :

❶ 통호밀 사워도우 브레드를 슬라이스해서 오븐 175°C에 30분간 구운 뒤 식혀서 갈아 사용한다.

  1_굽는 중간에 반드시 한 번 뒤집어준다.

❷ 버터를 큐브 상태로 잘라 냉장고에 차갑게 보관해 두었다가 사용한다.

❸ 설탕 제외한 가루재료와 버터를 푸드 프로세서에 넣고 갈아준다.

❹ 믹서에 비터를 끼워 차가운 액체재료와 함께 가볍게 저속으로 2분가량 믹싱한다.

  1_푸드 프로세서 용량이 크지 않을 경우 버터와 가루재료를 일부씩 덜어 나누어 갈아주며 푸드 프로세서의 마찰열로
　　버터가 녹을 수 있기 때문에 4~5초씩 끊어서 10회가량 돌려준다.

  2_스콘 반죽의 핵심은 반죽을 90% 정도까지만 섞는 것이다. 믹싱을 하면 할수록 글루텐이 형성되어 질기고 딱딱한
　　스콘이 될 수 있으니 유의한다.

❺ 한 덩어리로 뭉친 다음 냉장에 1시간 휴지한다.

2. 분할 및 성형

❶ 스콘을 90g씩 분할한 후 둥글게 뭉친다.

❷ 중앙에 엄지를 넣어 깊은 구멍을 내어준다.

❸ 냉동에 2시간 휴지한다.

TIP

1_스콘에 구멍을 만들어줄 때 옆면이 갈라지는 부분 없이 정리해주어야 나중에 구울 때 잼이 옆으로 새는 것을 방지할 수 있다.

2_스콘은 약 1달간 냉동 보관이 가능하며 많이 만들어두고 필요한 양만큼 그때그때 사용할 수 있다.

3-a

3-b

3-c

3. 굽기 :

❶ 냉동 상태의 스콘을 철판 위에 올리고 달걀물칠을 해준다.

❷ 딸기 잼을 각 15g씩 짜준다.

❸ 컨벡션 오븐을 200°C로 예열한 후 반죽을 넣고 185°C로 18분간 굽는다.

3-d

Chef's Secret Recipe
라일리(통호밀 사워종) 만들기

라일리
먹이주기는 아래 레시피에서 필요한 양에 따라
비율을 조절해서 해준다.

유기농 강력분	55g
유기농 호밀가루	55g
유기농 통밀가루	28g
아카시아 꿀	5g
물	138g

1_물은 약 24~27°C 사이로 준비한다.

2_제조 과정

순서	먹이주기 시간	유지 온도
Day1	12시간 간격	실온(약 25~27°C)
Day2	12시간 간격	실온(약 25~27°C)
Day3	12시간 간격	실온(약 25~27°C)
Day4	24시간 간격	실온 3시간 후 냉장
Day5	24시간 간격	실온 3시간 후 냉장
Day6	24시간 간격	실온 3시간 후 냉장

3_완성된 통호밀 사워종은 5°C 냉장온도에서 주로 보관하고, 반죽에 필요한 양만큼을 덜어서 사용 후 반드시 500~600g 이상은 남겨두고 추가적으로 먹이주기를 하여 사용한다.

(TIP)

1_라일리(통호밀 사워종) 제조 시에도 한 종류의 통밀가루나 호밀가루만 사용할 경우 글루텐그물망 조직을 형성하여 빵 반죽 제조 시 생성된 가스를 보유하는 능력이 떨어지고 신맛이 과하게 나는 경우도 생기기 때문에 일부를 유기농 강력분을 섞어 개발하였다.

2_사워종에 사용한 아카시아 꿀은 항산화·항염 작용을 하여 사워종의 관리 과정에서 생성될 수 있는 미생물이 건강한 상태를 유지할 수 있는 역할을 한다. 사양벌꿀보다 아카시아 꿀을 사용하는 것이 좋다.

3_본 사워종의 제조는 통밀 사워종과 마찬가지로 '계대배양'의 방식을 따른다. 계대배양은 사워종에서 발현된 미생물 군을 보존하면서 추가적으로 먹이주기를 통해 사용하고 난 이후의 줄어든 양을 추가해주면서 계속 보존·관리하는 방식이다. 양은 먹이주기를 하면 계속 늘어나기 때문에 Day3부터는 1/2씩 양을 버리면서 미생물이 발현될 수 있도록 관리한다.

CHEF'S BREAD & DESSERT

Chef's **Profile**

현) 요리하는 카페 & 베이커리 경영인
  영종 제빵소 운영
  송도 베이커리 운영
  아트센터 카페 운영

**유승혜 CEO
카페 & 베이커리
경영**

Bakery **Know-how**

빵은 보암직하고, 먹음직해야 한다. 거기다가 먹었을 때 건강하게 해줄 거란 생각까지 들게 할 수 있다면, 우리 매장을 찾는 고객을 감동시킬 수 있다. 이는 우리 매장이 우리 지역 사람들이 자랑스러워 할 장소로 자리를 잡는 원동력이 될 것이다. 지역을 대표하는 빵집, 우리 지역에 들어서면 꼭 한번 들러야 하는 코스로서 지역 주민이 추천할 만한 바로 그 곳. 오아시스 같은 쉼터를 제공하는 바로 그 장소로 기억되어야 한다.

볼로네제 바게트

BOLOGNESE BAGUETTE

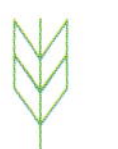

볼로네제라는 이름은 이탈리아 북부의 볼로냐 지방의 지명에서 왔다. 흔히 '볼로네제 소스'로 부르는 것이 일반적이긴 하나, 종종 '볼로네제 라구 소스'라는 이름으로 부르기도 한다. '라구 소스'는 고기를 기반으로 만든 소스라는 의미이며, '볼로네제'는 '볼로냐의~'이란 뜻이니 볼로네제 라구 소스'라는 이름은 '볼로냐 지방의 방법으로 조리한 고기를 기반으로 만든 소스'라는 말이 된다. 그래서 소스 배합표를 보면 돼지고기와 소고기를 확인할 수 있으며, 미국에서는 '볼로네제 미트 소스'라고도 한다. 흔한 미국 가정식 스파게티로 알려져 있는 미트볼 스파게티가 이 '볼로네제 소스' 결과물이다. 이탈리아에서 미국으로 온 이민자들의 발명품인데, 이탈리아에서는 상류층이 아니면 고기를 구경하기도 힘들었지만 미국에서는 비교적 고기를 쉽게 구할 수 있었다 보니 요리에 고기를 아낌없이 넣어 요리한 결과가 바로 이것, 즉 민중의 음식이 만들어졌다. 볼로네제 소스를 받치고 있는 바게트 또한 프랑스 대혁명을 계기로 민중이 먹을 수 있게 된 프랑스 민중의 음식이다. 이런 역사적 배경을 기반으로 만들게 된 볼로네제 바게트는 요리 그 이상의 가치를 내포하는 상징성을 갖고 있다.

01_Formula │ 36개 분량

본 반죽

풀리쉬 반죽	전량
밀가루 T-65	500g
밀가루 T-55	150g
물(바시나주)	350g
소금	20g
몰트 엑기스	6g
생이스트	6g
구운 호두 분태	200g
파스타 디 리뽀르또	100g

수제 볼로네제 소스

다진 돼지고기	240g	토마토소스 퓌레	1,600g
다진 소고기	400g	세이지	10잎
쵸핑 베이컨	200g	생바질	8잎
다진 양파	200g	이태리 파슬리	8줄기
다진 당근	80g	다진 마늘	60g
다진 셀러리	60g	올리브 오일	120g
다진 양송이	20g	버터	60g
적포도주	160g	소금	약간
토마토 페이스트	400g	분말 흑후추	약간

풀리쉬

밀가루 T-65	350g
물	350g
생이스트	4g

파스타 디 리뽀르또

강력분	500g
물	250g
생이스트	5g
소금	10g

토핑재료

가지	800g
애호박	800g
새송이	400g
피자치즈	적당량
마요네즈	적당량

Process

믹싱	>	1차 발효	>	분할	>	중간 발효	>	성형
앞선 반죽 : 풀리쉬 반죽, 파스타 디 리뽀르또 **본 반죽** : 발전단계, 반죽온도 26℃		27℃, 75%, 40분 > 폴딩 > 30분		130g		20분		미니 바게트

2차 발효	>	굽기	>	구운 후
30℃, 85%, 50분		윗불 250℃ / 아랫불 220℃, 스팀 후 18분		토핑 후 160℃, 3~4분간

1. **믹싱** : 발전단계(80%), 반죽온도 26°C

❶ 생이스트, 몰트는 물에 풀어 액체재료와 함께 섞는다.

❷ 호두를 제외한 전 재료를 믹서볼에 넣고 저속 3분 ➡ 중속 2분 후 믹싱한다.

❸ 반죽의 상태를 보면서 바시나주(추가 물)를 약 20~50g 사이로 투입해준다. 추가한 물이 반죽에 섞일 때
까지는 저속으로 믹싱한다.

❹ 그 다음 중속으로 4분 더 믹싱한다.

❺ 마지막 단계에 160°C에서 7분간 구워서 식힌 호두 분태를 넣고 저속으로 균일하게 혼합한 후 믹싱을 완
료한다.

(TIP)

1_여기서 제시하고 있는 풀리쉬의 레시피는 완제품의 식감은 가볍고 질감은 부드러우며, 이스트의 이취를 제거할
목적으로 만들었다.

2_바시나주 기법이란 레시피의 물 양의 5~15% 또는 밀가루 기준의 2~3% 정도의 물을 남겨놨다가 반죽의 글루
텐이 어느 정도 형성되고 나서 남은 물을 추가해서 넣어주는 방법이다. 계절과 습도의 차이가 큰 주변 환경과 밀
가루의 수화 정도에 따라 바시나주(추가 물) 양을 조절한다. 하드계열 빵과 같이 수분율이 높은 레시피나 글루텐
형성이 잘 되지 않는 호밀이나 통밀이 들어가는 레시피는 꼭 바시나주 기법을 활용하는 것이 좋다. 글루텐 형성
이 어느 정도 되고 난 뒤에 물을 더 넣는 거라 글루텐 형성에도 도움을 줄 수 있고, 생지가 산화로 인해 표면이 건
조하는 것을 방지해주기도 한다.

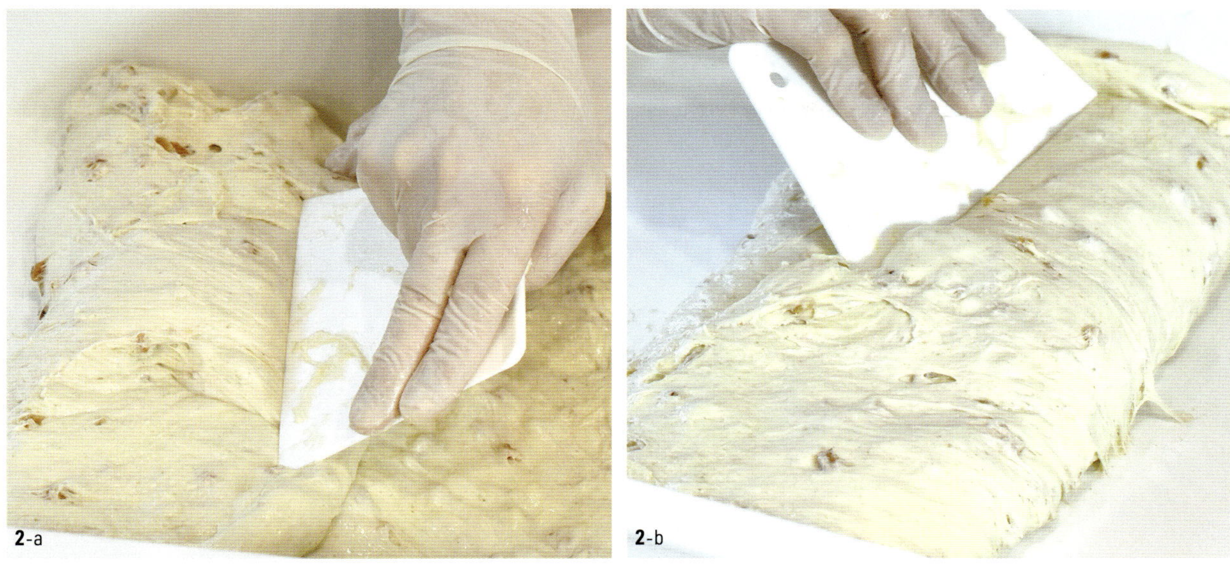

2-a   2-b

2-c

2. **1차 발효** : 27°C, 75%, 40분 ⇒ 폴딩 ⇒ 30분

1_개량제가 들어가지 않으므로 폴딩을 함으로써 반죽의 글루텐이 발전하고 가스교환이 되면서 이스트가 더욱 활성화된다. 반죽 상태에 따라 폴딩을 1~2회 여부를 확인한다.

2_1차 발효를 저온숙성 발효방법(27°C, 30분 > 폴딩 > 8°C, 18시간)을 사용하면 볼륨과 풍미가 좋고 촉촉하게 나온다. 풍미를 위해서 저온숙성 발효하는 경우 이스트의 양을 절반 정도 줄인다.

3. 분할 : 130g ⇒ 가볍게 타원형으로 둥글리기하여 광목천 위에 올려둔다.

4. 벤치타임 : 20분

1_중간 발효란 분할과 둥글리기를 작업하는 동안에 반죽은 유연성(신장성)과 탄력성을 잃어버리고 축적된 발효가스가 손실되는 상당한 물리적 손상을 받게 된다. 반죽 특성의 이러한 변화는 정형공정(반죽정형) 시 반죽의 작업성에 나쁜 영향을 미친다. 그러므로 둥글리기를 끝낸 반죽이 분할공정 전의 물리적 특성을 회복할 수 있도록 정형하기 전에 작업대(Work Bench) 위에서 잠시 발효시키는 것을 중간 발효라고 하며, 일명 벤치타임(Bench time)이라고도 한다. 소규모 제과점에서는 작업대 위에 반죽을 올리고 면포나 비닐을 덮거나 혹은 겨울에는 캐비닛 발효실에 넣기도 한다. 대규모 공장에서는 오버헤드 프루퍼(Overhead proofer)를 이용하기도 한다.

5. 성형 :

❶ 반죽의 1/3을 중앙으로 모아준 뒤 평편하게 정리해준다.

❷ 모아준 방향으로 한 번 더 말아준 뒤 가장자리를 붙여준다.

❸ 발효용 캔버스 천에 반죽을 나란히 정리해준 뒤 2차 발효한다.

1_바게트를 성형할 때 기포를 과하게 빼지 않고 정리하듯 손에 힘을 살살 주면서 성형해야 바게트의 기공이 균일하여 식감이 좋고 모양이 균형 있는 바게트의 완제품을 만들 수 있다.

2_한 입 거리 바게트의 크기로 기본 바게트 중량보다 줄인 130g으로 분할 성형한다.

6. 2차 발효 : 30℃, 85%, 50분

7. 굽기 전 :

❶ 팬에 바게트 반죽을 일정한 간격으로 놓는다.

❷ 바게트가 불규칙하게 터지는 것을 방지하기 위해 윗면에 칼집을 넣는다.

8. 굽기 : 데크 오븐에서 윗불 250°C / 아랫불 220°C로 스팀 주입 후 18분간 굽는다.

TIP

1_굽기(Baking)란 제빵과정에서 가장 중요한 공정으로 반죽을 가열하여 가볍고 기공이 많은 조직으로 소화하기 쉽고 향이 있는 완성제품을 만들어내는 것을 의미한다.

CHEF'S NOTE

반죽을 굽는 목적과 관련된 이화학적 반응

1_발효와 굽기 시 생성된 발효산물을 열 팽창시켜 빵의 부피를 갖춘다. 이때 작동하는 반응은 오븐 스프링과 오븐 라이즈이다.

2_생 전분을 α화하여 소화가 잘 되는 빵을 만든다. 이때 작동하는 반응은 전분의 호화로 익힌 전분을 만든다.

3_단백질의 열변성과 전분의 호화로 빵의 구조와 형태를 만든다. 이때 작동하는 반응은 단백질 변성과 전분의 호화이다.

4_이스트의 가스 발생력을 막으며 각종 효소의 작용도 불활성화시킨다. 이때 작동하는 반응은 효모의 사멸과 효소의 열변성이다.

5_껍질의 형성과 착색으로 빵의 맛과 향을 향상시킨다. 이때 작동하는 반응은 단백질의 열변성과 전분의 호화로 인한 껍질의 형성과 당류와 아미노산의 갈변반응이다.

9. 볼로네제 소스와 토핑용 야채 준비하기

❶ 시판용이 아닌 수제로 볼로네제 소스를 만들 경우 레시피를 참조한다.

❷ 토핑 야채 : 가지, 애호박, 새송이는 깍두기 크기로 잘라 소금, 후추로 간을 해주고 여분의 올리브 오일로

버무린 뒤 180°C 오븐에 5분간 70% 정도로 구워서 준비한다.

10. 완성하기

❶ 바게트를 옆으로 길게 반 갈라서 안쪽에 볼로네제 소스에 버무린 볶은 야채와 피자치즈를

올려서 오븐 160°C에서 3~4분간 구운 후 완성한다.

TIP

1_토핑 야채를 팬에 굽게 되면 재료가 많을 경우 수분이 가라앉아서 빵에 올렸을 때 좋지 않다. 오븐에 토핑 야채를
굽게 되면 재료의 수분 손실을 줄일 수 있다.
2_버섯은 오일을 많이 흡수하므로, 직접 부어 넣는 것 보다는 손에 묻혀서 버무리는 형태로 작업하는 것이 좋다.

풀리쉬 만들기

1_풀리쉬에 들어가는 재료를 정확하게 계량하여 재료별로 진열한다.

2_풀리쉬의 적정한 반죽온도인 24~26°C가 될 수 있도록 물의 온도를 조절하여 계량한 후 생이스트를 넣고 핸드 거품기로 풀어준다.

3_밀가루 T-65에 생이스트를 푼 물을 붓고 주걱으로 재료를 균일하게 섞는다.

4_30°C에서 2시간 정도 발효시키면 2배 정도로 부푼다.

5_풀리쉬의 윗면에 기포가 올라와서 내려앉았을 때 사용한다.

TIP

1_셰프에 따라 풀리쉬를 만들 때 사용하는 이스트의 양, 발효시간의 설정, 완성된 풀리쉬의 냉장보관기간을 다르게 설정하여 다양한 상태의 발효력과 숙성 정도를 본 반죽에 표현하고 있다.

파스타 디 리뽀르또 만들기

1_파스타 디 리뽀르또에 들어가는 재료를 정확하게 계량하여 재료별로 진열한다.

2_파스타 디 리뽀르또의 적정한 반죽온도인 25°C가 될 수 있도록 물의 온도를 조절하여 계량한 후 생이스트를 넣고 핸드 거품기로 풀어준다.

3_강력분에 생이스트를 푼 물을 붓고 저속으로 모든 재료를 균일하게 섞는다.

4_18°C에서 15~20시간 정도 발효 · 숙성시켜 사용한다.

수제 볼로네제 소스 만들기

1_팬에 올리브 오일을 두르고 베이컨, 마늘, 다진 고기, 다진 야채, 버터 순으로 넣어서 볶다가 포도주, 토마토 페이스트, 토마토 퓌레, 세이지를 넣고 1시간 정도 뭉근하게 익힌다.

2_소금, 후추 간을 하고 다진 파슬리와 바질을 넣어 마무리 후 냉각하여 필요할 때 사용한다.

감바스 포카치아

GAMBAS FOCACCIA

라틴어로 화로를 뜻하는 '포쿠스(Focus)'가 요즘에는 '카메라의 초점을 맞추다'라는 '포커싱'의 의미로 쓰이고, 혹은 경제용어로 쓰이는 '중심'과 '중점'을 뜻하는 '포커스'의 어원이다. 넓은 움막 한가운데 포쿠스 즉 화로가 놓이면 따뜻한 화로나 화덕을 중심으로 사람들이 모여 몸을 녹이거나 요리를 해서 함께 나누어 먹게 된다. 이러한 모습을 비유해 지금 사용되는 '포커스(Focus)'라는 영어식 단어가 생겨났다. 로마가 씨족 단위의 집단일 때 움막 한가운데 있는 화로나 화덕에 모여 반죽을 납작하게 만든 후 구워 먹던 플랫 브래드가 '포카치아(Focaccia)'의 기원이다. 그래서 포카치아는 '화덕 빵'이라는 뜻을 지니고 있으며, 형편이 어려운 민중들이 각자 갖고 있는 최소한의 재료를 얹어 먹던 빵으로 피자의 전신이라 할 수 있다. 어찌 보면 치아바타의 조상으로 먼 친척이라고도 할 수 있다. 그러나 요즘에는 식재료가 풍부하여 다양한 토핑물을 얹어 먹고 있다. 여기서는 이탈리아 빵 위에 스페인의 대표적인 요리인 '감바스 알 아히요'를 얹어 보았다. 짧게 줄여서 '감바스'라고도 부르는 '감바스 알 아히요'의 의미를 보면, '감바스(gambas)'는 새우를, '아히요(ajillo)'는 마늘을 뜻하는 스페인어이다. 이 요리는 새우, 마늘, 올리브 오일 등을 넣어 만든다.

01_Formula | 24개 분량

본 반죽

오토리즈 반죽	전량
생이스트	14g
물(바시나주)	100g
소금	18g
올리브 오일	50g
통밀 사워종	150g
양파채	150g
쵸핑 베이컨	150g

오토리즈 반죽

강력분	860g
통밀가루	140g
물	840g

통밀 사워종

통밀가루	8,100g
물	8,100g
레몬주스	6g

토핑물

백새우	500g
방울토마토	300g
브로콜리	300g
그린올리브	100g
마늘	50g
케이준 스파이스	15g
농축 치킨스톡	5g
생바질	10g
올리브 오일	50g

Process

믹싱	발효	토핑하기	굽기	구운 후
앞선 반죽 : 오토리즈 반죽, 통밀 사워종 **본 반죽** : 발전단계, 반죽온도 24°C	32°C, 80%, 40분 > 반죽 펼치기 > 40분 > 철판에 옮겨 반죽 펼치기 > 60분	발효된 반죽 위에 버무려 놓은 토핑 골고루 뿌리기	윗불 230°C / 아랫불 210°C, 스팀 후 25분	재단하고 장식

1. **믹싱** : 발전단계(80%), 반죽온도 24°C

❶ 생이스트는 물에 풀어 액체재료와 함께 섞는다.

❷ 올리브 오일을 제외한 전 재료를 믹서볼에 넣고 저속 3분 ➡ 중속 3분 믹싱한다.

❸ 반죽의 상태를 보면서 바시나주(추가 물)를 약 80~100g 사이로 투입해준다. 추가한 물이 반죽에 섞일
   때까지는 저속으로 믹싱한다.

❹ 반죽 마지막 전 단계에서 올리브 오일을 투입하여 저속 2분 ➡ 중속 3분 믹싱한다.

❺ 반죽 마지막 단계에서 양파 채, 쵸핑 베이컨을 혼합하여 반죽을 완성한다.

❻ 올리브 오일을 바른 높은 평철판(36cm x 54cm)에 패닝한다.

(TIP)

1_여기서 제시하고 있는 오토리즈 레시피를 본 반죽에 적용하게 되면 반죽이 충분히 수화가 되고 신장성이 증대
   된다.

2_오토리즈를 사용하여 본 반죽에서 반죽 시간을 단축시켜주게 되면 반죽의 산화가 덜 되어서 밀의 풍미를 극대화
   할 수 있다.

3_통밀 사워종을 사용하면 발효종에 함유된 유기산이 반죽의 pH를 낮추어 발효를 촉진한다.

4_반죽에 올리브 오일을 투입하였을 때, 반죽기의 성능에 따라 잘 섞이지 않고 겉도는 경우에는 올리브 오일을 중
   간 중간 조금씩 나누어 투입하여 반죽과 올리브 오일이 잘 동화되도록 한다.

2-a

2-b

2. 발효 : 32°C, 80%, 40분 ⇒ 반죽 펼치기 ⇒ 40분 ⇒ 철판에 옮겨 반죽 펼치기 ⇒ 60분

(TIP)

1_반죽의 성형과정이 별도로 없는 포카치아 반죽은 1, 2차 발효를 나누지 않고 중간에 반죽 펼치기만 진행하여
철판에서 발효를 진행한다.

2_철판은 가로 600mm X 세로 400mm X 높이 40mm 사이즈를 사용하였다.

2-c

3-a

3-b

3-c

3. 토핑하기

❶ 버무려 놓은 백새우, 케이준 스파이스, 농축 치킨스톡을 먼저 뿌려준다.

❷ 버무려 놓은 그린 올리브 슬라이스, 방울토마토, 브로콜리, 얇게 썬 마늘에 농축 치킨스톡, 올리브 오일 등을
뿌려준다.

TIP

1_발효된 반죽 위에 ①, ②을 골고루 뿌려 보기 좋게 만든다.

4

5-a

4. 굽기 : 데크 오븐에서 윗불 230°C / 아랫불 210°C로 스팀 주입
후 25분간 구워준다.

5. 마무리 : 제품을 오븐에서 꺼내어 식힌 후 적당한 크기(8.5cm 권
장)로 자르고 올리브 오일을 바른 뒤 생 바질을 올려 장식해준다.

TIP

1_토핑을 너무 많이 올리면 토핑을 포함한 반죽의 두께가 두꺼워져서 덜 익거나
주저앉는 원인이 되며, 토핑의 수분이 흘러내리면서 반죽을 질게 할 수 있다.
2_바질 허브 등의 재료는 색과 향을 살리기 위해서 굽고 나서 생으로 올려주면
빵과의 색이 조화를 이룬다.

5-b

오토리즈 반죽 만들기

1_오토리즈에 들어가는 재료를 정확하게 계량하여 재료별로 진열한다.

2_오토리즈의 적정한 반죽온도인 23℃가 될 수 있도록 물의 온도를 조절하여 계량한다.

3_믹서볼에 강력분, 통밀가루, 물을 붓고 저속으로 3분간 믹싱한다.

4_실온에서 30분간 휴지를 시킨 후 사용한다.

TIP

1_셰프에 따라 오토리즈를 만들 때 사용하는 곡류와 물의 비율을 다르게 설정하여 다양한 상태의 숙성 정도를 본 반죽에 표현하고 있다.

통밀 사워종 만들기

1_통밀 사워종에 들어가는 재료를 정확하게 계량하여 재료별로 진열한다.

2_통밀 사워종의 적정한 온도인 26℃가 될 수 있도록 물의 온도를 조절하여 계량한다.

3_스테인리스 볼에 통밀가루, 물, 레몬주스를 붓고 주걱으로 균일하게 섞는다.

4_26℃ 전후의 실온에서 5번의 계대배양을 진행한다.

5_완성된 르방은 26℃의 조건에서 3시간 안에 2배로 부풀 수 있는 발효력을 갖추어야 한다.

6_통밀 사워종 만들기의 자세한 내용은 김진호 셰프의 레시피(p.70~71)를 참고하세요.

TIP

1_통밀 사워종을 사용하면 반죽의 pH가 낮아져 전분의 수화와 팽윤, 효소의 작용 속도, 반죽의 산화·환원과정을 포함하는 여러 가지 생화학반응을 촉진할 수 있다.

토핑물 만들기

1_스테인리스 볼에 백새우, 케이준 스파이스, 농축 치킨스톡 등을 함께 넣고 버무려 놓는다.

2_스테인리스 볼에 그린 올리브 슬라이스, 방울토마토, 브로콜리, 얇게 썬 마늘에 농축 치킨스톡, 올리브 오일 등을 함께 넣고 버무려 놓는다.

TIP

1_백새우는 껍질 없는 것을 준비한다.

2_백새우는 작업 전에 체를 사용하여 물기를 충분히 빼준다.

3_기본적으로 밑 재료는 소금 간을 하고, 토마토는 물이 많이 생기면 사용하기 좋지 않으므로 미리 잘라 준비해 놓고 쓰는 것이 좋다.

치즈 치아바타 & 치아바타 샌드위치

CHEESE CIABATTA & CIABATTA SANDWICH

치아바타(Ciabatta)는 반죽의 숙성을 촉진시킬 목적으로 무기산을 사용하지 않고, 그 대신 반죽의 일부분을 미리 된 반죽의 발효종으로 만들어 유기산을 생성시켜 첨가하는 방식을 적용한다. 그리고 반죽에 넣는 재료도 기본 재료만을 사용하는 이탈리아의 대표적인 빵들 중 하나이다. 1982년 이탈리아의 베네토 주 아드리아(Adria)에서 예전부터 있었던 치아바타의 원형을 개선하여 만든 빵으로, 프랑스 바게트에 맞서 이탈리아 빵의 위상을 높이고자 했던 전직 카레이서 아르날로 카발라리(Arnaldo Carvallari)의 연구와 홍보 덕분에 세계적으로 유명해진 빵이다. 치아바타는 바게트처럼 주재료는 간단하지만, 지역에 따라 첨가하는 부재료가 있고 완제품에 표현하는 내상, 질감, 식감에도 약간의 차이가 있다. 예를 들면, 로마에서는 올리브 오일, 소금, 마조람 등으로 양념을 추가하기도 한다. 반죽에 우유를 첨가하는 경우도 있는데, 이런 치아바타는 치아바타 알 라테(Ciabatta al Latte)라고 부른다. 그리고 반죽에 넣는 밀가루의 일부분을 통밀가루로 대체하는 경우도 있는데, 이런 경우에는 치아바타 인테그랄레(Ciabatta Integrale)라고 한다. 완제품에 표현된 내상, 질감, 식감의 관점에서 치아바타의 지역적 특성을 보면, 롬바르디아의 코모(Como) 호수 지역의 치아바타는 겉이 바삭하고 속은 부드러우며 구멍이 숭숭 뚫려 있어 가벼운 느낌이 난다. 토스카나, 움브리아, 마르케 지역의 치아바타는 겉이 딱딱하고 속이 조밀한 것부터 바삭하고 좀 더 가벼운 것까지 그 종류가 다양하다. 미국의 치아바타는 이탈리아의 치아바타에 비해 기공이 더 많아 질감은 부드럽고 식감은 가볍다. 이런 다양한 치아바타에 햄, 치즈 등 간단한 속 재료를 채워 샌드위치를 만들면, 이것을 파니노(복수 : 파니니)라고 부른다.

01_Formula | 30개 분량

본 반죽

강력분	1,000g
물	800g
생이스트	8g
몰트	8g
소금	18g
중종 반죽	전량
통밀 사워종	100g
올리브 오일	50g
롤 치즈	150g
블랙올리브	50g

샌드위치 속 재료(개당)

슬라이스 햄	3장
슬라이스 치즈	1장
로메인	4장
토마토	2장
오이피클	3장
마요네즈	취향에 맞게
머스터드	취향에 맞게

중종(스펀지) 반죽

강력분	500g
물	380g
생이스트	8g
소금	10g

통밀 사워종

통밀가루	8,100g
물	8,100g
레몬주스	6g

Process

믹싱	>	1차 발효	>	분할	>	2차 발효	>	굽기 전	>	굽기
앞선 반죽 : 중종 반죽, 통밀 사워종 **본 반죽** : 발전단계, 반죽온도 25°C		25°C, 50%, 80분, 폴딩 후 40분 추가 발효		1개당 10cm×8cm 크기(약 120g)		윗불 25°C / 아랫불 50°C, 스팀 후 30분		테프론 시트에 패닝		윗불 240°C / 아랫불 220°C, 스팀 후 12분

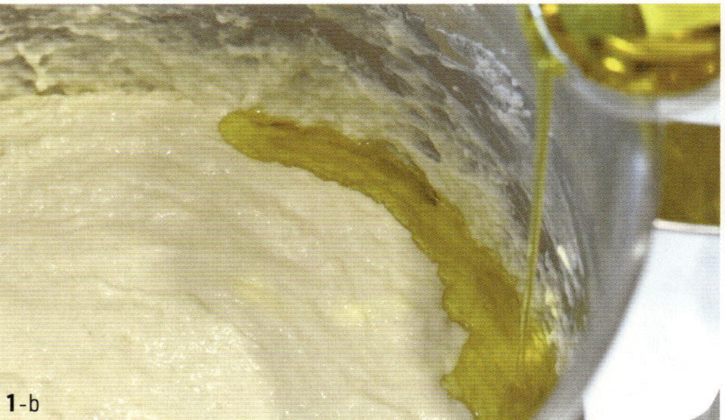

1. **믹싱** : 발전단계(80%), 반죽온도 25°C

❶ 생이스트는 물에 풀어 액체재료와 함께 섞는다.

❷ 올리브 오일과 롤치즈, 블랙올리브를 제외한 전 재료를 믹서볼에 넣고 저속 3분 ⇒ 중속 2분 믹싱한다.

❸ 반죽의 상태를 보면서 바시나주(추가 물)를 약 80~100g 사이로 투입해준다. 추가한 물이 반죽에 섞일

때까지는 저속으로 믹싱한다.

❹ 반죽 마지막 전 단계에서 올리브 오일을 투입하여 저속 2분 ⇒ 중속 3분 믹싱한다.

❺ 롤 치즈, 블랙올리브를 넣고 저속 1~2분 믹싱하여 반죽을 완성한다.

TIP

1_중종(스펀지) 반죽을 사용하여 완제품의 기공과 부피를 크게 만들고 조직을 부드럽게 만들 수 있다.

2_통밀 사워종을 사용하면 사워종의 함유된 유기산이 제빵개량제에 함유된 무기산을 대체하여 여러 가지 생화학

반응을 촉진할 수 있다.

3_수분의 비중이 높은 반죽이기 때문에 글루텐이 반죽 초기에 잘 발달할 수 있도록 반죽의 믹싱이 어느 정도 진행

된 후 투입된 반죽 수분 양의 약 10%가량 바시나주(추가 물) 해주면 수분이 많은 반죽을 믹싱하기 용이하다.

4_블랙올리브는 믹싱 초반에 넣으면 많이 으깨지며 반죽의 색이 어둡게 변할 수 있어 반죽의 마지막 단계에 살짝

섞일 정도로 마무리해주는 것이 좋다.

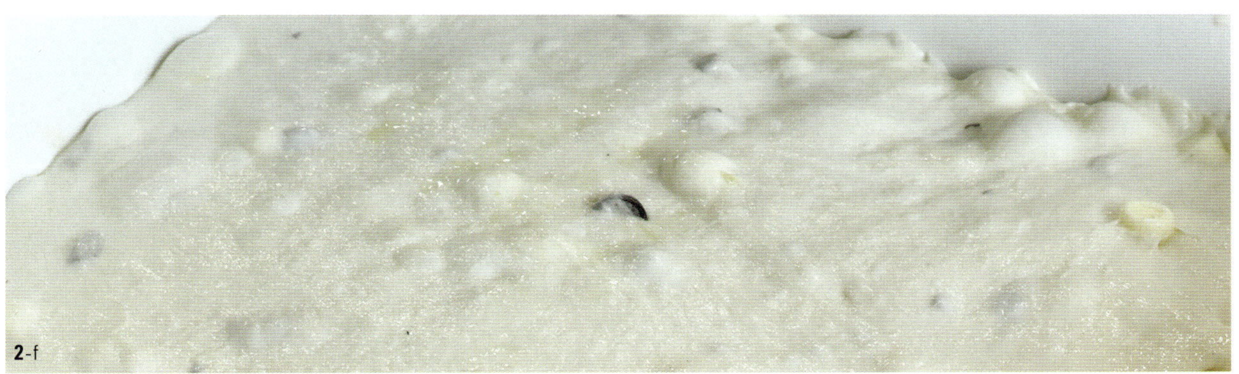

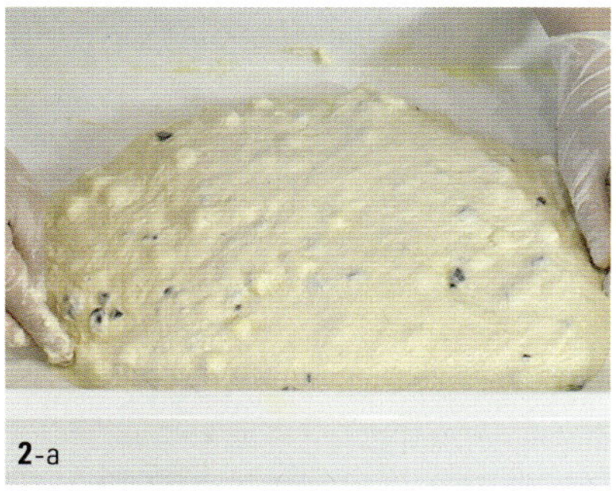
2-a

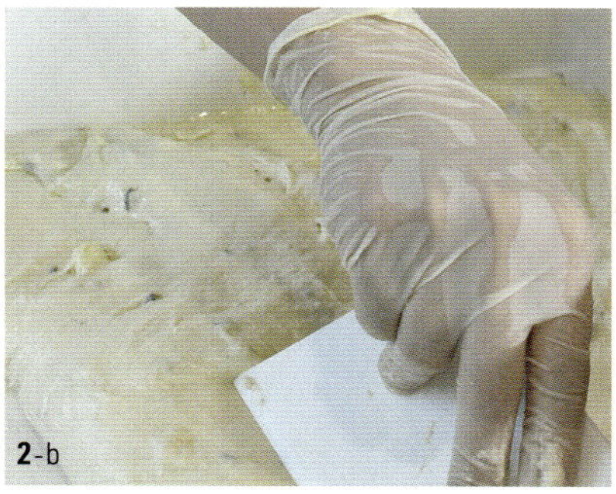
2-b

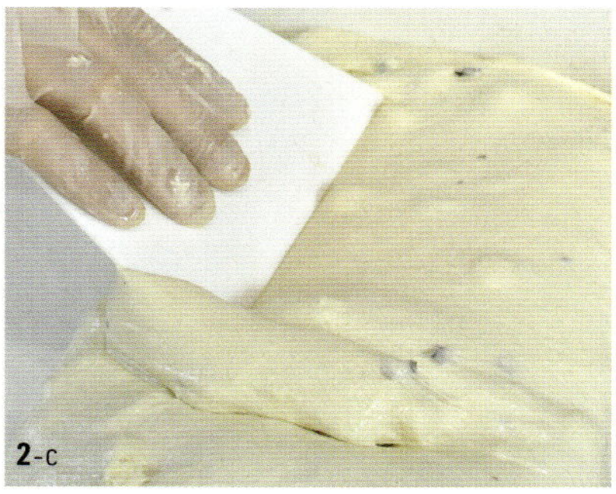
2-c

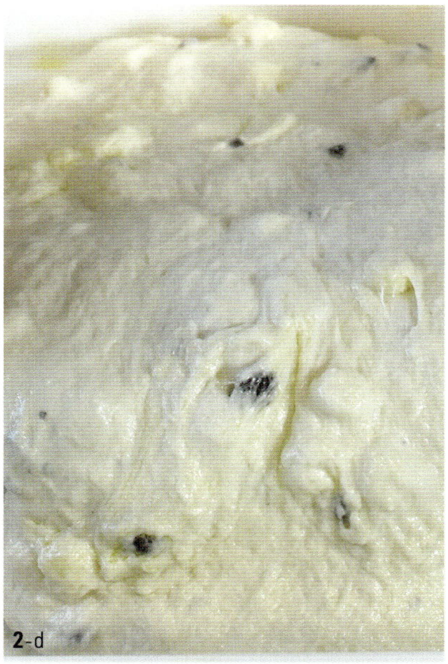
2-d

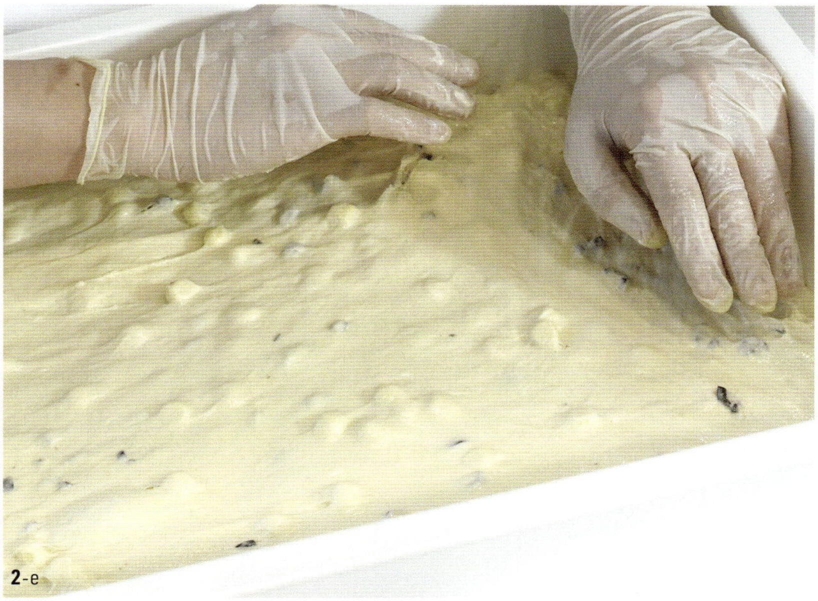
2-e

2. 1차 발효 : 25°C, 50%, 80분 ⇒ 폴딩 ⇒ 발효통에 놓고 반죽을 직사각형으로 만들어서 40분 추가 발효한다.

TIP

1_하드계열(저배합)의 빵은 높은 온도에서 발효가 이루어지면 이스트가 탄산가스 및 유기산을 지나치게 만들어서 반죽의 힘이 약해지고 기공이 많이 커져서 구워진 제품의 식감이 퍼석퍼석하게 나오기 때문에 발효 온도를 3~4°C가량 낮추는 것이 좋다.

2_치아바타 반죽은 2차 발효 후 별도 성형이 없기 때문에 폴딩을 통해 발효 시 발생된 가스를 균일화해주고 반죽의 탄력성과 신장성을 높여준다.

2-f

3. 분할 및 성형 :

❶ 테프론시트를 깐 60cmX40cm 팬에 치아바타 반죽을 펼쳐준다.

❷ 캔버스 천에 덧가루를 뿌리고 팬을 뒤집어 꺼내준다.

❸ 반죽을 직사각형으로 가장자리를 잘 정리해준 뒤 개당 10cmX8cm 크기로 재단한다. (개당 무게 약 120g)

4. 2차 발효 : 25°C, 50%, 30분

(TIP)

1_치아바타는 수분량이 많은 반죽이기 때문에 분할 시 덧가루를 적절히 사용하여 스크레이퍼에 반죽이 묻지 않도록
주의한다. 만약 너무 반죽이 묻어나서 분할과 성형이 어렵다면 덧가루를 무리하게 많이 사용하지 말고 캔버스 천에
덧가루를 살짝 뿌리고 그 위에서 분할하면 어렵지 않게 작업할 수 있다.

2_반죽을 재단하며 반죽 간의 거리를 조금씩 떨어뜨려주고 덧가루를 그 사이에 뿌려주어야 재단 후 다시 반죽이 붙지
않고 간격을 유지할 수 있다.

5. 굽기 전 : 2차 발효된 반죽을 덧가루를 충분히 뿌려서 테프론시트에 패닝한다.

6. 굽기 : 데크오븐에서 윗불 240°C / 아랫불 220°C로 스팀 주입 후 12분간 구워준다.

7. 샌드위치 : 구워진 제품이 식으면 빵을 수평으로 잘라 샌드위치용 소스를 바르고 로메인 4장
⇒ 치즈 1장 ⇒ 토마토 슬라이스 2개 ⇒ 슬라이스햄 3장 순서대로 쌓아 완성한다.

TIP

1_샌드위치용 치아바타는 식감이 가볍거나 질기면 안 되므로 높은 온도로 빠르게 구워 윗 색이 하얗게 나는 것이 좋
고, 브르게스타 등 조리용으로 쓸 치아바타는 단단한 식감이 날 수 있도록 색깔을 내주는 것이 좋다.

1_중종 반죽에 들어가는 재료를 정확하게 계량하여 재료별로 진열한다.

2_중종 반죽의 적정한 반죽온도인 22~26°C가 될 수 있도록 물의 온도를 조절하여 계량한 후 생이스트를 넣고 핸드 거품기로 풀어준다.

3_강력분에 생이스트를 푼 물을 붓고 저속으로 2분간 믹싱하여 재료를 균일하게 섞는다.

4_25°C에서 3시간 발효하거나, 2시간 발효 후 5°C의 냉장고에서 15시간 정도 발효하도록 한다.

TIP

1_셰프에 따라 오토리즈를 만들 때 사용하는 곡류와 물의 비율을 다르게 설정하여 다양한 상태의 숙성 정도를 본 반죽에 표현하고 있다.

1_통밀 사워종에 들어가는 재료를 정확하게 계량하여 재료별로 진열한다.

2_통밀 사워종의 적정한 온도인 26°C가 될 수 있도록 물의 온도를 조절하여 계량한다.

3_스테인리스 볼에 통밀가루, 물, 레몬주스를 붓고 주걱으로 균일하게 섞는다.

4_26°C 전후의 실온에서 5번의 계대배양을 진행한다.

5_완성된 르방은 26°C의 조건에서 3시간 안에 2배로 부풀 수 있는 발효력을 갖추어야 한다.

6_통밀 사워종 만들기의 자세한 내용은 김진호 셰프의 레시피(p.70~71)를 참고하세요.

TIP

1_통밀 사워종을 본 반죽에 첨가하면 사워종에 함유된 유기산로 인해 반죽의 pH가 낮아져 전분의 수화와 팽윤, 효소의 작용 속도, 반죽의 산화·환원과정을 포함하는 여러 가지 생화학반응을 촉진한다.

Chef's Secret Recipe
반죽의 모든 것

1_반죽의 종류

이탈리아에서 빵을 제조할 때 사용하는 앞선 반죽에는 3 가지가 있는데, 종류에는 파스타 디 리뽀르또(pasta di riporto), 비가(biga), 풀리쉬(poolish) 등이 있다. 이 3가지 앞선 반죽은 공장제 빵효모가 출현한 이후에 이탈리아의 제빵사가 사워도우 사용을 중단하는 과정에서 사라진 맛의 일부를 되찾고자 함에 따라 개발되었다. 풀리쉬는 물, 강력분, 생이스트로 만드는 묽은 상태의 앞선 반죽이고, 비가는 물, 강력분, 생이스트로 만드는 된 상태의 앞선 반죽이다. 풀리쉬나 비가를 사용하면 빵의 맛과 풍미가 더 강해진

다. 앞선 반죽이 발효되는 동안에 발생하는 알코올 발효작용은 상당하다. 그러한 알코올 발효작용에 의해 만들어진 에틸알코올의 일부분이 고온에서 산소와 만나 산화되면서 초산이 만들어지고 이는 굽는 동안에 매혹적이고 식욕을 돋우는 향을 만든다. 그리고 이 초산에 의해 더 큰 기포가 발생하게 되고 그 결과, 소화가 더 잘되는 빵이 되고 저장성도 더 좋아진다.

2_파스타 디 리뽀르또(pasta di riporto)

❶ 파스타 디 리뽀르또의 정의

크리시토라고도 알려진 파스타 디 리뽀르또는 이월 반죽이라는 뜻을 갖고 있다. 이월 반죽이란 이전 공정에서 남은 반죽의 작은 부분으로 새 반죽에 사용된다. 천연효모나 사워도우와는 다른 알코올 발효방법이지만 반죽에 신맛을 더해 숙성을 촉진시키는 효과가 매우 뛰어나다.

❷ 이월 반죽과 천연효모의 차이점

이월 반죽이 천연효모가 아니라는 점은 분명히 알아야 한다. 실제로 천연효모는 빵효모를 첨가하지 않고 자발적인 발효를 통해 생성된다. 반면에 이월 반죽은 밀가루, 물, 빵효모 및 소금으로 만든 피자 또는 빵 반죽에서 나온다. 따라서 반죽이 발효되도록 하는 Saccaromyces Cerevisiae 종의 효모가 즉시 포함된다. 따라서 사워도우와 이월(캐리오버) 반죽 사이에는 명백한 차이가 있으며, 오일과 소금의 첨가도 있는데, 이는 캐리오버 반죽에서는 발견되지만 사워도우에서는 발견되지 않는다.

캐리오버 반죽 또는 크리시토 반죽은 이전 공정에서 남은 반죽의 작은 부분으로 새 반죽에 추가로 재사용된다. 이것은 선조들이 빵을 만들 때 사용했던 고대 방법이다. 실제로 빵이나 피자를 만든 후 다음 반죽을 만들 때 빵효모 대신 사용할 수 있도록 작은 반죽 조각을 따로 보관해 두었다. 왜냐하면 천연효모나 어머니 효모와는 다르지만 마치 효모인 것처럼 성장하고 증식하기 때문이다. 이러한 이유로 크리시토(어른스러운 발효 반죽) 또는 초승달(아직 부풀지 않은 발효 반죽)이라고도 불린다.

❸ **파스타 디 리뽀르또의 용도**

본 반죽에 파스타 디 리뽀르또를 추가하면, 효모에 의해 만들어진 산화 초산이 본 반죽에 산성도를 높인다. 산성도가 높아지면, 본 반죽의 숙성이 가속화되고 향도 더 좋아진다. 그러나 본 반죽의 긴 발효 시간이 필요하지는 않지만, 우수한 관능 품질을 가진 빵을 얻기 위해 약간의 숙성 정도만 필요로 하는 반죽에 선별적으로 사용하는 것이 좋다.

❹ **파스타 디 리뽀르또의 사용법**

파스타 디 리뽀르또를 본 반죽에 첨가할 때는 외부 온도도 고려하여 판단해야 한다. 예를 들어 겨울에는 사용 비율이 밀가루 양의 약 20%이고 여름에는 밀가루 양의 10%로 감소한다. 그러나 일반적으로 밀가루 양의 20%를 넘지 않는 것이 좋다. 실제로 과도하게 사용하면 산도가 지나치게 높아져 반죽이 뻣뻣해지며, 제조하는 동안 펴기가 어렵고 부피팽창이 어려워질 수 있다. 파스타 디 리뽀르또를 효과적으로 사용하려면 발효시간을 2~8시간 사이에서 관리하는 것이 좋다. 이월 반죽은 천연효모처럼 매일 물과 밀가루를 첨가하여 효소의 활성을 크게 유지할 수 있다. 이 내용은 어디까지나 이탈리아 소비자들을 기준으로 상정된 이론일 뿐이다. 여기서는 셰프의 오랜 판매 경험을 바탕으로 변화를 준 방법을 제시하고 있다.

❺ **파스타 디 리뽀르또의 장점**

　㉠ 더욱 강렬한 맛과 향을 가진 빵을 얻을 수 있다.

　㉡ 더욱 커진 벌집 모양의 내상을 가진 빵을 얻을 수 있다.

　㉢ 더 나은 소화흡수율을 가진 빵을 얻을 수 있다.

　㉣ 숙성 정도가 커지므로 보존성이 더 좋은 빵을 얻을 수 있다.

　㉤ 본 반죽의 발효시간을 단축시키는 효과를 얻을 수 있다.

CHEF'S BREAD & DESSERT

> "
> 빠르게 변화하고 있는
> 하이 테크놀로지의 시대
> 멀티프로페셔널로 세상을 바꾼다.
> "

Chef's **Profile**

현) 대한체육회 태릉선수촌 선수식당 총괄 셰프
전) 아워홈 경찰인재개발원 식당 조리장
　　아워홈 중앙경찰학교 식당 조리장
　　대한민국 국가공인 제과기능장 / 조리기능장
　　한국조리협회소속 조리국가대표팀 팀장
　　영양사, 위생사, 한식, 중식, 양식, 일식, 제과, 제빵기능사
　　신한대학교 일반대학원 외식산업전공 박사과정
　　2023 국제요리&제과경연대회 경기도지사 최우수상
　　2018 국제요리&제과경연대회 농림부장관 대상

윤종찬 총괄 셰프
태릉선수촌

Bakery **Know-how**

요리가 발달한 대부분의 나라에서는 공통적으로 식
사의 마지막에 후식(디저트)을 먹곤 한다. 아무리 맛
있는 요리들이 나간다고 해도 후식(디저트)의 맛이
좋지 않으면 그 식사의 만족도는 낮아질 수밖에 없
기 때문에 고급 레스토랑을 운영하고 있는 사람이라
면 요리뿐만 아니라 후식 또한 신경을 많이 써야 할
것이다. 고객의 만족을 위해서 아침, 점심, 저녁 매
일 다른 요리와 다른 빵과 디저트를 제공하고 있다.
그중에서 식사를 이용하는 고객들의 만족이 가장 높
았던 빵과 디저트를 소개하고자 한다.

소금빵 레드 앙버터

RED BEAN & BUTTER WITH SALT BREAD

겉과 바닥은 바삭하면서 안은 부드럽고 고소한 맛이 일품인 소금빵은 몇 년이 지나도 많은 고객들이 찾는 빵 중 하나이다. 많은 매장에서는 소금빵이 나오는 시간을 출입문 앞에 계시하여 빵에 대한 정성과 신뢰를 줌으로써 지속적으로 단골이 찾게 해주는 1등 공신이라고 생각된다. 홍국쌀에 대한 효능에 대한 정보는 많이 나와 있지만 그 중에서도 가장 대표적인 효과는 혈압을 낮추어주고 강력한 항암작용을 통한 체내 염증 수치 감소 및 암세포 성장 억제, 노화 방지 등이 있다. 고객들에게 건강한 빵임을 강조함으로써 빵에 대한 인식을 높여주고 업장의 매출 증대에 도움이 될 것이다.

01_Formula | **30**개 분량

본 반죽

강력분	850g
박력분	150g
세몰리나	30g
홍국쌀가루	20g
설탕	60g
소금	18g
생이스트	40g
무염버터	30g
탈지분유	40g
통밀 사워종	100g
물(바시나주)	650g
발효버터바	10g(개당)

통밀 사워종

통밀가루	8,100g
물	8,100g
레몬주스	6g

토핑물

소금빵용 소금	적당량

충전물

버터	900g
팥앙금	900g

Process

믹싱	>	1차 발효	>	분할	중간 발효	>	성형
앞선 반죽 : 통밀 사워종 **본 반죽** : 최종단계, 반죽온도 27°C		27°C, 75%, 60분		60g	15분		올챙이 모양

2차 발효	>	굽기 전	>	굽기	>	구운 후
28°C, 85%, 50분		소금 뿌리기		윗불 220°C / 아랫불 180°C, 12분		버터와 팥앙금 충전

02_**How to make**

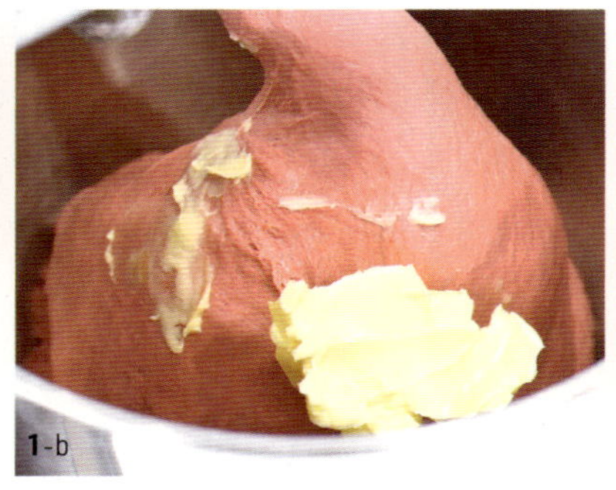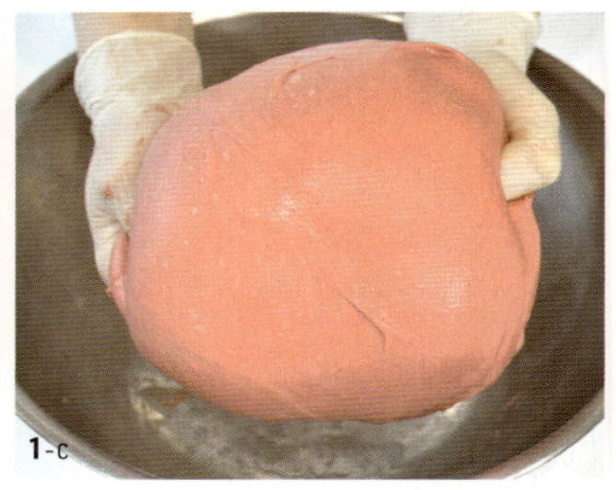

1. **믹싱** : 최종단계(100%), 반죽온도 27°C

❶ 저속 3분 ➡ 버터 투입 후 저속 2분 ➡ 중속 2분 ➡ 물 추가 저속 ➡ 중속 4분(글루텐 막이 얇게 잡히면 마무리)
믹싱한다.

❷ 분말재료, 르방 ➡ 소금, 설탕 ➡ 액체재료 순으로 믹서볼에 넣는다.

❸ 이스트는 물에 풀어 액체재료와 함께 넣는다.

❹ 버터는 클린업단계에서 투입한다.

❺ 반죽의 상태를 보면서 바시나주(추가 물)를 약 60~80g 사이로 투입해준다. 추가한 물이 반죽에 섞일 때까지는
저속으로 믹싱한다.

TIP

1_반죽의 추가 물(바시나주)은 클린업단계 이후 반죽의 물성을 보고 결정하는데 보통 반죽이 믹싱볼에서 찰지게 쳐진다는
느낌이 날 정도로 조절해주는 것이 좋다.

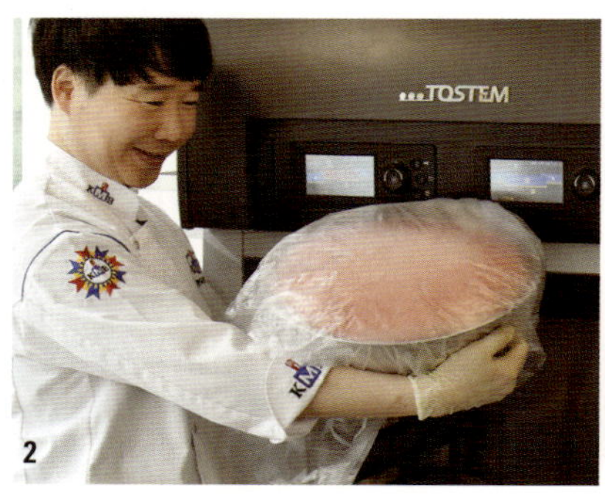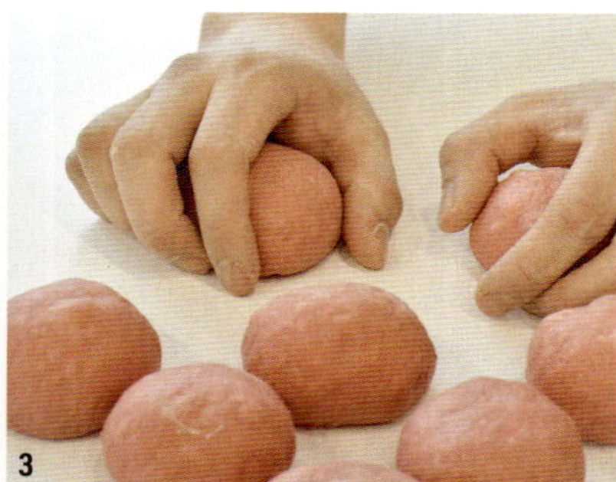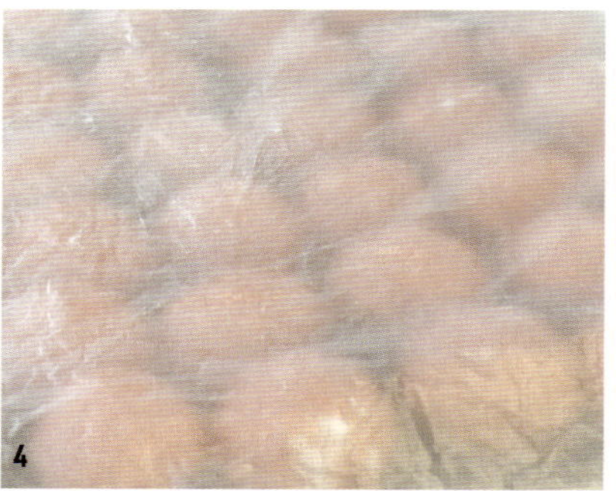

2. **1차 발효** : 27°C, 75%, 60분

3. **분할** : 60g으로 둥글리기

4. **중간 발효** : 15분

5. 성형 :

❶ 반죽을 올챙이 모양으로 예비 성형해 놓는다.

❷ 밀대로 길게 밀은 후 버터바(10g, 1cm X 5cm)를 안쪽에 넣고 소금을 조금 뿌린 다음 크루아상 모양으로 만

든다.

❸ 평철판에 패닝하여 발효실에 넣는다.

6. 2차 발효 : 28℃, 85%, 50분

TIP

1_반죽 내부에 버터가 들어가므로 2차 발효 시 온도가 높으면 녹아서 흘러내려 구웠을 때 빵 내부의 풍미가 저하된다.

2_소금빵의 경우 과발효가 되지 않도록 여름에는 2차 발효시간을 줄인다.

7. 굽기 전 : 윗면에 흰자물을 바른 후 소금을 뿌려둔다.

TIP

  1_흰자물을 발라주는 이유는 광택과 바삭함을 주기 위해서인데 물을 뿌려도 무난하다. 흰자와 물의 비율은 1:1로 한다.

8. 굽기 : 데크 오븐에서 윗불 220℃ / 아랫불 180℃로 12분간 구워서 완성한다.

9. 충전 : 제품이 식으면 옆면을 2/3 정도 잘라 버터와 팥앙금을 충전한다.

TIP

  1_컨벡션 오븐에 구우면 열풍으로 인해서 바삭한 반면, 빵이 마르므로 용도를 고려한다.

1_통밀 사워종에 들어가는 재료를 정확하게 계량하여 재료별로 진열한다.

2_통밀 사워종의 적정한 온도인 26℃가 될 수 있도록 물의 온도를 조절하여 계량한다.

3_스테인리스 볼에 통밀가루, 물, 레몬주스를 붓고 주걱으로 균일하게 섞는다.

4_26℃ 전후의 실온에서 5번의 계대배양을 진행한다.

5_완성된 르방은 26℃의 조건에서 3시간 안에 2배로 부풀 수 있는 발효력을 갖추어야 한다.

6_통밀 사워종 만들기의 자세한 내용은 김진호 셰프의 레시피(p.70~71)를 참고하세요.

TIP

1_통밀 사워종을 본 반죽에 첨가하면 사워종에 함유된 유기산로 인해 반죽의 pH가 낮아져 전분의 수화와 팽윤, 효소의 작용 속도, 반죽의 산화·환원과정을 포함하는 여러 가지 생화학반응을 촉진한다.

녹차크림 휘낭시에

휘낭시에의 특징은 헤이즐넛 버터가 들어가는데, 헤이즐넛의 아로마 향이 난다고 해서 붙여진 헤이즐넛 버터는 두꺼운 냄비에서 170°C로 타지 않게 천천히 가열해서 만들어진다. 이를 아몬드분말과 아몬드 술을 넣어서 하루에서 이틀 냉장 숙성한 후 휘낭시에 틀에 넣고 구워지는 게 일반적이다. 여기서 한층 업그레이드한 녹차 휘낭시에는 위 과정에서 까눌레 틀에 반죽을 채운 후 초코 가나슈를 채워 구운 후 식혀서 녹차 초코크림과 다양한 가니쉬를 올려서 만들어진다. 특히 커피 또는 차와 궁합이 매우 좋으며 저온 숙성할수록 맛이 좋기 때문에 현장에서 효율적인 관리에 용이할 것이라고 본다.

01_Formula | 36개 분량

헤이즐넛 버터

무염버터	450g

휘낭시에 반죽

아몬드분말	300g
박력분	140g
흰자	500g
설탕	480g
꿀	30g
헤이즐넛 버터	400g
아마레토 리큐르	24g
레몬필	10g

가나슈 초콜릿

밀크 초콜릿	200g
끓인 생크림	100g

녹차 초콜릿

녹차분말	5g
카카오버터	10g
화이트 초콜릿	300g

Process

버터	>	반죽	>	초콜릿1	>	초콜릿2	>	패닝	>	굽기	>	마무리
헤이즐넛 버터 제조		휘낭시에 반죽 제조		가나슈 초콜릿 제조		녹차 초콜릿 제조		휘낭시에 반죽과 가나슈 초콜릿 채우기		컨벡션 오븐 175°C, 20분		녹차 초콜릿 찍기

1. 헤이즐넛 버터 작업

❶ 동 냄비에 무염버터를 넣고 천천히 저어주며 170°C까지 서서히 가열한다.

❷ 갈색이 난 유청 부분은 가라앉히고 정제버터(액상 부분)만 걸러 놓는다.

❸ 휘낭시에 반죽에 넣을 수 있도록 50°C까지 온도를 낮춘다.

TIP

1_헤이즐넛 버터는 110°C가 넘어가는 시점에서 거품이 끓어오르는데 작은 냄비를 사용하게 되면 넘치므로 넓은 냄비를 사용하도록 한다. 열전도율이 안정적인 동 냄비를 사용하는 것이 가장 좋다.

2_170°C가 넘어가면 타면서 쓴맛이 나므로 150°C에서부터는 낮은 온도로 서서히 젓도록 한다. 계속 젓지 않으면 바닥이 타므로 주의한다.

2-a

2-b

2-c

2. 휘낭시에 반죽 작업

❶ 흰자, 설탕, 꿀을 혼합하여 설탕 입자가 녹을 때까지 부드럽게 섞는다.

❷ 체 친 아몬드분말과 박력분을 [과정❶]에 넣어서 70% 정도까지 섞는다.

❸ 미지근하게 식혀놓은 헤이즐넛 버터를 [과정❷]에 넣어서 혼합한다.

❹ [과정❸]에 레몬필, 아마레또 리큐어를 혼합하여 냉장고에서 하루 숙성시켜 놓는다.

❺ 휘낭시에 반죽의 희망 반죽온도는 27°C이다.

(TIP)

1_ 휘낭시에 반죽을 숙성시키는 이유는 버터, 리큐어, 레몬필 등의 유지와 풍미가 반죽에 충분히 흡수되게 하기 위함이며 제품이 더욱 부드러우며 풍미가 더욱 좋다.

2_ 반죽은 냉장에 3일간 보관 가능하기 때문에 한 번에 많은 양을 만들어 둔 뒤, 냉장보관하다가 실온에 20~30분간 꺼내어 실온화해주고 사용할 수 있다.

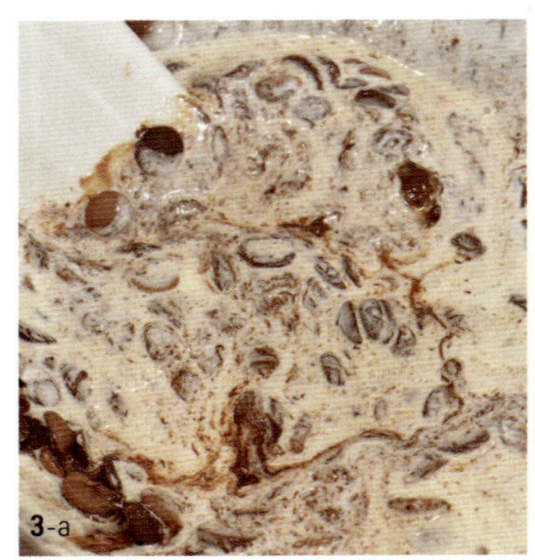

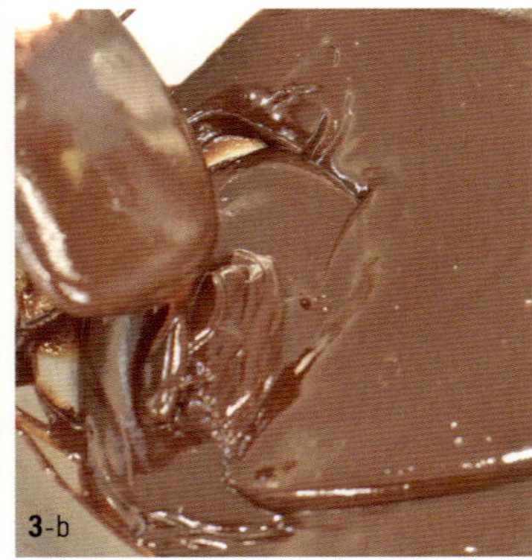

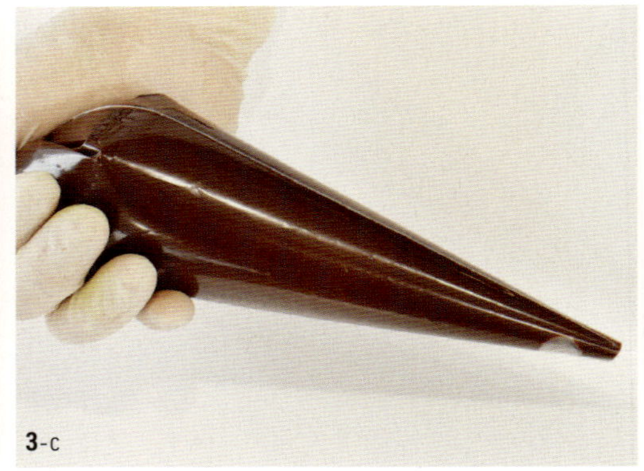

3. 가나슈 초콜릿 작업

❶ 밀크 초콜릿 2 : 끓인 생크림 1을 혼합하여 가나슈를 만든 후 짤주머니에 담아 숙성한다.

❷ 단팥 앙금 정도로 굳기가 굳도록 한다.

TIP

1_가나슈에 밀크 초콜릿이 없다면 다크 초콜릿을 사용해도 무난하며, 이럴 때는 생크림을 20% 더 넣는다.

4. 녹차 초콜릿 작업

❶ 화이트 초콜릿은 중탕으로 녹여 놓는다. 이때 화이트 초콜릿은 40~45°C로 맞춘다.

❷ 카카오버터도 [과정❶]의 방법으로 녹여 놓는다.

❸ 녹차 분말을 [과정❷]에 넣어서 유화시켜 놓는다.

❹ 녹인 화이트 초콜릿에 [과정❸]을 붓고 유화시켜서 완성한다.

TIP

1_녹차 초콜릿을 유화할 때 물이 들어가면 분리가 되므로 주의하며, 30°C 정도에서 작업한다.

2_중탕이 어려울 경우 전자레인지로 녹일 수 있는데, 전자레인지에서 1분, 이후 30초 단위로 끊어서 돌리며
초콜릿의 온도가 너무 올라가지 않도록 유의하며 녹인다.

5. 패닝

❶ 실리콘 까눌레 틀에 휘낭시에 반죽을 70% 채워놓는다.

❷ 반죽 가운데 가나슈 초콜릿을 채워서 90% 높이까지 맞춘다.

6. 굽기 : 컨벡션 오븐에서 175°C로 20분간 굽는다.

7. 완성 : 구워진 제품을 15°C 이하로 냉각한 후 녹인 녹차 초콜릿을 찍어서 완성한다.

TIP

1_실리콘틀을 사용하면 이형제를 바르지 않아도 된다.

2_휘낭시에에 녹차 초콜릿을 찍은 후 같은 다양한 가니시를 펄 초콜릿, 견과류, 크림, 허브, 금가루 등을
올리면 보기도 좋고 맛도 조화를 이룬다. 가니시(Garnish)란 음식의 외형을 돋보이게 하기 위해 음식
에 곁들이는 것을 총칭한다.

슈레드 치즈 마카롱

SHRED CHEESE MACAROON

요즘 마카롱 마니아들 사이에서 유행하고 있는 말 중에 하나가, 세상에 존재하는 마카롱은 프랑스식 마카롱과 한국식 마카롱로 나뉜다는 것이다. 이 둘의 차이점을 보면, 프랑스식 마카롱은 크림이 얇아서 마카롱 과자 부분인 꼬끄의 맛이 주를 이루고 있는 반면에, 일명 뚱카롱이라고 불리는 한국식 마카롱은 마카롱 크림 부분인 필링의 맛이 주를 이루고 있다. 그래서 한국식 마카롱을 제조하는 제과사는 필링의 맛을 향상시키기 위해 다양한 종류의 크림과 가니쉬를 만들고자 노력하고 있다. 디저트 카페를 운영하는 입장에서는 제품을 맛있게 만들어 매출을 높이는 것이 중요하기 때문에, 제품의 정체성(Identity)보다 독창성(Originality)이 더 중요하다. 그래서 여기 시장에서 잘 팔리고 있는 마카롱을 소개하고자 한다. 마카롱은 꼬끄와 크림에 매우 다채로운 색상들이 사용되므로, 슈레드치즈 덕분에 고급스럽게 인식하고 있는 황색을 마카롱의 전체적인 색상으로 결정했다. 크림의 맛은 크림치즈를 베이스로 하고 크림치즈의 질감과 식감을 가볍고 부드럽게 만들고자 앙글레이즈 버터크림을 블렌딩한다.

01_Formula | 100개 분량

마카롱 꼬끄(프렌치 머랭)	
아몬드분말	500g
분당	500g
설탕	380g
흰자	380g
황색 식용색소	적당량

앙글레이즈 버터크림	
무염버터	120g
노른자	32g
우유	60g
설탕	120g

황치즈크림 필링	
앙글레이즈 버터크림	600g
크림치즈	900g
황치즈 분말	160g

Process

준비	>	반죽	>	성형	>	굽기	>	마무리
머랭 제조		꼬끄 반죽 제조		직경 4cm 짜기		컨벡션 오븐 140°C, 15분		황치즈크림 샌드

1. 마카롱 꼬끄 머랭 만들기

❶ 프렌치 머랭법으로 만든다.

❷ 흰자를 믹서에 넣고 휘핑해 준다.

❸ 설탕을 3~4번에 나누어 넣으며 머랭을 올린다.

❹ 머랭은 100%까지 단단하게 올린다.

(TIP)

1_설탕을 3번에 나누어서 넣어주어야 거품이 안정적으로 빠르게 올라온다.

2_냉장에서 바로 깨서 사용하는 흰자의 경우 농후난백의 힘이 더 좋아 머랭 작업에 있어 좀 더 시간이 걸리나,
튼튼하고 안정적으로 거품이 올라오는 장점이 있다.

2. 마카롱 꼬끄 반죽하고 성형하기

❶ 아몬드분말과 분당은 3회가량 체를 쳐서 준비한다.

❷ [과정❶]에 머랭을 3회에 나누어 잘 섞은 후 마카로나쥬를 해주고 중간에 원하는 색만큼 식용색소를 넣

어서 섞어주고, 윤이 나면서 천천히 흐르면 반죽을 마무리한다.

❸ 깍지 '801번'을 사용하고, 반죽을 짤주머니에 담아 테프론시트에 지름 4cm로 짜준다.

❹ 윗면이 묻어나지 않을 정도로 실온에서 30분 이상 건조한다.

TIP

1_아몬드분말과 흰자의 상태에 따라서 같은 분량의 레시피라고 해도 잘 안 나오는 경우가 있는데, 이럴 때는 아몬

드분말을 냉동보관해서 사용하면 아몬드분말에서 유지가 분리되어 마카로나쥬할 때 원활하게 잘 되어 실패 확

률이 적어진다.

2_패닝할 때 반죽이 퍼지게 짜지면 굽고 나서 마카롱 옆 삐에가 잘 올라오지 않고 반죽이 되직하면 마카롱 윗면에

수축하듯 덜 익은 것처럼 나오기 때문에 마카롱을 짤 때는 바닥에서 1.5cm가량 띄워 제자리에서 짜주는 연습

을 한다.

3_마카로나쥬란 벽에 반죽을 짓눌러주면서 기포를 제거하여 반죽을 윤기 나게 해주는 과정을 말하는데 너무 많이

하면 혼합된 머랭의 기포가 너무 꺼지고 묽어져서 납작하게 나오고, 적게 하면 표면이 갈라지게 나올 수 있다.

3. 마카롱 꼬끄 굽기 : 컨벡션 오븐에서 140°C로 15분간 구워 완성한다.

TIP

1_삐에는 마카롱 밑쪽에 있는 쭈글쭈글한 부분을 말하며, 꼬끄는 마카롱 과자 부분을 말한다.

4. 마카롱 샌드하기 : 마카롱꼬끄에 황치즈크림을 샌드하여 완성한다.

TIP

1_필링의 가장 짜기 좋은 온도는 약 20℃이다. 온도가 너무 높으면 버터가 녹아 나올 수 있고, 너무 차가우면 짜기
어려울 수 있기 때문에 필링 온도를 잘 맞추는 것이 중요하다.

2_크림을 샌드할 때 마카롱 꼬끄에 딱 맞춰 짜기보다 살짝 2mm 정도 안쪽으로 짜준 다음 뚜껑으로 눌러 크림이 두
꼬끄를 고정시키며 튀어나오지 않도록 한다.

1_우유, 설탕, 노른자를 풀어서 냄비에서 85°C까지 소스 농도로 끓여준다.

2_믹서기로 버터를 휘핑하다가 [과정1]의 재료를 넣고 베이지색으로 변하면 마무리한다.

(TIP)

1_앙글레이즈 크림을 너무 높은 온도로 끓일 경우 노른자가 익어 덩어리가 생길 수 있기 때문에 부드러운 텍스처를 위해 끓인 다음 체에 한 번 걸러준다.

2_버터가 너무 차가울 경우 잘 섞이지 않고 분리될 수 있기 때문에 실온에 둔 버터를 사용한다.

황치즈크림 필링 만들기

1_비터로 부드럽게 풀어놓은 크림치즈에 앙글에이즈 버터크림, 황치즈 분말을 넣고 골고루 믹싱하여 완성한다.

2_황치즈크림 필링의 희망온도는 20°C이다.

3_용도에 맞는 깍지를 사용해서 짤주머니에 크림을 채워 놓는다.

Chef's Secret Recipe
디저트(Dessert)의 유래

2020년대의 세상은 과거와는 다르게 빠르게 변화하고 있다. 예전보다 먹을거리가 많아졌고, 사람들 간의 왕래가 많아졌으며 이로 인하여 기술 공유가 많아지고 있는 세상이다. 더군다나 인공지능(A.I)의 발달로 인하여 다양한 분야 간의 융합이 이루어지면서 새로운 것들이 창조되고 있다. 미래에는 이러한 변화에 잘 대처하는 기술인들이 많은 혜택을 누릴 수 있을 것이라고 생각된다. 이런 급격한 기술적 혹은 상황적인 변화 속에서도 그 중심에는 '인간애'가 기저에 있어야 한다. 인간애를 바탕으로 한 멀티 프로페셔널이 되고자, 우리는 다양한 서적

을 보며 세상을 이해하는 관념적 인식의 범위를 넓혀야 하고 삶의 현장에서는 이를 실제적으로 확인해야 한다. 이러한 생각으로 대한민국 조리기능장을 취득한 후 더 많은 기술자들과 소통하고자 대한민국 제과기능장도 함께 취득하였다.

디저트(Dessert)는 프랑스어로 '식사를 끝마치다' 또는 '식탁 위를 치우다'의 의미이며, 코스 요리에서 샐러드 다음에 나오는 과일과 같이 단맛이 있는 음식을 가리킨다. 이를 후식이라고 하고 프랑스어로는 '앙트르메'라고 부른다. 프랑스 요리에서 말하는 앙트르메는 원래 정식 식사에서 요리 사이에 내는 음식이었으나 현재는 식사 후의 후식을 의미한다. 앙트르메는 식사 후 요리의 맛을 효과적으로 돋우기 위한 것으로 그 종류가 많고 다양하다. 주로 사용하는 재료에는 과일, 크림, 양주, 너트, 향료, 꿀 혹은 천연의 시럽 등이 있고, 뜨겁게 만들거나 혹은 차게 만든다. 뜨겁게 해서 만들면 앙트르메 쇼(Entremets Chaud)라고 하는데, 수플레(Souffle), 푸딩 등이 있고, 차게 해서 만들면 앙트르메 프루아(Entremets Froid)라고 하여 냉과(冷菓)와 아이스크림이 있다. 뜨거운 앙트르메와 찬 앙트르메를 모두 낼 때는 뜨거운 것을 먼저 내고 찬 것을 나중에 내는 것이 순서이다. 디저트 코스로 들어가면 이때 테이블 스피치(Table Speech)를 한다. 이 과정을 영국이나 미국에서는 '디저트 코스'라고 하여, 아이스크림, 젤리, 푸딩, 케이크, 과일 등을 낸다.

디저트와 간식을 헷갈리는 고객이 많아 한번 정리해 본다. 디저트는 식사 후 입가심으로 먹는 음식이고 간식은 끼니 사이에 먹는 음식이다. 많은 고객들이 이를 구분하지 않고 사용하는데, 정확히 말하면 간식과 후식을 분류하는 기준은 음식을 먹는 시간대일 뿐, 먹는 음식의 종류에 있어서 둘의 구별은 거의 없다. 디저트로 분류되는 음식은 주로 단 음식이고, 간식으로도 쓸 수 있는 음식이다. 그러나 간식은 그 범주가 더 넓은 경향이 있다. 예를 들면 라면이나 짠맛이 많은 봉지 과자를 간식으로는 생각해도 후식으로는 생각하지 않는 것 등이 있다. 우리의 식단은 서양식 식단을 전통적으로 따르지 않기에 카페 등에서 '디저트'를 주문하면 한 끼 식사로도 충분할 만큼 넉넉히 주는 경우가 많다. 이 역시 간식과 후식을 섭취 시간대의 차이로 인식하고 있기 때문이다.

이렇듯 용어에 대한 개념의 정의가 다르면 이를 바탕으로 이루어지는 문화적 행태가 달라진다. 그러므로 소비자의 문화적 행태를 기반으로 제품을 개발하고 마케팅 방식을 정해야 제품의 판매량을 늘릴 수 있다.

수동 베이킹
10:00   184/175°C

CHEF'S BREAD & DESSERT

● Chef's **Profile**

현) 키스톤 베이커리 오너 셰프
전) 포레스타 헤드 셰프
　　강남 파빌리온 헤드 셰프
　　인터콘티넨탈 호텔 근무

**이광수 오너 셰프
키스톤 베이커리**

● Bakery **Know-how**

탁탁탁…. 오븐 안에서는 빵의 소리가 난다. 켜켜이
쌓아 올린 나뭇잎 밟는 소리도 들린다. 잘 만들어
진 빵에서는 입안 가득한 풍미와 함께 만든 이의 정
성이 느껴진다. 코끝에 따라온 찐하고 달콤한 빵이
주는 향기가 난다. 오늘도 찾아온 아이와 엄마가 입
안 가득 베어 물면 입가에는 미소가 피고, 마음에는
평화가 일어난다. 이렇듯 고객에게 '빵이 주는 행
복'을 건네기 위해 한결같이 노력한다면 반드시 성
공하리라 믿는다.

215

뽀빠이빵(시금치빵)

POPEYE BREAD(SPINACH BREAD)

이 제품의 제조방법은 기존의 제빵 제조법과 매우 다르기 때문에 꼭 관심을 갖고 한 번 만들어 보시길 추천한다.

이 제품의 제조 방법은 기존의 제빵 방식과 차별화된 특별한 공정을 통해 부드러운 질감을 극대화하는 데 초점을 맞추고 있다. 이를 위해 몇 가지 핵심적인 과정을 따른다.

1. 밀가루 T-55 사용 : 우선, 반죽에 사용되는 밀가루로 밀가루 T-55를 선택한다. T-55 밀가루는 우리나라의 강력분과 중력분의 중간 정도의 단백질 함유량을 가지고 있어, 빵의 질감이 지나치게 단단하거나 부드럽지 않게 적절한 균형을 제공한다. 이 밀가루는 빵을 만들 때 요구되는 적당한 글루텐 형성을 돕기 때문에 부드러운 식감을 내는 데 기여한다.

2. 고속 믹싱 : 반죽 과정에서는 고속으로 길게 믹싱하는 것이 중요하다. 이 단계에서 목표는 단순히 최종단계의 반죽 상태를 만드는 것이 아니라, 고속 믹싱을 통해 물리적인 반죽 상태를 조성하는 것이다. 이 과정을 통해 반죽의 글루텐 망이 빠르게 형성되고 강도가 더해져, 부드러운 질감을 내는 데 기초가 된다.

3. 물리적 숙성 : 고속 믹싱을 통해 물리적 숙성이 이미 진행된 상태이기 때문에, 생화학적 숙성을 위한 발효 시간은 최소화된다. 일반적인 제빵에서는 발효 시간이 반죽의 맛과 식감을 결정하는 중요한 요소이지만, 이 방법에서는 1차 발효는 20분, 2차 발효도 20분으로 설정한다. 이처럼 발효 시간을 짧게 설정함으로써, 반죽이 과발효되는 것을 방지하고 물리적 숙성을 통해 이미 확보된 질감을 유지한다.

4. 굽기 공정 : 굽기 과정에서는 또 다른 물리적 숙성을 진행한다. 고온에서 많은 양의 스팀을 분사하여 빵을 구워내며, 이로 인해 반죽의 외부는 촉촉하면서도 부드러운 질감을 유지하게 된다. 또한, 완제품의 착색을 약간 여리게 하여 시각적으로도 부드러운 인상을 주도록 한다.

01_Formula | 20개 분량

빵 반죽

밀가루 T-55	1,000g
소금	21g
설탕	30g
탈지분유	30g
드라이이스트	15g
물	680g
우유 버터	30g

충전물

시금치	200g
베이컨	12장
에멘탈치즈 스프레드	120g

Process

믹싱	1차 발효	분할	중간 발효	성형	2차 발효	굽기
최종단계, 반죽온도 27°C	27°C, 70~75%, 20분	100g	26°C, 15분	충전물 넣고 18~20cm 길이로 만듦	38~40°C, 75%, 20분	윗불 190°C / 아랫불 210°C, 스팀 5초 후 12분

02_**How to make**

1. 믹싱 : 최종단계(100%), 반죽온도 27°C

1_최종 단계(Final Stage)의 특징

    ㉠ 믹서볼을 두들기는 소리가 발전단계보다 부드럽게 나며 글루텐이 결합하는 마지막 단계로 특별한 종류를 제외하고는 이 단계가 빵 반죽에서 최적의 상태이다.

    ㉡ 반죽을 떼어 Windowpane Test를 위해 반죽을 펼치면 찢어지지 않고 얇게 늘어난다.

    ㉢ 탄력성과 신장성이 가장 좋으며, 반죽이 부드럽고 윤이 나는 반죽형성 후기 단계라고도 한다.

2_반죽속도와 질감의 관계

반죽의 상태가 같은 최종단계라고 해도 반죽속도에 따라 완제품의 질감이 많이 다르다. 여기서는 고속으로 길게 믹싱하기 때문에 완제품의 질감이 매우 부드럽다.

❶ 저속 2분 ⇒ 버터 투입 후 중속 1분 ⇒ 고속 6분 믹싱한다.

1_반죽시간의 변화에 영향을 주는 요소

여기서 제시하는 반죽속도와 반죽시간은 참고용이고, 최종적으로는 반죽의 상태를 보고 반죽의 완료점을 결정한다. 반죽시간의 변화에 영향을 미치는 요소는 아래와 같다.

    ㉠ 반죽기의 회전 속도와 반죽량이다. 예를 들어 반죽기의 회전 속도가 느리고 반죽량이 많으면 반죽시간이 길어진다.

    ㉡ 소금의 투입시기이다. 소금은 글루텐 형성을 촉진하여 반죽의 탄력성을 키운다. 그 결과 소금을 처음부터 넣으면 반죽시간이 길어지고, 클린업단계 이후에 넣으면 짧아진다.

    ㉢ 배합표에서 유지와 설탕의 사용량이 영향을 미친다. 예를 들어 유지와 설탕의 사용량이 적어지면 단백질이 글루텐으로 변성되는 것에 별다른 방해를 하지 않으므로 반죽시간이 짧아진다.

    ㉣ 배합표에서 분유와 우유의 사용량이 영향을 미친다. 예를 들어 분유와 우유의 사용량이 많아지면 단백질(글루텐)의 구조를 강하게 하여 반죽시간이 길다.

    ㉤ 유지의 투입시기이다. 유지를 단백질이 글루텐으로 변성된 클린업단계 이후에 넣으면 반죽시간이 짧아진다.

    ㉥ 배합표에서 물의 사용량이 영향을 미친다. 예를 들어 물 사용량이 많아 반죽이 질면 글루텐으로 변성되는 데 방해를 받아 반죽시간이 길다.

    ㉦ 작업장의 온도에 따른 반죽온도의 변화가 영향을 미친다. 예를 들어 반죽온도가 높을수록 글루텐으로 변성되는 속도가 빨라져 반죽시간이 짧아진다.

    ㉧ 반죽의 pH가 영향을 미친다. 예를 들어 반죽의 pH가 5.0 정도에서 글루텐이 가장 질겨지기 때문에 반죽시간이 길어진다. 그런데 반죽이 pH가 발효종의 사용으로 떨어지면 반죽시간이 짧아진다.

    ㉨ 밀가루에 함유된 단백질의 양과 질에 따라 달라진다. 예를 들어 사용하는 밀가루 단백질의 양이 많고, 질이 좋고 숙성이 잘 되었을수록 반죽시간이 길다.

2_밀가루 사용 시 주의 점

밀가루 T-55의 단백질 함유량은 우리나라 강력분과 중력분의 중간이다. 그러므로 이를 고려하여 믹싱시간을 결정해야 한다.

❷ 밀가루 ➡ 소금, 설탕, 분유 ➡ 액체재료 순으로 믹서볼에 넣는다.

❸ 드라이이스트는 물에 풀어 투입한다.

❹ 저속 2분 후 버터를 넣어준다.

❺ 믹싱이 끝나면 반죽을 꺼내어 시금치를 넣고 스크레이퍼를 사용하여 손으로 반죽에 시금치를 섞어준다.

TIP **시금치를 선별하고 다듬는 요령**

1_시금치 줄기는 제거하고 이파리만 사용한다. 줄기는 식물의 기둥이기 때문에 식감이 질겨 씹을 때 이물감을 느끼게 한다.

2_같은 줄기라고 해도 뿌리 쪽에 가까운 줄기는 더 질기므로 사용하지 말 것을 권한다. 그러나 줄기라도 부드러운 줄기는 사용해도 좋다.

3_시금치는 계절과 지역에 따라 크기가 다르다. 그리고 재배방법에 따라서도 다르다. 예를 들어 노지에서 재배하느냐 혹은 비닐하우스에서 재배하느냐에 따라 다른데, 노지보다는 비닐하우스에서 재배한 시금치가 더 부드럽다.

2. 1차 발효 : 27°C, 70~75%, 20분

TIP **1차 발효시간을 20분만 하는 이유**

1_제빵개량제가 들어가지 않으면서 드라이이스트가 1.5%가 들어간다면 기본 90분 이상 1차 발효를 진행해야 한다. 그렇지만 여기서는 20분만 진행하는데 그 이유는 완제품의 질감을 부드럽게 만들기 위해서이다. 1차 발효시간이 길어질수록 반죽의 숙성에 의한 글루텐 조직이 흩어지고 분리되는 과정이 일어난다. 그러므로 1차 발효시간을 일반적인 빵처럼 가져간 후 오븐에서 설정한 시간만큼 구우면, 완제품의 모양이 처진 상태로 나온다.

2_뽀빠이 빵은 완제품의 질감을 최대한 부드럽게 만들면서 속재료의 풍미가 극대화될 수 있도록 발효시간을 20분로 짧게 유지한다.

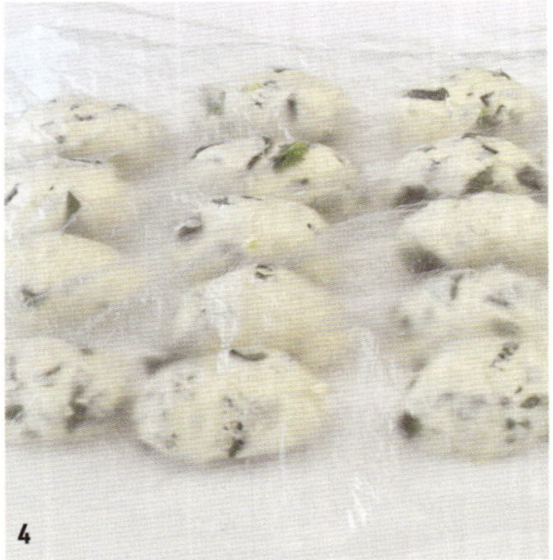
4

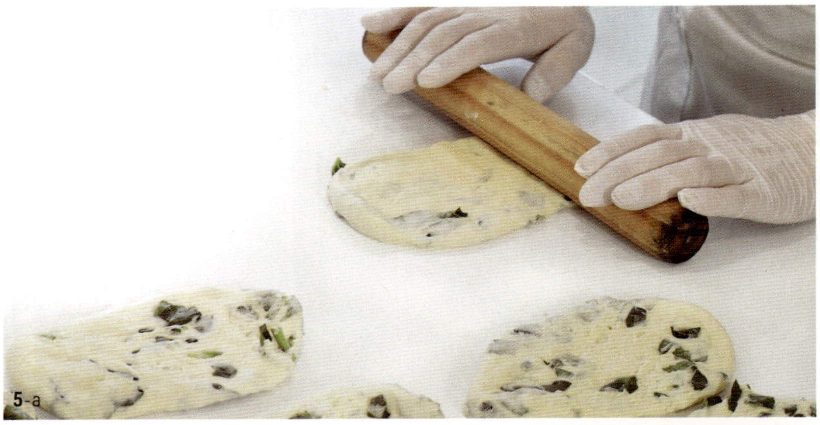
5-a

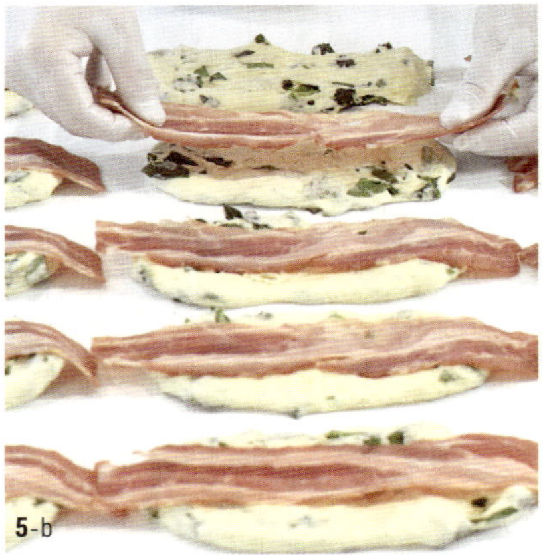
5-b

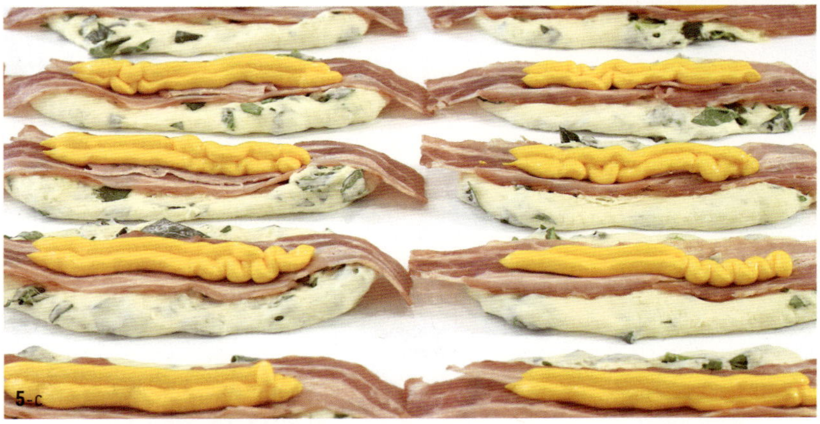
5-c

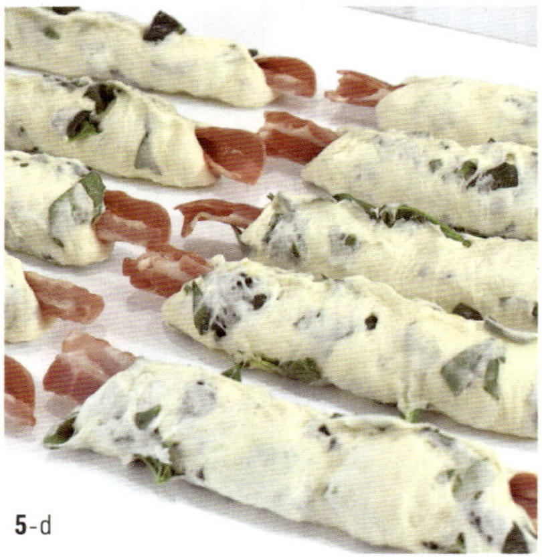
5-d

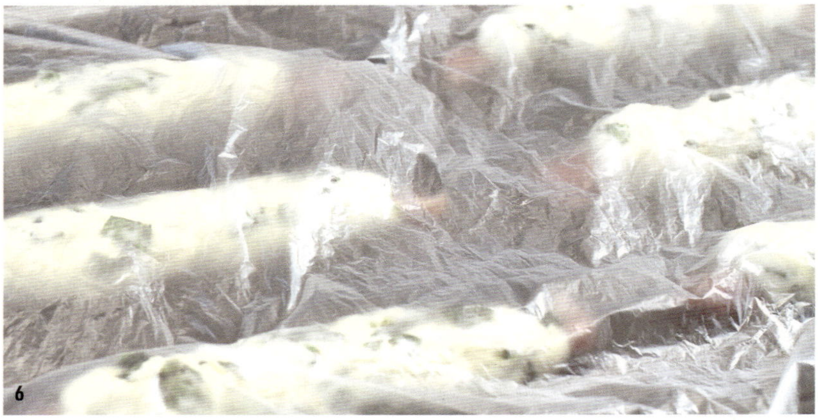
6

3. 분할 : 100g ⇒ 둥글리기

4. 중간 발효 : 26°C의 실온에서 10~15분간 벤치타임을 진행한다.

TIP

1_중간 발효

분할과 둥글리기를 작업하는 동안에 반죽은 유연성(신장성)과 탄력성을 잃어버리고 축적된 발효가스가 손실되는 상당한 물리적 손상을 받게 된다. 반죽 특성의 이러한 변화는 정형공정(반죽정형) 시 반죽의 작업성에 나쁜 영향을 미친다. 그러므로 둥글리기를 끝낸 반죽이 분할공정 전의 물리적 특성을 회복할 수 있도록 정형하기 전에 작업대(Work Bench) 위에서 잠시 발효시키는 것이다. 이를 일명 벤치타임(Bench Time)이라고도 한다. 소규모 제과점에서는 작업대 위에 반죽을 올리고 면포나 비닐을 덮거나 혹은 겨울에는 캐비닛 발효실에 넣기도 한다. 대규모 공장에서는 오버헤드 프루퍼(Overhead Proofer)라고 하는 전용 발효기를 이용하기도 한다.

5. 성형 :

❶ 발효한 반죽을 밀대를 이용해서 길이 18~20cm로 밀어 편다.

❷ 밀어 편 반죽 위에 구운 베이컨을 올리고 에멘탈치즈 크림 스프레드를 길게 짜준다.

❸ 길게 짠 다음 반죽의 가장자리 양쪽 면을 잡아당겨 봉합한다.

❹ 이음매는 평철판의 바닥으로 향하게 하여 한 팬에 8개씩 놓는다.

6. 2차 발효 : 38°C~40°C, 75%, 20분

> **TIP 2차 발효시간을 20분만 하는 이유**
>
> **1**_제빵개량제가 들어가지 않으면서 드라이이스트가 1.5%가 들어간다면 기본 50분 이상 2차 발효를 진행해야 한다. 그렇지만 여기서는 20분만 진행하는데 그 이유는 완제품의 형태를 유지할 수 있도록 하기 위함이다. 왜냐하면 제품의 형태를 무너뜨릴 수 있는 수분이 많은 충전물을 반죽 속에 넣기 때문이다. 2차 발효시간이 길어질수록 반죽의 숙성에 의한 글루텐 조직이 흩어지고 분리되는 과정이 일어난다. 그러므로 2차 발효시간을 일반적인 빵처럼 가져간 후 오븐에서 설정한 시간만큼 구우면, 완제품의 모양이 처진 상태로 나온다.
>
> **2**_2차 발효의 가장 중요한 목적은 정형공정을 거치면서 가스가 빠진 반죽을 다시 그물구조로 부풀려 원하는 크기로 만드는 것이다. 그래서 뽀빠이 빵은 2차 발효를 20분으로 짧게 유지한다.

7. 굽기 : 윗불 190°C / 아랫불 210°C, 스팀을 5초 정도 분사한 후 12분 굽는다.

> **TIP**
>
> **1**_빵의 착색이 너무 진하게 들지 않도록 주의한다. 업장에 있는 오븐에 상태에 따라 굽는 시간은 약간 달라질 수도 있다.

충전물 만들기

1_시금치는 줄기를 제거하고 이파리만 사용한다.

2_평철판에 백 노루지 2장을 깔고 그 위에 베이컨 12장을 올려놓고 180°C 이상의 온도에서 4분간 굽는다.

3_에멘탈치즈 크림 스프레드는 기성 제품을 사용한다.

밀크스틱 브레드

MILKSTICK BREAD

오스트리아의 비에노아즈리, 특히 밀크스틱 브레드는 제과와 제빵의 경계를 허무는 독특한 매력을 지닌다. 비에노아즈리라는 단어는 '비엔나에서 온 빵'을 의미하지만, 이는 단순히 전통적인 빵을 넘어서 부드러운 식감과 풍부한 맛을 제공하는 특별한 빵이다.

밀크스틱 브레드는 이스트와 함께 버터, 달걀, 크림이 풍부하게 들어간다. 이러한 재료들은 빵에 달콤한 맛과 부드러운 식감을 더하며, 일반적인 빵과는 차별화된 풍미를 만들어낸다. 특히, 고품질의 버터와 신선한 크림은 빵의 맛을 결정짓는 중요한 요소로, 빵을 구울 때 퍼지는 고소한 향기를 통해 그 매력을 발산한다.

밀크스틱 브레드의 식감을 결정짓는 핵심은 믹싱과 발효 과정이다. 믹싱 과정에서는 반죽의 글루텐 형성과 버터의 균일한 분포가 중요하다. 이는 반죽을 부드럽게 하고, 빵의 식감을 결정한다. 발효는 반죽이 두 배로 부풀었을 때 이상적이며, 이는 내부에 부드럽고 촉촉한 기공을 형성하게 한다. 이러한 섬세한 과정들은 제과와 제빵의 중간 식감을 만드는 중요한 요소다.

완성된 밀크스틱 브레드는 겉은 바삭하면서 속은 부드러운 이중적인 매력을 지닌다. 버터와 크림이 빚어낸 촉촉하고 부드러운 식감은 다른 빵에서 쉽게 느낄 수 없는 특별함이다. 이러한 매력은 비에노아즈리의 진정한 본질을 보여주며, 밀크스틱 브레드는 이 특성을 가장 잘 표현하는 예라 할 수 있다.

밀크스틱 브레드는 제과와 제빵의 경계를 넘나들며 창조한 특별한 작품이다. 그 섬세한 제조 과정과 재료의 조화로 우리는 단순한 빵을 넘어선 풍부한 맛과 식감을 경험할 수 있다.

01_Formula | 32개 분량

빵 반죽

강력분	1,000g
소금	20g
설탕	60g
탈지분유	50g
물	560g
우유	200g
우유 버터	50g
드라이이스트	15g

충전물

우유 버터	360g
연유	160g
설탕	120g

Process

믹싱	1차 발효	분할	중간 발효	성형	2차 발효	굽기	구운 후
최종단계, 반죽온도 27°C	7°C, 70%, 20분	60g	15분	긴 스틱 모양	35°C, 80%, 25분	윗불 220°C / 아랫불 200°C, 7분	충전물 충전

1-a

1-b

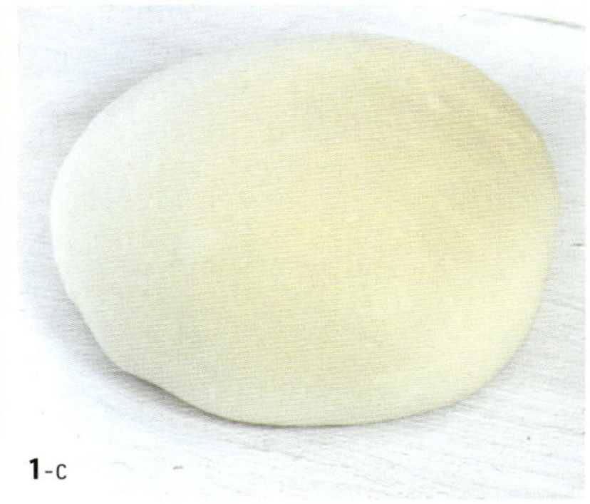

1-c

1. 믹싱 : 최종단계(100%), 반죽온도 27°C

❶ 중속 7분 ⇒ 고속 1분 ⇒ 버터 투입 후 중속 5분 믹싱한다.

❷ 밀가루 ⇒ 소금, 설탕, 분유 ⇒ 액체재료 순으로 믹서볼에 넣는다.

❸ 드라이이스트는 물에 풀어 액체재료와 함께 투입한다.

❹ 중속 7분 믹싱 후에 반죽을 만져보고 글루텐 막이 얇게 생기면 고속으로 1분간 믹싱한다.

❺ [과정❹]에 버터를 넣고 중속으로 5분간 믹싱한다.

2. 1차 발효 : 27°C, 70~75%, 20분

CHEF'S NOTE ───────────────────────────────────────

발효 중 반죽에 일어나는 물리·생화학적 숙성의 변화과정

1 _프로테아제가 단백질을 분해하고 글루텐을 연화시켜 반죽의 신장성을 증가시킨다.

2 _반죽의 pH는 발효가 진행됨에 따라 생성된 유기산과 첨가된 무기산의 영향으로 pH 4.8정도까지 떨어진다. pH
의 이러한 하강은 전분의 수화와 팽윤, 효소의 작용 속도, 반죽의 산화·환원과정을 포함하는 여러 가지 화학반응
에 영향을 미치게 된다.

3 _설탕의 사용량이 5%를 초과하거나 소금의 사용량이 1%를 넘으면 삼투압 작용으로 이스트의 활력을 방해하여
이스트가 반죽에서 일으키는 생화학적 작용을 저하시킨다.

4 _전분은 아밀라아제에 의해 맥아당으로 변환되고 맥아당은 말타아제에 의해 2개의 포도당으로 변환된다. 이로 인
해 반죽 내 수분량이 증가하는데 이 물은 글루텐에 의하여 흡수된다.

5 _$C_6H_{12}O_6$(포도당, 과당)은 치마아제에 의해 $2CO_2$(이산화탄소) + $2C_2H_5OH$(에틸알코올) +57cal(에너지, kcal)
등을 생성한다. 에너지의 생성은 반죽온도를 지속적으로 올라가게 한다.

6 _설탕은 인베르타아제(슈크라아제)에 의해 포도당 + 과당으로 가수분해된다.

7 _유당은 이스트의 먹이로 사용되지 않으므로 잔당으로 남아 캐러멜화 반응을 일으킨다.

3. 분할 : 60g ⇒ 둥글리기

1_가스를 보유하는 큰 기포는 소포시키고 작은 기포는 균일하게 분산하여 반죽의 기공을 고르게 조절한다. 이때 만들어지는 기공의 상태는 완제품의 조직과 내상에 영향을 미친다.

2_글루텐의 구조와 방향을 재정돈시켜 가스를 보유할 수 있는 반죽구조를 만들어준다.

3_반죽의 절단면은 점착성을 가지므로 절단면을 반죽 속으로 들어가게 하고 표면에 막을 만들어 점착성을 적게 한다.

4_분할로 흐트러진 글루텐의 구조와 방향을 정돈시켜 성형하기 적절한 상태로 만든다.

4. 중간 발효 : 26°C의 실온에서 15분간 벤치타임을 진행한다.

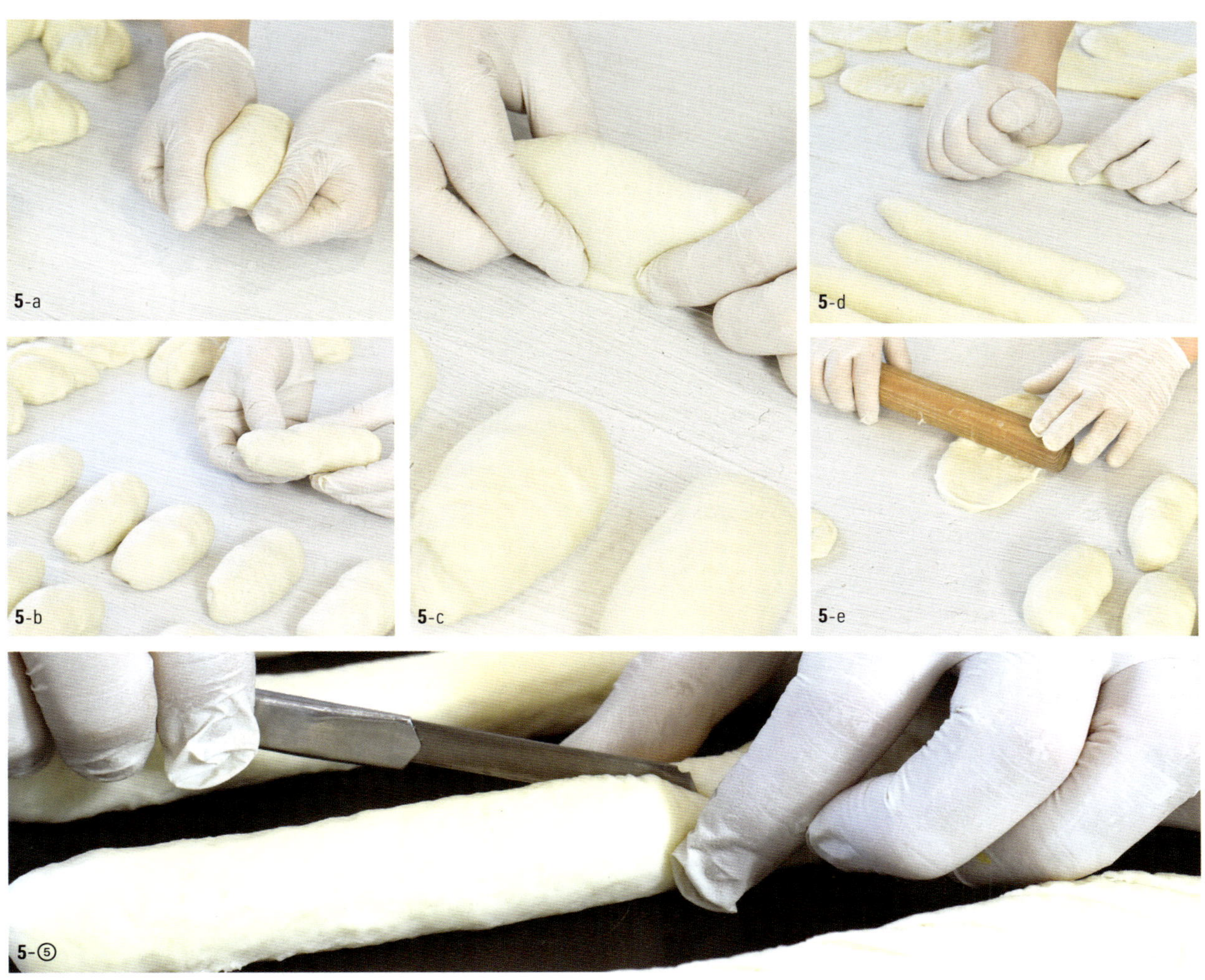

5. 성형 :

❶ 발효된 반죽을 3절 접는다.

❷ 접은 후 양손으로 위에서 아래로 3~4번에 걸쳐 말기를 한다.

❸ 말은 반죽을 길이 18~20cm의 긴 스틱 모양으로 늘린다.

❹ 늘린 반죽을 10~12개 정도 평철판에 놓는다.

❺ 그 위에 길게 일직선으로 칼집을 내준다.

6. 2차 발효 : 35°C, 80%, 25분

7. 굽기 전 : 달걀 물을 바른다.

8. 굽기 : 윗불 220°C / 아랫불 200°C로 7분간 굽는다.

TIP

1_완제품 빵의 겉면 착색 정도를 보면서 굽는 시간을 조절한다.

9. 구운 후 : 완제품을 냉각한 후 충전물을 충전한다.

❶ 구워진 밀크스틱의 가운데를 빵칼로 잘라준다.

❷ 가운데 잘라준 빵 안에 크림을 20g 정도 짠다. 크림을 짠 후 총중량은 75g이 된다.

❸ 완성된 빵 윗면에 오레오 쿠키를 올려 장식한다.

TIP

1_크림 위에 오레오 쿠키나 다른 재료를 첨가하여 여러 가지 맛으로 응용이 가능하다.

2_크림 위에 딸기 등 여러 가지 과일 등으로 다양한 데커레이션을 할 수도 있다.

3_연유 버터크림의 전체 중량에 2% 정도 말차 가루를 넣으면 말차 버터크림이 된다.

1_핸드믹서로 설탕을 미리 갈아 놓는다.

> TIP **설탕을 핸드믹서로 갈아 사용하는 이유**
> **1**_버터에 설탕을 넣고 오랫동안 돌려도 설탕 입자는 녹지 않고 남아 식감이 좋지 않다. 그래서 핸드믹서로 갈아서 넣는다.
> **2**_다른 응용 방법은 100% 슈거파우더를 사용하는 것이다. 그러나 일반 슈거파우더에는 5%의 전분이 들어 있기 때문에 사용하면 약간 텁텁한 맛이 난다.

2_우유 버터와 설탕을 비터로 설탕 입자가 느껴지지 않게 섞어준다.

3_[과정2]에 연유를 넣고 섞어 연유 버터크림을 완성한다.

4_모양 깍지를 끼우지 않은 비닐 짤주머니에 완성된 크림을 담는다.

누드 단팥 찹쌀떡 빵

NUDE RED BEAN STICKY RICE CAKE BREAD

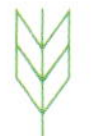

'누드 단팥 찹쌀떡 빵'은 전통적인 찹쌀떡과 현대적인 빵의 조화를 이룬 독특한 제품이다. 이 빵은 쫄깃한 찹쌀떡이 부드러운 빵 속에 숨어 있어, 자를 때 마치 모차렐라 치즈처럼 늘어나는 찹쌀떡의 모습을 제공한다. 이러한 시각적 효과와 함께 쫄깃하고 부드러운 질감의 조합은 새로운 미각 경험을 선사한다.

찹쌀떡은 쫄깃한 식감과 달콤한 맛으로 한국의 전통 간식으로 잘 알려져 있으며, 이 빵은 찹쌀떡을 빵과 결합하여 그 맛과 질감을 동시에 즐길 수 있도록 설계했다. 빵을 자르면 나타나는 찹쌀떡은 시각적 재미를 더하며, 이는 소비자에게 예기치 못한 즐거움을 제공한다.

이 빵을 만들 때는 찹쌀떡의 쫄깃한 질감과 빵의 부드러운 식감을 동시에 유지하면서도 빵의 형태가 무너지지 않도록 하는 것이 중요하다.

반죽은 1차 발효 공정과 연동되며, 이 과정에서 반죽의 발전 상태를 조정하여 소화와 흡수율을 높이는 대신, 질감과 형태의 안정성에 중점을 둔다. 반죽을 성형할 때는 충분한 양의 단팥과 찹쌀떡을 반죽에 넣는다. 이는 제품의 중심부에 위치하여 자를 때 그 모습이 잘 드러나도록 한다. 2차 발효 요인들을 세심하게 조절하여 빵의 부드러운 질감과 안정적인 형태를 만든다. 이러한 과정은 일반적인 제빵 방식과는 다른 접근법이다. 마지막으로, 반죽을 굽는 공정에서는 빵과 찹쌀떡의 질감이 조화를 이루도록 착색을 유도한다.

이 빵은 전통과 현대의 조화로서 제빵의 새로운 가능성을 보여주며, 소비자에게는 색다른 미각 경험을 제공한다. 이를 통해 '누드 단팥 찹쌀떡 빵'은 단순한 빵을 넘어 창의적인 제빵의 결과물이다.

01_Formula | 32개 분량

빵 반죽	
강력분	1,000g
소금	20g
설탕	60g
탈지분유	50g
우유	200g
드라이이스트	15g
물	560g
우유 버터	50g

충전용 재료	
팥배기	640g
고운 앙금	800g
찹쌀떡	960~1,440g

Process

믹싱	1차 발효	분할	중간 발효	성형	2차 발효	굽기 전	굽기
최종단계, 반죽온도 27°C	27°C, 70~75%, 20분	60g	26°C, 15분	고운 앙금, 팥배기 포앙 후 찹쌀떡 포앙	32~35°C, 75%, 20분	밀가루 뿌리기	윗불 190°C / 아랫불 210°C, 스팀 5초 후 8분

02_**How to make**

1. **믹싱** : 최종단계(100%), 반죽온도 27°C

❶ 중속 7분 ➡ 고속 1분 ➡ 버터 투입 후 중속 5분 믹싱한다.

❷ 밀가루 ➡ 소금, 설탕, 분유 ➡ 액체재료 순으로 믹서볼에 넣는다.

❸ 드라이이스트는 물에 풀어 액체재료와 함께 투입한다.

CHEF'S NOTE

1_이스트의 특징

㉠ 제빵 시 사용하는 천연팽창제인 이스트는 효모라고도 한다. 식품공전에서는 이스트를 천연팽창제라고 정의한다.

㉡ 엽록소가 없어 광합성을 하지 못하고 섬유상 구조를 갖는 운동기관인 편모가 없어 운동성이 없는 단세포 식물이다. 이스트가 식물이기 때문에 배양 효모를 배양할 때 질소, 인산, 칼륨 등이 무기산과 화합물 형태로 존재하는 물질을 넣는다.

㉢ 이스트는 반죽 내에서 발효하여 탄산가스(이산화탄소)와 에틸알코올, 유기산을 생성한다.

㉣ 이 3가지 발효대사산물은 반죽을 팽창·숙성시키고 빵에 향미성분을 부여한다.

㉤ 제빵용 이스트는 맥주효모(Ale Yeast)로 학명은 Saccharomyces Cerevisiae(사카로미세스 세레비시아)이다. 요즘 많은 회사에서 이스트를 특허등록을 하는데 이는 전부 Cerevisiae의 아종(亞種)일 뿐이다.

㉥ 아종(亞種)은 종(種)으로 독립할 만큼 다르지는 않지만 변종으로 하기에는 서로 다른 점이 많고 사는 곳이 차이 나는, 한 무리의 생물에 쓴다.

2_생이스트와 드라이이스트의 차이

생이스트와 드라이이스트와의 차이는 종의 종류의 차이가 아니라 이스트 체내에 함유된 수분함유량에 따른 분류일 뿐이다. 생이스트의 체내 수분함유량은 70~75%이고, 드라이이스트의 체내 수분함유량은 7.5~9%이다.

---

❹ 중속 7분 믹싱 후에 반죽을 만져보고 글루텐 막이 얇게 생기면 고속으로 1분간 믹싱한다.

❺ [과정❹]에 버터를 넣고 중속으로 5분간 믹싱한다.

3-a   3-b

4

2. 1차 발효 : 27°C, 70~75%, 20분

 1차 발효시간을 20분만 하는 이유

1_제빵개량제가 들어가지 않으면서 드라이이스트가 1.5%가 들어간다면 기본 90분 이상 1차 발효를 진행해야 한다. 그렇지만 여기서는 20분만 진행하는 이유는 완제품의 질감을 부드럽게 만들고 싶기 때문이다. 1차 발효시간이 길어질수록 반죽의 숙성에 의한 글루텐 조직이 흩어지고 분리되는 과정이 일어난다. 그러므로 1차 발효시간을 일반적인 빵처럼 가져간 후 오븐에서 설정한 시간만큼 구우면, 완제품의 모양이 처진 상태로 나온다.

2_누드 단팥 찹쌀떡 빵은 완제품의 질감을 최대한 부드럽게 만들 목적으로 발효시간을 20분로 짧게 유지한다.

3. 분할 : 60g ⇒ 둥글리기

4. 중간 발효 : 26°C의 실온에서 15분간 벤치타임을 진행한다.

 중간 발효 공정관리

1_중간 발효실 혹은 실온의 온도 26~28°C, 상대습도 75% 전후, 시간 10~20분이며, 반죽의 부피팽창 정도는 1.5배이다.

2_중간 발효실의 온도와 습도의 조건과 작업실의 온도와 습도의 조건은 같다.

3_중간 발효온도가 너무 높거나 낮으면 반죽 내부와 외부에 발효의 편차가 발생한다.

4_발효습도가 너무 낮게 되면 껍질이 형성되어 빵 속에 단단한 심이 생성되고, 습도가 너무 높게 되면 표피가 너무 끈적거리게 되어 덧가루 사용량이 많아져 빵 속에 줄무늬가 생긴다.

5_발효시간이 너무 길면 정형 시 일부 반죽에서 과발효가 발생하고 너무 짧으면 정형하기가 어렵다.

5. 성형 :

❶ 발효한 반죽을 살짝 누른 다음 앙금주걱(해라)을 이용하여 고운 앙금 25g, 팥배기 20g을 포앙한다.

❷ 충전물을 넣고 봉합한 다음 20분간 벤치타임을 진행한다.

❸ 20분 지난 후 발효된 반죽을 살짝 눌러서 15g 정도의 누드 찹쌀떡을 2~3개씩 넣는다.

❹ 평철판에 8개씩 패닝한다.

(TIP)

  1_발효된 반죽 속에 팥소와 찹쌀떡을 순서대로 2번 감싼다고 생각하면 된다.
  2_오븐에서 구운 완성된 빵의 단면을 자르면 2중으로 얇은 층이 형성되는 빵이다.

6. 2차 발효 : 32~35°C, 75%, 20분

(TIP) **2차 발효시간을 20분만 하는 이유**

  1_제빵개량제가 들어가지 않으면서 드라이이스트가 1.5%가 들어간다면 기본 50분 이상 2차 발효를 진행해야 한다. 그렇지만 여기서는 20분만 진행하는데 그 이유는 완제품의 형태를 유지할 수 있도록 하기 위함이다. 왜냐하면 제품의 형태를 무너뜨리는 요소인 많은 팥소와 찹쌀떡을 반죽 속에 포앙하기 때문이다. 2차 발효시간이 길어질수록 반죽의 숙성에 의한 글루텐 조직이 흩어지고 분리되는 과정이 일어난다. 그러므로 2차 발효시간을 일반적인 빵처럼 가져간 후 오븐에서 설정한 시간만큼 구우면, 완제품의 모양이 처진 상태로 나온다.
  2_2차 발효의 가장 중요한 목적은 정형공정을 거치면서 가스가 빠진 반죽을 다시 그물구조로 부풀려 원하는 크기로 만드는 것이다. 그래서 누드 단팥 찹쌀떡 빵은 2차 발효를 20분으로 짧게 유지한다.

7. 굽기 전 : 빵 윗면에 체를 사용해 고운 밀가루를 살짝 뿌린다.

8. 굽기 : 윗불 190°C / 아랫불 210°C, 스팀을 5초 정도 분사한 후 8분 굽는다.

TIP

1_빵 윗면 색이 옅게 착색되도록 유도한다.

1_고운 앙금과 팥배기는 대두식품 혹은 서울식품의 기존 기성품을 사용한다.

2_찹쌀떡은 습식 찹쌀가루로 직접 만든 찹쌀떡을 사용하거나 혹은 떡집에서 콩고물이 없는 찹쌀 인절미 떡을 잘라서 사용한다.

3_시중에 나와있는 팥 앙금이 들어간 찹쌀떡을 사용해도 되지만, 너무 달 수 있으므로 팥 앙금이 들어있는 팥 앙금 사용 시에는 충전물인 팥 양을 줄여서 당도를 맞춘다.

Chef's Secret Recipe
누드 찹쌀떡

요즘 많은 제과장들이 발효의 목적을 건강의 관점에서
반죽의 숙성을 완료점으로 설정하고 있다. 그래서 다
양한 사전 반죽을 만들어 본 반죽에 첨가할 뿐만 아니
라 본 반죽을 저온 장시간 숙성을 시키고 있다. 그러다
보니 빵의 질감과 식감이라는 관점에서 확연한 차이를
만들지 못하고 있다. 그래서 3가지 제품을 제조하는
과정에서 소비자들에게 보다 다양한 빵의 질감과 식감
을 느낄 수 있도록 제조공정에 변화를 주었다. 예를 들
면 믹싱공정 시 믹싱의 포인트와 발효공정 시 발효의
포인트에 변화를 주어 색다른 질감과 식감을 표현하는 제법을 소개한다.

▸▸ How to make

본문에서는 기성품의 찹쌀떡을 사용하여 누드 단팥 찹쌀떡 빵을 제조하는 방법을 소개한다. 그런
데 혹여 직접 누드 찹쌀떡을 만들고자 하는 독자가 있을까 싶어 젊었을 때 한참 만들던 레시피를
소개한다.

❶ 습식 찹쌀가루 500g, 끓인 물 1,000cc, 흰자 30g, 설탕 80g, 소금 5g 등을 준비한다. 그런데 습식 찹쌀
　가루가 수분을 머금은 정도에 따라 끓인 물 사용량이 조금씩 다를 수가 있다.

❷ 믹서볼에 습식 찹쌀가루와 끓인 물을 붓고 훅이나 비터로 돌려 반죽을 뭉친다.

❸ 뭉친 반죽을 평철판에 몇 덩어리씩 나누고 가래떡 형태로 만든 후 일정한 크기로 자른다. 이렇게 자르면
　골고루 잘 익힐 수 있다.

❹ 자른 반죽을 끓는 물에 삶거나 혹은 찜기에 찐다.

❺ 잘 익은 찹쌀 반죽을 믹서볼에 넣고 훅이나 비터로 1단으로 돌린다.

❻ 돌리기 전에 흰자 30g, 설탕 80g으로 머랭을 만들어 놓는다.

❼ 찐 반죽을 믹서로 돌린 후 소금을 넣고 돌리면서 머랭을 3회에 나누어 넣는다.

❽ 찹쌀떡 반죽이 완성이 되면 평철판에 전분을 뿌려주고 그 위에 잘 섞인 찹쌀떡 반죽을 올린 다음 15g씩
　나누어서 필요로 할 때마다 꺼내어 사용한다.

TIP

1_만든 찹쌀떡은 냉동실에 2주 정도 보관이 가능하다.

2_만약 2주 이상 지나면 찹쌀떡의 전분 결정체가 푸석해진다.

3_시중에서 판매되는 찹쌀떡에는 개량제가 들어있어 오랫동안 부드러운 상태가 유지된다.

CHEF'S BREAD & DESSERT

● Chef's **Profile**

현) 이진상회 총괄 기술상무
대한민국 제과기능장
베이커리 위생관리사
농산식품 가공기능사

**이순기 기술상무
이진상회**

● Bakery **Know-how**

매장에 진열된 빵을 여자 친구로 생각해 보세요. 사랑하는 여자 친구가 지인들에게 예쁘게 보여지질 바라듯이 빵 하나하나에 관심과 정성을 다한다면 고객들 또한 내 빵을 예쁘게 봐주실 것입니다. 그리고 매장은 내 여자 친구와 함께 있을 곳이라 생각해 보세요. 이런 마음으로 깨끗하게 청소하고 꾸민다면, 우리 매장은 동네 사랑방처럼 항상 찾고 싶은 그런 곳이 되지 않을까요? 이렇듯 항상 초심을 잃지 않고 여자 친구를 상대하듯이 매장과 빵을 관리하고 고객 한분 한분을 응대한다면, 분명히 고객의 사랑을 받을 수 있을 것입니다.

레몬 위크엔드 스틱
LEMON WEEKEND STICK

레몬 위크엔드 스틱은 레몬 위크앤드 케이크의 컨셉에 마들렌 제조법 중에서도 1단계 변형법을 적용한 제품이다. 레몬 위크엔드 케이크의 컨셉이란 일주일의 피로를 잊게 하고 주말을 맞이하게 해주는 휴식과 같은 케이크란 의미이다. 1단계 변형법을 적용하여 만드는 제품에는 마들렌과 휘낭시에가 대표적이고, 이 제품들이 진화한 후리언이라는 제품도 있다. 이 제품들 중에서 위크엔드 스틱은 후리언 반죽으로 만든다. 모양은 막대기를 형상화했기에 스틱이라는 이름을 제품에 명명했다. 제품의 이름이 제품의 모양에서 유래한 예에는 조개 모양의 마들렌, 금괴 모양의 휘낭시에, 눈사람 모양의 후리언 등이 있다. 후리언은 브리오슈 아 테트(Brioche à tête)를 만드는 틀을 사용하여 만든다.

01_Formula | 30개 분량

반죽	
버터	260g
분당	225g
설탕	225g
박력분	210g
구운 아몬드분말	180g
베이킹파우더	8g
물엿	25g
트리몰린	25g
흰자	500g
레몬 제스트	20g

Process

버터	>	반죽	>	반죽 얹기	>	굽기	>	마무리
헤이즐넛 버터 제조		레몬 위크엔드 스틱 반죽 제조		반죽을 짤주머니에 담아 휘낭시에 틀에 짜기		윗불 180℃ / 아랫불 180℃, 15분		혼당 바르고 레몬 제스트 뿌리기

1. 동 냄비에 버터를 넣고 천천히 저으며 갈색으로 태운다.

2. 태운 버터의 불순물은 걸러주고 30℃까지 온도를 낮춘다.

CHEF'S NOTE

버터를 태우는 이유

1_프랑스어로는 뵈르 누아제트(Beurre Noisette)라고도 하는데, 단순히 버터를 가열하면 된다고 생각하면서 공정자체를 간단하게 생각할 수도 있지만, 버터를 태우면서 상태 변화를 섬세하게 느낄 수 있어야 제품의 퀄리티를 높일 수가 있다. 태움 버터에서 느낄 수 있는 특유의 진한 향기는 단백질과 당이 직접적으로 열을 받아서 나오는 메일라드 반응과 캐러멜 반응 두 가지 화학적 반응에서 나온다.

2_버터를 태울 때 저으면서 태우면 가라앉는 불순물을 줄일 수 있다.

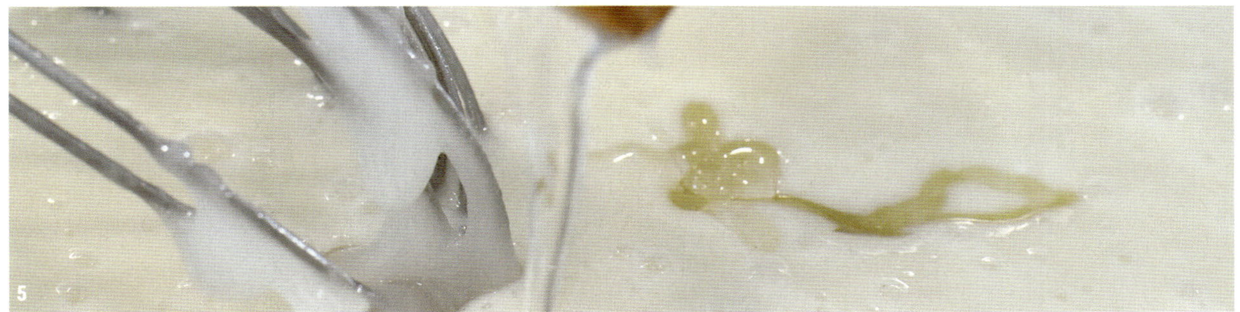

3. 흰자에 설탕과 분당을 넣고 휘퍼로 섞은 후 30분 정도 휴지한다.

TIP

1_설탕의 입자가 혼합된 흰자에 잘 녹아들 수 있도록 휘퍼로 섞은 뒤 높은 온도로 태운 버터를 식히는 동안 휴지를 진행한다면 작업이 효율적으로 이루어질 수 있다.

4. 균일하게 혼합한 박력분과 베이킹파우더를 체에 쳐서 넣고 가볍게 섞는다.

5. 트리몰린, 물엿을 넣고 균일하게 섞는다.

TIP

1_트리몰린과 물엿을 넣는 이유는 반죽이 구워져 나왔을 때 촉촉함을 유지하기 위함이다.

2_트리몰린은 제품의 촉촉한 질감과 보존성을 향상시키는 역할을 하며 설탕보다 약 1.3배 정도 더 단맛을 낸다. 감미도가 상대적으로 낮은 물엿의 일부를 트리몰린으로 대체하여 제품의 보수성과 당도를 맞춰주었다.

CHEF'S NOTE

전화당의 특징

1_자당(설탕)을 산이나 효소로 가수분해하여 같은 양의 포도당과 과당이 생성된 등분자 혼합물이다.

2_비선광도가 우선성에서 좌선성으로 변화하므로 전화당(Invert Sugar)이란 이름이 붙었다.

3_전화당은 단당류의 단순한 혼합물이므로 갈색화반응이 빨라 껍질색의 형성을 빠르게 한다.

4_전화당은 설탕의 1.3배 감미도(130)를 갖고 있으며, 제품에 신선한 향을 부여한다.

5_전화당은 흡습성이 강하여 시럽의 형태로 존재하기 때문에 고체당으로 만들기 어렵다.

6_설탕에 소량의 전화당을 혼합하면 설탕의 용해도를 높일 수 있다.

7_설탕의 양을 기준으로 10~15%의 전화당 사용 시 제과의 설탕 결정석출이 방지되는 효과를 얻을 수 있다.

8_제과제빵 재료에서는 전화당을 트리몰린(Trimolin)이라고 한다.

9_전화당은 쿠키의 광택과 촉감을 위해 사용하고 흡습성이 강해서 제품의 보존기간을 지속시킬 수 있다.

10_아이싱의 일종인 퐁당 크림을 부드럽게 하고 수분 보유력을 높이기 위해 설탕의 일부분을 전화당 시럽 혹은 물엿으로 대체하여 첨가한다.

6. 구운 아몬드분말을 넣고 섞는다.

TIP

1_아몬드를 구워서 빻아서 가루를 내서 사용하게 되면 고소한 풍미가 더 깊어져서 제품의 퀄리티를 높여준다.

2_아몬드를 구울 때는 170°C 온도의 컨벡션 오븐에서 5~7분 정도 뒤집으며 섞어주면서 구워준다.

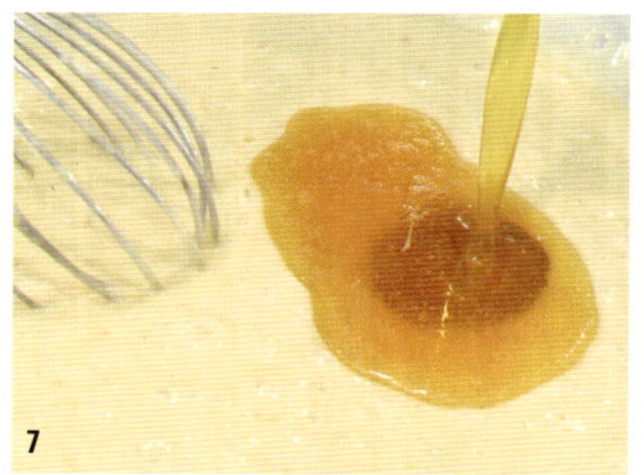 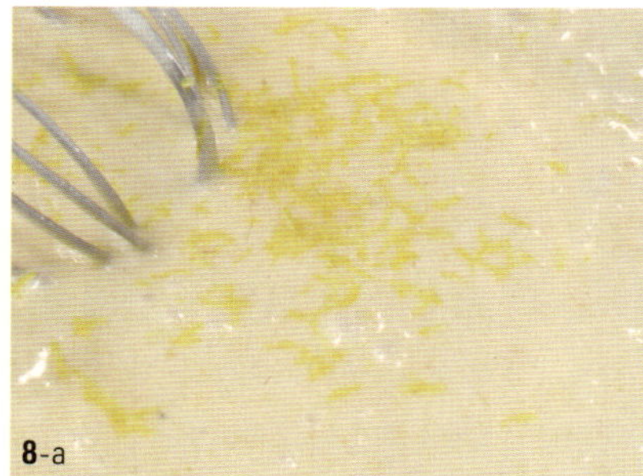 

7. 식힌 태운 버터를 넣고 섞는다.

8. 레몬의 향을 살리기 위해 마지막에 레몬 제스트를 넣고 섞어주며 반죽을 마무리한다.

9. 완성된 반죽을 비닐 짤주머니에 담아서 틀에 넣는다.

10. 윗불 180°C / 아랫불 180°C 오븐온도에서 15분 정도 굽는다.

11. 구워져 나온 제품에 녹인 혼당을 바르고 레몬 제스트를 뿌려 마무리한다.

CHEF'S NOTE

굽기(Baking)에 대한 정의, 목적, 작동원리

1_굽기의 정의

굽기란 과자 반죽의 윗면은 복사(방사), 밑면은 전도, 옆면은 대류 등의 방식으로 열을 가하여 익혀주고 색을 내는 것을 굽기라고 한다.

2_굽기의 이유

굽기 시 반죽에 열이 가해져 온도가 상승하면 전분의 호화, 단백질의 응고, 공기의 팽창, 수증기압 증가, 갈변반응 등이 일어난다.

3_반죽에 열이 가해지는 작동원리

㉠ 복사열 : 가열된 오븐의 측면 및 윗면으로부터 방사되는 적외선이 반죽에 흡수되어 열로 변환된 후 반죽을 가열하는 것을 가리킨다. 복사열을 주체로 한 오븐이 데크 오븐이다.

㉡ 대류열 : 가열된 오븐에 의해 뜨거워진 공기가 팽창하여 순환하면서 반죽을 가열하는 것을 가리킨다. 대류열을 주체로 한 오븐이 컨벡션 오븐이다.

㉢ 전도열 : 가열된 오븐에 팬이 직접 닿음으로써 열이 전달되어 반죽을 가열하는 것을 가리킨다. 데크 오븐을 기준으로 보면, 전도열에 의한 반죽의 익힘은 극히 적으며 대부분의 열 전달은 복사에 의한 것이고 그 다음이 대류에 의한 것이다. 전도열은 반죽에 열을 직접 전달하여 반죽 속에서 공기의 팽창과 수증기압 증가를 가져와 반죽의 오븐 팽창을 유도한다. 전도열을 주체로 한 오븐은 하스 브레드 전용 오븐이다.

4_굽기온도를 설정하는 방법

㉠ 고율배합, 다량의 반죽, 팬에 담은 반죽의 두께가 두꺼울 때는 낮은 온도에서 장시간 굽는다.

㉡ 저율배합, 소량의 반죽, 팬에 담은 반죽의 두께가 얇을 때는 높은 온도에서 단시간 굽는다.

5_굽기온도가 부적당하여 발생하는 현상

㉠ 오버 베이킹(Over Baking) : 너무 낮은 온도에서 오래 구워 윗면이 평평하고 조직이 부드러우나 수분의 손실이 크다. 그래서 굽기 후 완제품의 노화가 빨리 진행된다.

㉡ 언더 베이킹(Under Baking) : 너무 높은 온도에서 짧게 구워 윗면의 중심부분이 부풀어 오르면서 갈라지고 설익는다. 그래서 굽기 후 완제품의 조직은 거칠며 주저앉기 쉽다.

오렌지 컵 케이크

ORANGE CUPCAKE

 이 제품은 기능성 식품을 컨셉으로 만들었다. 요즘 소비자들 중에는 밀가루에 함유된 단백질이 만드는 글루텐으로 인해서 소화에 불편함을 느끼거나 심한 경우에는 알레르기성 질환을 겪고 있다. 이 알레르기성 질환을 셀리악병(Celiac Disease)이라고 한다. 이 병은 일명 글루텐 민감 창자병증으로, 장내 영양분 흡수를 저해하는 글루텐에 대한 감수성이 증가하여 나타나는 질환이다. 이 질환에 대한 감수성의 경중은 있겠 지만, 이런 분들은 밀글루텐이 전혀 첨가되어 있지 않은 100% 국내산 건식 쌀가루로 만든 박력분을 사용하여 제조하는 제품이 좋다. 이러한 의도를 바탕으로 오렌지 컵 케이크를 소개한다.

01_**Formula** | 큰 틀 **4**개, 작은 틀 **11**개 분량

반죽

노른자	460g
바닐라 빈	1g
설탕A	230g
흰자	1,040g
소금	9g
설탕B	310g
박력쌀가루	600g
베이킹파우더	9g
식용유	360g
오렌지주스	200g
우유	400g
오렌지 제스트	2개 분량

Process

반죽	>	패닝	>	굽기
오렌지 컵 케이크 반죽 제조		짤주머니로 반죽을 틀 부피의 80% 패닝		컨벡션 오븐 165℃, 20분

1. 오렌지주스와 우유를 중탕하여 50°C로 맞추어 놓는다.

2. 식용유를 따로 50°C로 중탕해 놓는다.

3. 믹서볼에 노른자를 붓고 그 다음에 바닐라 빈과 설탕A를 넣고 100%로 믹싱한 후 [과정1]을
천천히 부으면서 섞어준다.

TIP

1_중탕으로 따뜻하게 데운 오렌지주스와 우유를 휘핑한 노른자+설탕과 혼합할 경우 노른자를 직접 중탕하는 것보
다 안정적이고 균일하게 탄탄한 볼륨을 형성한다.

2_초반에는 고속으로 휘핑을 지속하며 반죽의 볼륨감이 커지고 아이보리색을 띠게 되었을 때 저속으로 3~4분 거
친 기포를 정리해주어 부드러운 식감이 형성되도록 한다.

4-a

5

4-b

4. 중탕해 놓은 식용유에 [과정3]의 노른자 반죽 일부를 덜어서 넣고 애벌반죽을 만든 다음 [과정3]에 다시 붓고 가볍게 섞는다.

(TIP)

1_식용유를 중탕하여 온도를 약 50°C로 올릴 경우 수분감이 많은 반죽에서 유화가 더욱 잘 될 수 있다. 단, 애벌 섞기 과정은 반드시 빼먹지 않고 진행해야 미처 섞이지 못한 부분을 최소화할 수 있고 완성된 제품의 볼륨이 부피감 있게 나올 수 있다.

5. [과정4]에 오렌지 제스트, 체에 친 박력쌀가루, 베이킹파우더 등의 재료를 넣고 섞어준다.

(TIP)

1_한 번에 모든 재료를 동시에 넣고 섞게 되면 가루재료를 섞을 때 덩어리가 지게 되므로 이질적 성질을 갖고 있는 액체재료를 시간차를 두면서 나눠 섞는다.

6-a

6-b

6-c

7-a

7-b

8

6. 흰자에 소금을 넣고 거품을 올리면서 설탕을 3번에 나누어 투입하며 70~80% 상태의 머랭을
만든다.

1_흰자의 거품을 일어나는 성질인 기포성의 원리

ㄱ 흰자를 거품기로 휘저어서 서서히 공기를 혼입시키면 처음에는 크고 거친 거품이 생기지만 그 거품은 서서히
작아지게 되고 단단한 광택이 있는 거품으로 변해간다.

ㄴ 흰자를 휘핑했을 때 꼿꼿한 머랭 모양으로 거품이 일어나는 것은 흰자 안에 함유되어 있는 '오브알부민'이라
는 단백질이 거품을 일으키는 성질, 즉 기포성(起泡性)과 공기변성(空氣變性)이라는 성질이 있기 때문이다.

2_흰자의 기포성, 안정성과 설탕의 효과

ㄱ 흰자는 그 자체만으로도 거품을 일으킬 수 있지만 제과에 있어서는 보통 설탕을 넣어서 기공이 미세하고, 광
택이 나며, 튼튼한 머랭으로 만든다.

ㄴ 설탕은 물을 빨아들이는 힘이 강하고, 만들어진 거품의 안정성을 좋게 하는 효과를 갖고 있다.

ㄷ 설탕은 흰자가 공기변성을 일으켜서 막상(膜狀)으로 굳어지는 것을 억제한다.

ㄹ 믹서볼에 흰자와 함께 처음부터 설탕을 넣고 휘핑하면 쉽게 기포의 막이 형성되지 않는다.

ㅁ 보통 흰자를 손으로 거품을 올릴 때에는 먼저 흰자만을 스테인리스 볼에 넣어서 거품을 올리기 시작하고 어느
정도 튼튼한 거품을 올린 상태가 되면 일부의 설탕을 넣고 한층 거품을 올리면서 나머지 설탕을 조금씩 넣어
나간다. 이렇게 하면 가장 효율적으로 기공이 곱고 안정성이 좋은 머랭을 만들 수 있다.

ㅂ 믹서를 사용해서 흰자 거품을 올릴 경우, 손으로 거품을 올릴 경우보다 교반력이 강하기 때문에 거품을 그만
올려야 하는 시점을 놓쳐 너무 지나치기 쉽다. 그러므로 교반력이 강한 믹서를 사용할 경우에는 오히려 처음
부터 흰자에 설탕을 넣는 것이 실패를 줄일 수 있다.

3_흰자의 기포성, 안정성과 부재료의 효과

ㄱ 소금을 흰자에 넣고 거품을 올리면 흰자만을 써서 거품을 낸 것보다 좋은 기포를 얻을 수 있다.

ㄴ 탄산수소암모늄을 흰자의 양을 기준으로 0.2~0.3% 첨가해서 거품을 올리면 안정성이 높은 기포를 얻을 수
있다.

ㄷ 탄산수소암모늄은 주석산 크림(크림 오브 타르타르)에 비교해서 이것은 구우면 모두 물과 암모니아로 변해버
려, 과자에 남지 않게 되므로 굽는 제품에 사용하면 좋다.

ㄹ 주석산 크림(주석산칼륨)은 흰자의 알칼리성을 낮추어 산성으로 만드는 산 작용제(산염제)이다. 등전점
(Isoelectric Point)에 가까울 때 흰자는 탄력성이 커지며 흰자가 만드는 머랭도 튼튼해져서 사그라들지 않는
다. pH가 낮아지면(산성화되면) 당의 캐러멜화 반응이 늦어져 머랭의 색이 흰색으로 밝아진다. 식초, 레몬즙,
과일즙 등으로 대신할 수도 있다.

7. [과정5]의 노른자 반죽에 [과정6]의 머랭 반죽을 1/3을 넣고 주걱으로 퍼올리면서 가볍게 섞
는다.

8. 나머지 머랭을 3번에 나누어 넣으면서 가볍게 섞는다.

9. 짤주머니에 완성된 반죽을 담아 틀의 부피를 기준으로 80% 정도 패닝한다.

TIP

1_사진에서는 아이푸드네 1회용 쉬폰 틀을 사용했다.

10. 패닝한 반죽 위에 분당을 체로 쳐서 뿌린 후 165℃ 컨벡션 오븐에서 20분간 굽는다.

TIP

1_윗면에 뿌려진 분당이 오븐에서 구워지면서 겉면이 살짝 바삭해지고 터짐을 방지해주는 역할을 한다. 기호에 따라 더욱 바삭한 식감을 원한다면 하겔 슈가를 뿌려주어도 된다.

2_완성품이 식는 과정에서 너무 수축하는 것을 방지해주기 위해 구운 후 뒤집어 놓는다.

라이스 초코 타르트

RICE CHOCO TART

타르트지로는 일반적으로 파트 사브레(Pâte Sablée), 파트 슈크레(Pâte Sucrée), 파트 브리제(Pâte Brisée) 등을 사용하는데, 라이스 초코 타르트에서는 파트 사브레를 타르트지로 사용한다. 파트 사브레의 '파트'는 불어로 '반죽'이라는 뜻이고, '사브레'는 모래라는 뜻이다. 즉 버터 함량이 많아 모래처럼 부서지는 식감의 과자 반죽을 파트 사브레라고 한다. 파트 사브레는 보통 단단한 버터와 밀가루를 섞어 모래알처럼 부슬부슬한 상태로 만든 다음 기타 가루재료와 소금, 설탕을 섞은 후 달걀을 섞어 한 덩어리로 만드는 '사블라주법'으로 만들고, 크림법으로도 만들 수 있다. 사브레 반죽을 타르트지로 사용한다. 그러나 여기서는 밀가루 대신에 박력쌀가루와 코코아분말이 들어가므로 부드럽게 만든 버터에 모든 재료를 넣어 반죽하는 방법으로 변형을 시킨다. 그리고 파트 사브레로 만든 타르트 반죽은 가볍고 입안에서 부드럽게 부서지는 느낌이기 때문에 과일 타르트, 치즈 타르트, 견과류 타르트 등으로 응용하여 사용한다.

01_Formula | 12개 분량

<table>
<tr><th colspan="2">타르트 반죽</th></tr>
<tr><td>박력쌀가루</td><td>200g</td></tr>
<tr><td>코코아분말</td><td>50g</td></tr>
<tr><td>버터</td><td>180g</td></tr>
<tr><td>소금</td><td>4g</td></tr>
<tr><td>황설탕</td><td>110g</td></tr>
<tr><td>달걀</td><td>100g</td></tr>
</table>

충전용 크림	
우유	600g
생크림	160g
설탕	100g
생쌀	90g
초콜릿	90g
달걀	100g
생크림	220g
바닐라빈	1g

토핑물	
박력쌀가루	100g
버터	100g
설탕	100g
호두	100g

Process

반죽	>	패닝1	>	크림	>	토핑물	>	패닝2	>	굽기
타르트 반죽 제조		타르트 반죽 50g을 타르트 팬에 패닝		충전용 크림 제조		토핑물 제조		충전용 크림을 짤주머니에 담아 70% 패닝		컨벡션 오븐 170℃, 10분 후 토핑물 뿌리고 20분 더 굽기

02_**How to make**

❶ 타르트 반죽 만들기

1. 사용 전 실온에서 부드럽게 만든 버터와 나머지 재료를 믹서에 넣고 비터로 가능한 빨리 균일

하게 섞어 반죽을 완성한다.

(TIP)

1_반죽을 뭉치면 뭉칠수록 글루텐이 생성되어 식감이 질겨지기 때문에 재료를 혼합하고 가능한 빨리 가볍게 섞는다.

2. 완성된 반죽은 비닐에 넣고 밀대로 밀어 펴서 냉장에 최소한 2시간 동안 휴지한다.

3. 휴지가 끝난 타르트 반죽을 50g으로 분할한다.

4. 10cm 타르트 팬에 버터칠을 하고 크기에 맞게 밀어 펴서 패닝한다.

5. 가장자리를 스크레이퍼로 정리하여 준비한다.

❷ 충전용 크림 만들기

1. 냄비에 우유, 생크림, 생쌀, 바닐라빈을 냄비에 넣고 끓인다.

2. 생쌀 알갱이가 알 덴테처럼 살짝 꼬들꼬들한 식감까지 끓여지고 크림의 텍스처가 걸쭉해지 면 설탕을 넣고 1분간 더 끓인다.

TIP

1_쌀의 녹말이 나오면서 끓이면서 걸쭉해진다. 쌀알의 식감을 살리기 위해 완전히 익히지 않도록 한다.

2_처음부터 설탕을 넣게 되면 캐러멜화가 심해지고, 타버릴 수 있기 때문에 설탕을 나중에 넣고 1분 정도 끓여준다.

3_알 덴테(Al Dente)는 이탈리아어로 '치아로'라는 뜻이다. 그런데 이탈리아 요리에서는 '씹었을 때 단단함이 느껴 질 정도로 설익은 파스타의 상태'를 의미하게 되었다. 알 덴테로 익힌 파스타를 잘라 단면을 보면 덜 익은 부분이 가운데에 가늘게 심처럼 남아 있다. 가운데 심이 사라질 정도로 잘 익힌 파스타의 상태를 코투라(Cottura), 충분 히 익힌 파스타의 상태는 벤코토(Ben Cotto)라 한다.

3. 불을 끄고 초콜릿을 넣고 섞은 후 냉장고에 6시간 정도 보관한다.

4. 냉장실에 보관한 크림에 달걀과 생크림을 섞어 충전용 크림을 완성한다.

TIP

1_크림은 일주일 정도 냉장보관이 가능하나, 생산의 효율성을 위해 완성제품을 구워서 냉동보관한 뒤 필요한 수량 만큼 꺼내어 판매한다.

❸ 토핑물 만들기

1. 박력쌀가루, 버터, 설탕을 볼에 넣고 스크레이퍼로 다지면서 부슬부슬한 가루 느낌이 나도 록 섞는다.

2. 175°C의 오븐온도에서 20분간 구운 뒤 식힌 호두를 넣고 균일하게 섞는다.

3. 밀폐용기에 담아 냉동실에 보관하면서 약 2달간 사용이 가능하다.

❹ 굽기 및 마무리

1. 패닝해 둔 타르트지에 충전용 크림을 짤주머니에 담아 70% 정도 채운다.

2. 컨벡션 오븐을 기준으로 170°C에서 30분 정도 굽는다.

3. 구운 지 약 10분 후 타르트 크림 윗면이 구워지며 막이 생겼을 때 오븐 문을 열고 토핑물을
뿌려 굽는다.

Chef's Secret Recipe
타르트지

타르트지는 일반적으로 파트 사브레(Pâte Sablée), 파트 슈크레(Pâte Sucrée), 파트 브리제(Pâte Brisée), 파트 푀이테(Pâte Feuilletée) 등을 사용한다. 이 4가지 타르트지의 특징을 확인하고 만들고자 하는 타르트의 특성에 맞게 선택하여 사용한다.

1_파트 사브레(Pâte Sablée)

'파트'는 프랑스어로 '반죽'이라는 뜻이고, '사브레'는 모래라는 뜻이다. 설탕에 비해 버터 함량이 많아 모래처럼 부서지는 식감의 반죽을 '파트 사브레'라고 한다. 파트 사브레는 보통 단단한 버터와 밀가루를 섞어 모래알처럼 부슬부슬한 상태로 만든 후 그 외 가루재료, 소금, 설탕을 섞고 액체재료를 섞어 한 덩어리로 만드는 방법인 '사블라주법(Sablage, 모래로 덮기)'으로 만든다. 사블라주법으로 만들면, 밀가루 입자에 버터 막을 만들어 수분의 침투로 인한 글루텐 형성을 막아 반죽이 딱딱해지지 않고 바삭하다. 이 때 차가운 버터를 사용해야 버터가 무르지 않고 유지의 막을 고르게 형성한다. 그러나 제과기능사 실기 시험에서는 크림법으로 제조한다. 사브레 반죽은 밀어 펴기를 한 후 성형기로 찍어내는 Cut-Out Cookies를 만들 때 많이 사용하기도 한다. 파트 사브레로 만든 타르트지는 가볍고 부드럽게 부서지는 느낌 때문에 과일 타르트, 치즈 타르트, 견과류 타르트 등에 잘 어울린다.

2_파트 슈크레(Pâte Sucrée)

'슈크레'는 프랑스어로 설탕이라는 뜻이다. 버터에 비해 설탕 함량이 많아 달콤하고, 설탕 입자가 오븐 안에서 녹으면서 유리막 같은 작용을 해서 단단하고 바삭한 식감의 반죽을 '파트 슈크레'라고 한다. 파트 슈크레는 보통 부드럽게 만든 버터에 설탕, 소금을 넣고 크림화한 후 액체재료를 섞고 가루재료를 섞는 '크림법'으로 만들지만, 사블라쥬법으로도 만들 수 있다. 파트 슈크레는 바삭바삭하기 때문에 딸기타르트 같은 생과일 타르트, 레몬 타르트, 그리고 아몬드크림이나 커스터드 크림처럼 식감이 무거운 크림이 들어가는 타르트 등에 잘 어울린다.

3_파트 브리제(Pâte Brisée)

'브리제'는 프랑스어로 '부서진, 깨진'이라는 뜻이다. 아메리칸 파이(쇼트 페이스트리) 느낌의 반죽으로 달지 않고 얇고 바삭바삭하게 잘 부서지는 식감의 반죽을 '파트 브리제'라고 한다.

파트 사브레, 파트 슈크레와의 가장 큰 차이점은 설탕이 들어가지 않고, 아메리칸 파이처럼 약하게 결이 있다는 것이다. 파트 브리제는 유지의 물리적 성질인 가소성을 갖는 고체 상태의 버터 입자가 위에서 아래로 누르는 힘에 의해 납작해지면서 결이 생기는 원리이기 때문에, 반드시 차가운 상태의 버터를 다지는 방식으로 만들어야 한다. 에그 타르트, 키쉬, 치즈 타르트, 사과 파이, 플랑, 견과류 타르트 등에 잘 어울린다. 그리고 단맛이 적어 미트 파이 같은 요리 종류에도 사용한다. 파트 브리제는 보통은 설탕이 들어가지 않아서 다른 타르트지에 비해 구움색이 잘 나지 않는다. 그래서 굽기 시 비교적 높은 온도에서 굽는다.

4_파트 푀이테(Pâte Feuilletée)

푀이테는 프랑스어로 '잎이 무성한'이라는 뜻으로, 푀이으(Feuille)에서 유래한 '얇게 겹쳐진 증상의 반죽' 즉 페이스트리 반죽을 뜻한다. 버터와 밀가루가 결을 형성해 층상구조를 이루고 있기 때문에 아주 바삭바삭하게 잘 부서지는 식감인 반죽을 파트 푀이테라고 한다. 파트 푀이테를 만드는 제조법을 푀이타주법(Feuilletage, 잎처럼 얇게 겹치기)이라고 하고, 영국에서는 파트 푀이테를 퍼프 페이스트리(Puff Pastry)라고도 한다. 프랑스에서 주현절에 빠지지 않고 먹는 갈레트 데 루아(Galette Des Rois)와 1천장의 잎이라는 뜻의 밀푀유(Mille-Feuille)가 파트 푀이테를 이용한 대표적인 제품이다. 반죽에 롤인용 버터를 넣고 밀어 펴기와 접기를 반복해 만들어지는 파트 푀이테를 이용한 타르트지는 입에서 바삭바삭 부서지는 식감과 버터의 풍미 때문에 인기가 높다.

반죽온도가 너무 높으면 버터가 층을 형성하지 못해 데트랑프(Detrempe, 물+가루재료)와 섞였을 때 반죽이 잘 부풀지 않는다. 또 굽는 온도가 너무 낮으면 유지가 반죽에 스며들어 층이 형성되지 않으므로 반죽이 부풀 때까지 고온에서 굽는다.

CHEF'S BREAD & DESSERT

• Chef's **Profile**

현) 강릉 카페 곳; 기술상무
  ㈜대한제과협회 기술지도위원 및
  가루쌀 촉진 부위원장
  ㈜한국 제과기능장협회 이사
  ㈜대한제과협회 강릉지부 기술분과 위원장
  2022 제4회 코리아 마스터 베이커리팀
  챔피언십 최우수상
  2022 제1회 강릉 베이커리어워드 금상
  2020 베이커리 페어 대형설탕부문 금상
  대한민국 제과기능장
  지방·전국기능경기대회 심사위원
  국가기술자격 제과, 제빵 심사위원

• Bakery **Know-how**

제품개발에 있어, 셰프가 만들고 싶은 빵을 만들어
판매하는 것도 좋다. 그러나 우리 제과인은 서비스
업에 종사하고 있다. 그래서 가게 상권이 시내 안쪽
에 있는가? 아니면 외곽 쪽에 있는가? 지역을 더 확
대해 봤을 때 관광단지 내에 있는가? 등의 상권분석
을 통해 잠재고객의 니즈를 제품 개발에 반영한다.
그리고 고객들이 왜 우리 가게를 방문하셨는가를 생
각하고 연구해서 고객을 지속적으로 만족시킬 수 있
도록 제품을 개선한다.

유블루

CITRON-BLUEBERRY

 유블루는 유자와 블루베리의 합성으로 만든 신조어다. 제품명에서 알 수 있듯이 유자의 향긋함과 상큼한 맛을 담아낸 가나슈 크림과 블루베리의 색과 맛을 표현한 블루베리 무스 크림, 블루베리 콩포트가 한 컵에 담겨진 디저트이다. 완성된 제품을 전용 용기에 담아 케이크류보다 포장과 이동이 용이하고 판매에 있어서도 편리하도록 설계했다. 유블루는 무스케이크이므로 젤라틴의 특성을 잘 이해하고 적절하게 다루는 것이 질감과 식감을 결정하는데 중요한 영향을 미친다.

01_Formula │ 13개 분량

유자 가나슈 크림

생크림	636g
화이트 초콜릿	168g
유자레진	144g
젤라틴 매스	22g

블루베리 콩포트

블루베리	1,000g
설탕	700g
레몬즙	20g
럼	30g

블루베리 무스 생크림

블루베리 퓨레	250g
사워크림	35g
설탕	68g
노른자	73g
생크림	180g
그랑마니에	5g
젤라틴 매스	28g

Process

크림 >	콩포트 >	생크림 >	무스 붓기 >	콩포트 넣기
유자 가나슈 크림 제조	블루베리 콩포트 제조	블루베리 무스 생크림 제조	틀(가로 10cm x 세로 5cm x 높이 4cm)에 블루베리 무스 붓기	무스 위에 파에테포요틴과 블루베리 콩포트 넣기

크림 채우기 >	파이핑 >	마무리
휘핑한 유자 가나슈 크림 채우기	남은 유자 가나슈 크림을 원하는 모양 깍지로 파이핑	블루베리와 꽃으로 장식

02_**How to make**

❶ 유자 가나슈 크림 만들기

1. 화이트 초콜릿과 유자레진을 중탕한다.

1_초콜릿 양이 많을 경우 생크림의 온도만으로 한 번에 다 녹지 않기 때문에 초콜릿을 살짝 중탕하여 녹인 뒤 섞는다.

2_초콜릿은 습기에 예민하여 중탕할 때 중탕하는 볼의 크기가 작으면 습기가 들어갈 수 있으므로 윗볼이 더 큰 것이 좋다.

3_초콜릿을 템퍼링한 후 끓인 생크림과 섞어주는 방법을 사용하면 더욱 좋은 퀄리티의 가나슈를 만들 수 있다.

2. 생크림을 끓인다.

3. 끓인 생크림을 [과정1]에 넣는다.

4. 녹인 젤라틴 매스를 [과정3]에 넣고 유화시킨다.

5. 하루 숙성 후 중속으로 80% 정도 휘핑하여 사용한다. 이렇게 가나슈를 휘핑하면 가나슈 몽떼 라고도 한다.

1_생크림은 초콜릿의 블룸현상을 방지하기 위해 가장자리가 살짝 끓을 때까지만 가열한다.

2_가나슈에 유자향이 잘 스며들고 유화가 잘 되도록 하루 숙성해서 사용한다.

3_초콜릿이 들어간 크림은 휘핑이 오버되면 식감이 푸석해지고 되돌리기 힘들기 때문에 본인의 완료점을 100%이라 가정하고 70% 정도까지 올린 후 나머지는 손으로 완료한다.

4_인서트 크림은 80% 정도 완료하여 부드럽게 사용하고 제품 상단에 데커레이션하는 크림은 90% 이상 올린 뒤 짜주 어야 모양이 잘 유지된다.

②-1-a

②-2-b

②-3-c

❷ 블루베리 콩포트 만들기

1. 블루베리를 먼저 냄비에 넣고 끓여준다.

2. 설탕을 넣고 설탕이 녹을 때까지 저으면서 끓여준다.

3. 불을 끄고 럼, 레몬즙 순서로 넣어준다.

(TIP)

1_냉동 블루베리는 하루 전 냉장으로 옮겨 해동하고 물기는 제거해서 사용한다.

2_레몬즙은 상큼한 맛과 산 성분으로 제품의 신선도를 유지해주는 역할을 한다.

3_럼은 끓이면서 넣어야 알코올 성분은 날려 보내고 향기만 잔류하게 만들 수 있다.

4_약 3개월 정도 냉장보관이 가능하므로 대량으로 만든 후 소분해서 사용이 가능하다.

❸ 블루베리 무스 생크림 만들기

1. 블루베리 퓨레와 사워크림을 중탕한다.

2. 설탕과 노른자를 먼저 풀고 중탕한 후 100% 휘핑한다. 이를 '파트 아 봄브'라고 한다.

3. [과정1]과 [과정2]를 섞은 후 녹인 젤라틴 매스를 섞어준다.

4. 생크림과 그랑마니에를 휘핑하여 [과정3]에 3번에 나누어서 투입하면서 섞는다.

TIP

1_노른자는 65℃ 이상 중탕해야 살균이 되고 기포를 더욱 잘 포집할 수 있게 된다.

2_무스용 생크림은 65% 정도 부드러운 상태까지만 휘핑해야 다른 재료와 잘 섞이고 여러 번 나눠서 섞는 것이 좋다.

3_온도차가 심한 겨울에는 약 60%, 여름에는 70% 정도로 올려준다.

❹ 마무리 및 완성

1. 틀(가로 10cm x 세로 5cm x 높이 4cm)에 블루베리 무스를 2/3 부은 후 하루 동안 굳힌다.

2. 굳은 무스 위에 블루베리 콩포트를 파에테포요틴과 넣어준다.

3. 남은 1/3은 휘핑한 유자 가나슈 크림으로 채워준다.

4. 남은 유자 가나슈 크림을 원하는 모양 깍지로 파이핑한다.

5. 블루베리와 꽃으로 장식한다.

레몬 무스

LEMON MOUSSE

 생레몬을 직접 갈아서 반죽에 넣어 레몬의 신선하고 상큼한 맛을 기본 베이직으로 만든 무스케이크이다. 레몬만 사용하게 되면 신맛이 강하기 때문에 바나나 로티를 넣어 레몬의 향과 맛이 부드럽게 중화되도록 했다. 레몬 모양을 꼭 닮아 귀엽고 예쁜 레몬 무스는 소비자의 눈과 입을 모두 즐겁게 만들어준다. 아무리 예쁘고 맛있게 먹을 수 있는 디저트일지라도 효율적인 제조가 매우 중요하다. 그런 점에서 레몬 무스는 미리 제조하여 냉동보관이 가능하고 그날의 판매량에 따라 초콜렛 피스톨레만 해주면 되기 때문에 생산적인 측면에서도 장점이 많은 레시피이다.

01_Formula | 12개 분량

바나나 로티

바나나	300g
바나나 퓨레	150g
물엿	15g
설탕	150g

레몬 무스

크림치즈	176g
레몬레진	6g
레몬	1개
설탕	96g
노른자	72g
생크림	250g
코인트로	4g
젤라틴 매스	48g

비스퀴 조콩드

버터	100g
박력분	100g
아몬드분말	380g
전란	500g
슈가파우더	350g
흰자	330g
설탕	100g

Process

로티	>	무스	>	반죽	>	굽기	>	해동
바나나 로티 제조		레몬 무스 제조		비스퀴 조콩드 반죽 제조		윗불 200℃ / 아랫불 150℃, 10분		꽁꽁 얼린 무스를 틀에서 빼낸 뒤 팬에 비닐을 깔고 간격을 두어 놓기

초콜릿	>	피스톨레	>	마무리
피스톨레용 초콜릿 제조		에어스프레이건에 녹인 초콜릿을 넣고 케이크에 피스톨레 하기		허브로 장식하기

❶ 바나나 로티 만들기

1. 바나나를 슬라이스 한다.

2. 모든 재료를 볼에 섞고 걸쭉해질 때까지 졸여준다.

TIP

1_바나나 퓨레를 넣어 바나나만 넣었을 때보다 제품의 향을 균일하게 유지할 수 있다.

2_바나나는 쉽게 텍스처가 물렁해지거나 맛이 조금씩 다를 수 있어 잘 익은 상태에서 냉동보관 한 뒤 사용한다.

❷ 레몬 무스 만들기

1. 크림치즈를 잘 풀어준다.

2. [과정1]에 레몬레진과 레몬 1개에서 추출한 레몬 제스트와 레몬즙을 넣고 섞어준다.

3. 설탕과 노른자를 먼저 풀어준 후 중탕하여 거품을 올린다. 이를 '파트 아 봄브'라고 한다.

4. 휘핑한 노른자 반죽에 [과정2]를 섞어준다.

5. [과정2]에 [과정4]를 섞어준 후 녹인 젤라틴 매스를 섞어준다.

6. 생크림에 코인트로를 넣고 60~70% 휘핑한다.

7. [과정5]에 생크림을 3번에 나누어 섞어준다.

TIP

1_생레몬을 사용하여 제스트와 레몬즙을 내어야 더 좋은 레몬의 향과 맛을 제품에 반영할 수 있다.

2_무스용 생크림은 65% 정도 부드러운 상태까지만 휘핑해야 다른 재료와 잘 섞이고 여러 번 나눠서 섞는 것이 좋다.

3_젤라틴 매스는 가루젤라틴과 물을 1 : 6 비율로 녹여서 굳힌 다음 냉장보관하며 사용한다.

③-1
③-3-a
③-3-b
③-4-a
③-4-b
③-5
③-6
③-7
③-8-a

③-8-b

③-10

③-9

❸ 비스퀴 조콩드 만들기

1. 버터를 35~40°C로 중탕한다. 저자는 AOP 버터를 사용했다.

2. 박력분과 아몬드분말은 체로 쳐서 준비해준다.

3. 달걀과 슈가파우더를 휘핑한다.

4. 흰자에 설탕을 붓고 머랭을 100% 상태로 올려준다.

5. [과정3]에 완성한 머랭을 1/3 정도 넣고 가볍게 섞어준다.

6. 균일하게 혼합 후 체로 친 박력분과 아몬드분말을 [과정5]에 붓고 가볍게 섞는다.

7. 중탕한 버터에 [과정6]의 반죽을 일부분 넣고 애벌반죽을 만들어 [과정6]에 다시 부어 가볍게 섞는다.

8. 나머지 머랭 2/3를 3번에 나누어 [과정7]에 넣으면서 가볍게 섞어 반죽을 완성한다.

9. 평철판에 얇게 패닝한 후 바닥에 쳐 주면서 기포를 정리해준다.

10. 윗불 200°C / 아랫불 150°C에서 10분 정도 구워준다.

TIP

1_가루재료는 체로 쳐서 뭉친 부분을 풀어주고 다른 재료와 골고루 잘 혼합되도록 해준다.

2_제품이 구워져 나왔을 때 설탕 결정이 다 녹지 않는 경우가 종종 있기 때문에 부드러운 식감을 더욱 만들기 위해서는 설탕 대신 슈가파우더를 사용한다.

3_머랭은 슈가파우더를 쓸 경우 공기포집이 잘 되지 않기 때문에 반드시 입자상으로 결정시킨 설탕을 사용해야 한다.

4_머랭이 꺼지지 않도록 가루재료와 혼합 시 스패출러 날을 세워서 섞는다.

④ 조립 및 냉동하기

1. 틀에 레몬무스를 약 1/3 채운다.

2. 조콩드와 바나나 로티를 넣어준다.

3. 레몬무스로 채워준 후 비스퀴 조콩드로 바닥을 채운 후 바닥에 탕 치고 기포를 뺀 뒤 굳힌다.

1_바나나 로티가 무거워서 가라앉을 수 있기 때문에 조콩드를 먼저 넣어준다.

2_기포 정리를 해주지 않으면 무스를 갈랐을 때 기포가 그대로 보이거나 윗면에도 구멍이 있을 수 있어 틀 안에 무스가
골고루 잘 퍼지도록 해준다.

⑤ 마무리 및 완성

1. 꽁꽁 얼린 무스를 틀에서 빼낸 뒤 팬에 비닐을 깔고 간격을 두어 놓는다.

2. 피스톨레 할 재료를 중탕으로 녹인다.

3. 에어스프레이건에 녹인 초콜릿을 넣고 케이크에 피스톨레 해준다.

4. 허브로 장식해서 마무리해준다.

피스톨레용 초콜릿

화이트 초콜릿	1,000g
카카오버터	400g
초콜릿 색소(노란색)	10g

1_ 초콜릿 색소가 고운 분말이라 잘 녹지 않을 수 있으므로 카카오버터와 색소는 10 : 1 비율로 중탕한 뒤 철판에 펴서 굳힌 다음 사용한다.

2_ 분사할 때 에어스프레이건 1.5mm를 사용하고 콤프는 1마력 이상으로 사용하는 것이 좋다.

3_ 초콜릿 피스톨레는 냉장에 보관하고 필요할 때마다 중탕으로 일부를 녹여 사용한다. 중탕으로 녹인 후 체에 걸러 사용한다.

누네띠네 스콘
GLASSATE SCONE

일반적으로 스콘에 바삭한 식감을 표현하기 위해 블렌딩법으로 제조한다. 그러나 누네띠네 스콘은 블렌딩법으로 제조한 일반적인 스콘보다 부드럽고 촉촉하다. 그 이유는 스콘 윗면을 머랭 아이싱으로 코팅을 했기 때문이다. 반죽을 굽는 과정에서 토핑물의 수분이 본 반죽으로 전이되면서 누네띠네 스콘의 독특한 식감이 만들어진다. 그리고 스콘 위에 바른 머랭 아이싱은 겉은 바삭하고 속은 쫀득한 식감의 아이싱 코팅으로 단독으로 먹어도 누구나 좋아한다. 스콘을 제조할 때 크림법보다 블렌딩법이 작업성이 용이하고 제품의 실패율이 낮기 때문에 손쉽게 균일한 제품을 생산할 수 있다.

01_Formula │ 16개 분량(가로 40cm x 세로 30cm 평철판 기준)

반죽

강력분	333g
중력분	360g
설탕	96g
소금	6g
베이킹파우더	20g
버터	240g
달걀	4개
생크림	170g
초코칩	167g

토핑(아이싱 용)

흰자	140g
슈가파우더	630g

Process

반죽	>	밑작업	>	사이즈 정리	>	토핑물 얹기	>	굽기
스콘 반죽 만들기		비닐을 깐 가로 40cm x 세로 30cm 평철판에 고르게 펴기		가로 7cm x 세로 9cm 크기로 정리하기		토핑 반죽 제조 후 스콘 반죽에 토핑물 얹고 지그재그로 짜기		컨벡션 오븐 170°C, 26분

02_**How to make**(블렌딩법)

❶ 스콘 반죽 만들기

1. 버터를 약 1cm 크기 큐브 모양으로 잘게 썰어 차갑게 준비한다.

2. 밀가루를 체친 후 설탕, 소금, 베이킹파우더를 넣고 골고루 섞어둔다.

3. 스크레이퍼를 이용해 양손으로 버터와 혼합한 가루재료를 자르듯이 섞어준다.

4. 중앙에 홈을 파고 달걀과 생크림, 초코칩을 섞어서 나눠가며 넣는다.

5. 반죽을 하나로 뭉쳐준다.

TIP

1_버터는 차가운 상태로 냉장에서 바로 꺼내어 사용한다.

2_스콘에 박력분을 사용하게 되면 먹었을 때 과자와 같이 부서지는 느낌이 나는데 빵과 과자의 중간 느낌의 식감을
　　주기 위해 강력분과 중력분을 블렌딩하여 사용한다.

3_결을 살린 스콘과 달리 가벼운 식감을 위해 90% 정도까지 섞고 마무리한다. 많이 치댈 경우 글루텐이 생성되어
　　질긴 스콘이 될 수 있기 때문에 초콜릿도 중간 중간 같이 넣어서 함께 섞어준다.

❷ 스콘 반죽 패닝하기

1. 비닐을 깐 가로 40cm x 세로 30cm 평철판에 고르게 펴준다.

2. 반죽 윗면에 비닐을 덮어 밀대로 고르게 밀어준 뒤 냉장에 보관한다.

❸ 스콘 반죽 재단하기

1. 하루 뒤 꺼내어 민자 칼로 가장자리를 먼저 정리해준다.

2. 가로 7cm x 세로 9cm 크기로 재단해주고 가장자리 부분 반죽을 위에 각각 붙인다.

3. 다시 팬을 덮어 뒤집어준다.

❹ 스콘 반죽 아이싱하기 및 굽기

1. 누네띠네 위에 올라갈 아이싱에 사용할 토핑 재료를 거품기로 균일하게 섞는다.

2. 스콘 윗면에 토핑물을 골고루 아이싱하고 미루와로 지그재그 선을 그려준다.

3. 170°C의 컨벡션 오븐에서 26분간 굽는다.

TIP

1_ 평철판에 패닝 시 비닐을 깔아 재단 및 분리 시 용이하도록 한다.

2_ 가장자리 남았던 반죽은 개수대로 나누어 아랫부분에 붙이면 반죽 손실을 줄일 수 있다.

3_ 미루와 대신 혼당을 사용하기도 하나, 혼당은 살구향이 강하고 구웠을 때 색도 진하게 나서 미루와로 하는 것이 좋다.

4_ 너무 얼어있는 상태에서 구우면 껍질이 분리될 수 있으니 주의한다.

Chef's Secret Recipe
유자 가나슈 크림 응용하기

유자 가나슈 크림은 가나슈 몽떼를 응용하여 만든 것이다.
한국인의 입맛에 맞게 가나슈 크림을 다양하게 변형시킬 수
있도록 가나슈 몽떼를 설명하고자 한다.

1_가나슈 몽떼의 뜻과 특징

❶ 가나슈 몽떼의 뜻

가나슈 몽떼는 불어로 'ganache monter'라고 쓰며, 몽떼는
'상승하다', '오르다'의 의미를 갖는다. 그러나 디저트에서는
'달걀 흰자나 생크림 등을 거품기나 믹서 등으로 거품을 낸
다'라는 의미로 사용된다. 그래서 가나슈 몽떼는 일반적인 가나슈보다 엄청 많은 양의 생크림을 더해 만드는 가나슈
에 거품을 올려서 만든 크림이므로 몽떼라고 부른다.

❷ 가나슈 몽떼의 특징

가나슈 몽떼 크림은 무스크림과 가나슈의 특징들을 가지고 있는 크림이며, 일반적으로 무스보다는 젤라틴의 함량이
적고, 가나슈보다는 생크림의 비율이 높은 것이 특징이다.

2_젤라틴 매스

❶ 젤라틴 매스의 뜻

생크림에 초콜릿을 넣고 거품을 낼 때 안정된 거품체를 얻을 수 있는 것은 젤라틴 매스 때문이다. 젤라틴 매스는 가
나슈 몽떼의 부드러움과 가벼움을 결정하는 데 일정 부분 관여를 한다. 젤라틴 매스는 불어로 마스 젤라틴(Masse
Gelatine)이라 쓰며, 영어는 매스이다. 매스는 '덩어리'라는 뜻이다. 즉 젤라틴 매스는 젤라틴 덩어리라는 뜻이다.

❷ 젤라틴 매스 제조법

먼저 가루젤라틴 1g에 물 6g을 부어 섞어준다. 가루젤라틴 무게의 6배에 해당하는 물을 부어 굳어진 덩어리인 마스
젤라틴을 준비한다. 이때 가루젤라틴과 물과의 비율은 1:5~6배인데, 물을 5배 넣으면 상대적으로 찰진 식감의 크림
을 얻을 수 있고 6배를 넣으면 상대적으로 부드러운 식감의 크림을 얻을 수 있다.

❸ 판젤라틴과 가루젤라틴의 조절방법

젤라틴의 형태도 식감에 영향을 미치므로 이를 고려해야 한다. 만약에 판젤라틴만 있다면 판젤라틴을 사용해도 된
다. 하지만 판젤라틴과 가루젤라틴은 겔을 형성하는 강도가 약간 다르므로, 다음과 같은 비율로 조절하여 사용해야
한다.

㉠ 판젤라틴이 100%이면 가루젤라틴은 70~80%를 사용한다.

예) 판젤라틴 2g을 가루젤라틴으로 바꾸면, 2×(70/100)=1.4g이 된다.

ⓒ 가루젤라틴이 100%이면 판젤라틴은 135~149%를 사용한다.

예) 가루젤라틴 2g을 판젤라틴으로 바꾸면, 2×(135/100)=2.7g이 된다.

3_화이트 초콜릿을 사용하는 이유

생크림을 끓여서 잘게 자른 초콜릿에 부어 가나슈를 만드는 일반적인 가나슈 제조법으로 가나슈 몽떼도 만든다. 이때 다양한 가나슈 몽떼를 만들기 위해 화이트 초콜릿을 사용한다. 왜냐하면 화이트 초콜릿은 다양한 향과 맛을 첨가하여 변형을 시킬 수 있기 때문이다. 여기서는 유자레진을 넣어서 변형을 시켰지만, 다양한 레진이 출시되어 있으므로 이를 사용하여 다양한 가나슈 몽떼를 만들 수 있다.

4_완성된 가나슈를 숙성시키는 이유

가나슈 몽떼는 휘핑을 하여 크림에 공기를 혼입시키는 것이 특징이므로 완성된 가나슈를 냉장숙성시켜야 크림을 구성하는 유지방 거품체의 안정성을 높일 수 있다. 그리고 가나슈를 구성하는 이질적인 성분을 안정화시킬 수 있다.

5_가나슈를 휘핑하는 방법과 이유

❶ 가나슈를 휘핑하는 방법

㉠ 가나슈의 유지방 거품체를 생성시키는 원리는 초콜릿의 카카오 버터를 생크림의 수분 속으로 균일하게 분산시켜서 만든다. 만약에 사용하는 레진의 수분이 많아 크림화가 잘 안 되면 절반의 생크림만 데워 가나슈를 만들고 나머지 절반의 차가운 생크림은 마지막에 부어 유화시키는 방법으로 만들면 된다.

㉡ 냉장고에서 숙성시킨 가나슈 반죽을 꺼내면 단단하게 굳어있다. 그러면 저속으로 잘 풀어준다. 처음에 단단했던 가나슈 반죽을 잘 풀어주다 보면 질감이 무겁고 걸쭉한 크림상태가 된다.

㉢ 가나슈 반죽을 휘핑할수록 생크림을 휘핑하는 것처럼 점점 단단해지게 된다. 휘핑을 덜 할수록 가나슈 몽떼는 쫀득한 느낌의 질감이 남아있고 휘핑을 많이 할수록 무스크림과 같은 부드러운 질감이랑 가까워진다. 그래서 만드는 디저트에 따라 휘핑 정도를 달리해서 사용한다.

6_가나슈 몽떼 활용하기

디저트 위에 데코용 크림으로 사용되기도 하고 무스크림 대신 사용하여 색다른 디자인 구조를 만들 수 있다. 슈나 에끌레어의 크림으로 사용되기도 한다. 이뿐만 아니라 가나슈 몽떼는 만들기가 간단하다. 자칫하면 분리가 나기 쉬운 초코무스와는 달리 유화만 잘 시킨다면 생크림과 초콜릿이 쉽게 분리가 나지도 않는다. 또한 가나슈 몽떼은 한번 만들어 놓고 필요한 만큼만 덜어서 사용할 수 있다. 무스크림 같은 경우에는 한번 만든 뒤 굳은 크림을 다시 사용하기가 힘들다. 그런데 가나슈 몽떼는 한번 만들어놓고 여러 번에 걸쳐 작업을 할 수 있기 때문에 생산성에도 매우 도움이 되는 크림의 형태이다.

CHEF'S BREAD & DESSERT

• Chef's **Profile**

현) Two Hills 헤드 셰프
전) 앤드테라스 헤드 셰프
　　하츠 베이커리 헤드 셰프
　　쟝 블랑제리 헤드 셰프

• Bakery **Know-how**

베이커리 시장에서 빵을 잘 팔기 위해서는 충전물과 토핑물을 다양하게 사용하고 풍성하게 얹으면서 제품의 회전율을 높여야 한다. 그런데 이런 방식으로 빵을 제조하게 되면 제조원가의 지나친 상승을 가져온다. 그래서 천연발효에 냉동 및 냉장 제조공정을 적용하여 다품종 소량생산으로 항상 맛있는 상태의 빵을 제공하면서 생산경비를 낮추고 있다.

찰귀리빵

OAT BREAD

 찰귀리빵 반죽에 밀가루(T-55)를 넣은 이유는 완제품의 껍질에 바삭함을 부여하여 기호성을 높이기 위함이다. 이에 반해 통밀가루와 귀리쌀은 건강한 빵의 이미지를 표현하기 위함이다. 예를 들면 통밀의 껍질과 귀리쌀에 함유된 섬유질은 장의 연동작용을 자극하여 변비를 예방하고 장벽의 노폐물을 체외로 배출시키는 효과가 있다. 또한 섬유질은 장에서 당류가 흡수되는 것을 방해하여 혈당의 급격한 상승을 억제하는 효과도 있다. 많은 양이 들어가는 호두와 피칸에는 불포화지방산이 다량 함유되어 있고 뇌신경을 안정시키는 칼슘과 신경 비타민으로 분류되는 비타민 B군이 다량으로 함유되어 있다. 이뿐만 아니라 발효종에 함유되어 있는 양배추 물에는 비타민 U가 많아 위장병에 특효가 있다.

01_Formula | 22개 분량

빵 반죽

밀가루(T-55)	700g	오렌지 발효종	500g
강력분	300g	르방	500g
통밀가루	100g	탕종	200g
소금	30g	버터	60g
냉동 드라이이스트	20g	삶은 찰귀리 쌀	600g
양배추 물	580g	호두분태	300g
몰트 엑기스	20g	건포도	250g
꿀	60g	피칸분태	250g
오텐틱듀럼	20g	-	-

오렌지 발효종

드라이이스트(샤프르브)	70g
소금	60g
꿀	200g
양배추 끓인 물	1,000g
오렌지주스	1,500g
강력분	3,500g

르방

밀가루(T-55)	2,000g
샤프르방	20g
소금	44g
양배추 물	2,000g

충전물(누아배기)

강력분	675g	버터	67g
소프트T	168g	분유	15g
설탕	84g	달걀	87g
소금	15g	물	425g
드라이이스트	15g	호두분태	175g

탕종

끓는 물	3,000g
강력분	3,000g
소금	90g

Process

믹싱	>	1차 발효	>	분할	>	중간 발효	>	성형
앞선 반죽 : 오렌지 발효종, 르방, 탕종 **본 반죽** : 발전단계, 반죽온도 24°C		27°C, 85%, 40분		200g		27°C, 85%, 10분		럭비공 모양

2차 발효	>	굽기 전	>	굽기
27°C, 85%, 50분		분무 후 칼집		윗불 240°C / 아랫불 220°C, 스팀 후 16분

02_**How to make**

1. 믹싱 : 발전단계(80%), 반죽온도 24°C

❶ 찰귀리 쌀, 호두, 건포도, 피칸을 제외한 모든 재료를 넣고 저속으로 1분 믹싱한다.

❷ 고속 3분, 중속 4분 믹싱한다.

❸ 찰귀리 쌀, 호두, 건포도, 피칸을 잘 섞어서 넣고 저속 2분 믹싱한다.

(TIP)

1_삶은 찰귀리 양의 2배 물을 붓고 끓인 후 체에 걸러 물기를 제거하여 식힌 다음 냉장보관하면서 사용한다.

CHEF'S NOTE

1_믹싱 마지막 단계에서 저속으로 돌리는 이유

ㄱ 마찰열에 의해 반죽의 온도가 상승하여 밀가루의 수분흡수율을 낮추는 것을 방지하기 위함이다.

ㄴ 고속 믹싱하면서 손상된 글루텐을 저속으로 믹싱하여 재정돈하기 위함이다.

2_찰귀리 쌀 1,000g을 가볍게 한 번 씻은 후 볼에 붓고 그 위에 손등이 잠길 정도로 물을 붓고 끓여 익힌 다음 여분의 물은 버린다.

3_호두와 피칸은 150°C로 예열된 오븐에서 10분간 구워서 사용한다. 이렇게 구워서 사용하면 반죽에서 호두와 피칸이 눅눅해지지 않고 견과일 특유의 고소함을 유지한다.

4_건포도는 30°C의 물로 가볍게 씻어 표면에 있는 해바라기씨유를 제거한 후 체에 걸러 물기를 제거한 다음 볼에 담아 10°C 냉장온도에서 24시간 방치한다. 이렇게 전처리해서 사용하면 건포도가 반죽 표면에 나와 열에 노출되었을 때 쓴맛이 나지 않는다. 그리고 반죽 내부에 있는 건포도는 수분평형 상태를 유지하므로 완제품의 내부가 푸석푸석해지는 현상이 발생하지 않는다.

2. 1차 발효 : 온도 27°C, 상대습도 85%로 설정된 발효실에서 40분 발효한다.

> **TIP**
>
> **1**_사전 반죽의 형태인 오렌지 발효종, 르방, 탕종 등으로 반죽의 숙성을 미리 시켜 사용하기 때문에 1차 발효시간을
> 아주 짧게 가져갈 수 있다. 이렇게 1차 발효시간을 짧게 가져갈 수 있다는 것은 생산성과 매우 밀접한 관계가 있으
> 므로 매우 효율적인 발효공정 관리법이다.

3. 분할 : 200g ⇒ 둥글리기

4. 중간 발효 : 온도 27°C, 상대습도 85%로 설정된 발효실에서 10분 발효한다.

5. 성형 :

❶ 반죽을 손을 사용해 일자로 가볍게 편다.

❷ 그 위에 100g의 충전물인 누아배기를 얹은 후 손으로 편다.

❸ 반죽을 위에서 밑으로 말면서 럭비공 모양을 만든다.

❹ 광목천 위에 성형한 반죽을 올린 후 발효실에 넣는다.

> **TIP**
>
> **1**_누아배기를 충전물로 사용하여 완제품의 질감을 쫄깃하게 만들면 제품의 기호성이 높아진다.
> **2**_완제품의 볼륨을 증가시키는 효과가 있다.

6. 2차 발효 : 온도 27°C, 상대습도 85%로 설정된 발효실에서 50분 발효한다.

7. 굽기 전 : 분무 후 덧가루 뿌린 후 칼을 이용해 대각선으로 세 줄 칼집을 내준다.

8. 굽기 : 윗불 240 ℃ / 아랫불 220 ℃로 스팀 분사 후 16분간 굽는다.

1_믹서볼에 가루재료인 강력분, 소프트T, 설탕, 소금, 분유, 충전물의 최종반죽온도인 20°C를 맞출 수 있도록 조절한 물에 드라이이스트와 달걀을 넣고 풀어준 후 붓고 모든 재료를 넣고 한 번에 손으로 섞는다.

2_마지막으로 호두분태를 넣고 균일하게 섞어 충전물을 완성한다.

3_완성된 충전물은 실온에서 1시간, 10°C 냉장온도에서 3일 정도 보관하면서 필요할 때 사용하면 된다.

4_귀리빵에 충전물을 100g씩 분할하여 사용한다.

(TIP)

1_충전물 제조 시 모든 재료들이 균일하게 잘 섞이면서 한 덩어리가 되도록 만든다.

2_가루재료인 소프트T는 굽기 시 빵의 볼륨을 크게 만드는 효과가 있다. 그러므로 이러한 성질을 제품에 반영하면 가벼운 식감을 얻을 수 있다.

3_뿐만 아니라 소프트T는 빵의 질감을 쫄깃하게 만드는 효과가 있다. 이런 성질은 소비자들이 좋아하는 질감이므로 적절하게 사용하면 제품의 기호성을 향상시킬 수 있다.

1_발효종의 최종반죽온도인 22°C를 맞출 수 있도록 조절한 양배추 물에 샤프르방을 넣고 풀어준 후 실온에서 5분 정도 방치한다.

2_강력분에 소금을 넣고 주걱으로 균일하게 섞는다.

3_준비한 [과정1]에 꿀과 오렌지주스를 붓고 핸드 거품기로 균일하게 섞는다.

4_[과정2]에 [과정3]을 넣고 주걱으로 균일하게 섞어 완성한 후 실온에서 1시간 정도 방치한 후 10℃ 냉장온도에서 24시간 정도 숙성시킨 다음 사용한다.

CHEF'S NOTE

1_제조 시 주의할 점

ㄱ 양배추 1,000g에 물 3,000g을 붓고 팔팔 끓인 후 실온으로 냉각시킨 다음 10℃ 냉장온도에서 보관하면서 사용한다. 양배추 끓인 물은 비타민 U가 많아 위장병에 특효가 있으며 식이섬유도 많아 장운동을 활발히 하여 변비를 예방한다.

ㄴ 오렌지주스는 오렌지 100% 주스를 반드시 사용한다.

2_오렌지 발효종의 이점

ㄱ 과일에 함유된 유기산을 이용하여 밀가루에 존재하는 단백질을 분해시켜 소화흡수를 촉진시키고 생목을 방지한다.

ㄴ 오렌지가 갖고 있는 상큼한 향을 빵 반죽에 부여하여 생밀가루 냄새를 제거할 수 있다.

ㄷ 발효미생물을 배양하면서 유기산을 일정하게 생성시키기는 변숫값이 많아 매우 어렵다. 그러나 기성품인 오렌지 100% 주스에 함유된 유기산은 거의 일정하므로 매우 안정적으로 반죽의 숙성을 관리할 수 있다.

ㄹ 오렌지주스에 함유된 유기산은 너무 산도가 높아 밀가루에 함유된 단백질을 용해시켜 반죽을 퍼지게 만든다. 그래서 반드시 양배추 끓인 물로 오렌지의 산도를 중화시켜야 한다.

르방 만들기

1_르방의 최종반죽은도인 20℃를 맞출 수 있도록 온도를 조절한 다음 양배추 물에 샤프르방을 넣고 풀어준다.

2_밀가루와 소금, 양배추 물에 풀어준 샤프르방을 믹서볼에 넣고 저속으로 균일하게 혼합한다.

3_저속으로 밀가루를 수화시켜 한 덩어리로 만든다.

4_완성된 르방 반죽은 10℃ 냉장온도에서 24시간 숙성시켜 사용한다.

TIP **르방의 이점**

1_르방 제조 시 생성된 유기산이 완제품의 풍미를 향상시켜 생밀가루의 냄새를 잡아준다.

2_저온 장시간 동안 진행된 숙성으로 반죽에 결합수가 증가하여 완제품의 수분 증발이 억제된다. 수분 증발의 억제는 완제품의 노화를 지연시켜 저장성을 향상시킨다.

3_발효대사산물인 유기산에 의해 밀가루의 단백질이 분해되므로 빵의 소화 및 흡수를 촉진시킨다.

1_믹서볼에 강력분을 붓고 저속으로 믹싱한다.

2_탕종의 최종반죽온도인 80℃ 이상은 되어야 하므로 끓는 물의 온도를 90~100℃ 사이에서 조절한다.

3_밀가루가 날리지 않도록 믹서를 저속으로 돌리면서 끓는 물을 서서히 부어준 뒤 고속으로 강력분을 호화시킨다.

4_80℃로 완성된 탕종을 30℃ 정도로 냉각시킨다. 그리고 난 후에 10℃ 냉장온도에서 24시간 보관하면서 호화된 전분을 재결정화시켜 사용한다.

TIP **탕종의 이점**

1_한국인이 좋아하는 쫄깃한 질감을 빵에 표현할 수 있다.

2_강력분을 호화시켜 본 반죽에 넣어줌으로써 완제품의 소화 및 흡수를 촉진시킬 수 있다.

3_탕종을 만드는 과정에서 호화된 전분은 몰트 엑기스에 함유된 아밀라아제에 의해 맥아당과 포도당으로 쉽게 가수분해되어 발효력을 촉진시킨다.

프랑스 식빵
FRENCH PAIN DE MIE

프랑스 빵 반죽에는 저율배합의 Lean Type과 고율배합의 Rich Type이 있다. Rich Type을 흔히 비에누아즈리 라고도 한다. 비에누아즈리는 설탕, 달걀과 버터를 넉넉히 넣고 만든 발효 반죽으로, 종류에는 브리오슈, 크루아상, 팽 오 레, 팽 오 레쟁, 팽 오 쇼콜라 등이 있다. 여기서 제시하는 프랑스 식빵은 브리오슈 반죽으로 만드는 식빵의 형태이다. 브리오슈 반죽은 버터가 많이 들어가는 것이 특징이다. 버터가 많이 들어가면 빵의 질감은 부드러워진다. 그러나 버터는 빵 반죽의 구조력을 약화시켜 제품의 형태를 무너지게 만든다. 그래서 빵 반죽의 구조력을 강화시킬 목적으로 달걀과 노른자를 많이 넣는다.

01_Formula | 26개 분량

본 반죽

강력분	3,372g
박력분	600g
소금	84g
설탕	1,020g
드라이이스트(샤프르브)	42g
달걀	2,700g
노른자	225g
물	280g
버터	1,687g
오렌지 발효종	500g
르방	200g

사전 반죽

강력분	1,058g
드라이이스트(샤프르브)	12g
소금	4g
물	588g

얼그레이 시럽

물	500g
설탕	500g
얼그레이 티백	4개

충전물

오렌지필	600g
롤 치즈	1,560g

Process

믹싱	>	1차 발효	>	분할	>	중간 발효	>	성형
앞선 반죽 : 사전 반죽, 오렌지 발효종 **본 반죽** : 최종단계, 반죽온도 20°C		27°C, 85%, 20분 펀치 후 20분		260g		27°C, 85%, 15분		충전물 넣고 말기

2차 발효	>	굽기 전	>	굽기	>	구운 후
27°C, 85%, 90분		칼집 내고 설탕 뿌리기		윗불 170°C / 아랫불 220°C(철판 깔고), 30분		얼그레이 시럽 바르기

1. 믹싱 : 최종단계(100%), 반죽온도 20°C

❶ 버터, 오렌지필을 제외한 재료와 사전 반죽을 넣고 저속으로 1분 믹싱한다.

❷ 고속으로 5분, 중속으로 8분간 믹싱한다.

❸ 발전단계(80%)까지 도달한 반죽에 버터를 4번에 나누어 투입하면서 중속으로 섞는다.

❹ 오렌지필을 넣고 저속으로 2분간 믹싱한다.

(TIP)

1_마찰열에 의해 반죽의 온도가 상승하면 버터 투입 시 버터가 용해되어 반죽에서 분리가 일어난다. 그래서 고속으로 믹싱하다가 중속으로 변속하여 글루텐의 발전상태를 80% 정도 생성시킨다.

2_드라이이스트로 샤프르브를 사용하는 이유는 발효향이 좋기 때문이다.

2. 1차 발효 : 온도 27°C, 상대습도 85%로 설정된 발효실에서 20분간 발효 후 펀치한다. 펀치 후 20분 더 발효한다.

CHEF'S NOTE

1_발효의 목적

㉠ 반죽을 팽창시킨다.

㉡ 발효미생물이 분비하는 효소와 배설하는 발효대사산물을 반죽에 축적시킨다.

㉢ 분비된 효소와 배설된 발효대사산물을 작용시켜 반죽을 숙성시킨다.

2_사전 반죽뿐만 아니라 오렌지 발효종, 르방 등으로 반죽의 숙성을 미리 시켜 사용하기 때문에 1차 발효시간을 아주 짧게 가져갈 수 있다. 이렇게 1차 발효시간을 짧게 가져갈 수 있다는 것은 생산성과 매우 밀접한 관계가 있으므로 매우 효율적인 발효공정관리법이다.

3_1차 발효 중 펀치를 하는 방법과 이유

㉠ 펀치를 하는 방법은 팽창한 반죽에 압력을 주어 가볍게 누르거나 반죽을 접어가며 압력을 주어 가스를 뺀다.

㉡ 펀치를 하는 이유는 발효로 인해 탄력성이 약해진 반죽에 산소 공급으로 반죽의 산화와 숙성을 촉진시켜 글루텐 형성을 진행시키고 강화시켜 탄력을 주기 위함이다.

3. 분할 : 260g ⇒ 둥글리기

4. 중간 발효 : 온도 27°C, 상대습도 85%로 설정된 발효실에서 15분 발효한다.

1_발효 시 주의점

버터가 많이 들어가는 프랑스 식빵은 중간 발효 시 절대로 27°C 이상에서 발효를 진행시키지 않도록 주의한다.
왜냐하면 반죽의 온도가 상승하므로 버터가 용해되어 반죽에서 분리될 수 있기 때문이다.

2_중간 발효 공정관리

㉠ 중간 발효실의 온도 27~29°C, 상대습도 75% 전후, 시간 10~20분이며, 반죽의 부피팽창 정도는 1.7~2.0배
이다. 중간 발효실의 조건과 작업실의 온도와 습도의 조건은 같다.

㉡ 발효온도가 너무 높거나 낮으면 반죽 내부와 외부에 발효의 편차가 발생한다.

㉢ 발효습도가 너무 낮게 되면 껍질이 형성되어 빵 속에 단단한 심이 생성되고, 습도가 너무 높게 되면 표피가 너
무 끈적거리게 되어 덧가루 사용량이 많아져 빵 속에 줄무늬가 생긴다.

㉣ 발효시간이 너무 길면 정형 시 일부 반죽에서 과발효가 발생하고 너무 짧으면 정형하기가 어렵다.

5. 성형 :

❶ 밀대로 일자로 밀어 편 후 롤 치즈 30g을 넣어준다.

TIP

1_롤 치즈를 한 번에 다 넣으면 한쪽에 쏠릴 수 있으므로, 나눠서 넣는다.

❷ 삼절 접기 후 롤 치즈 30g을 다시 넣고 식빵 모양으로 말아준다.

❸ 식빵 틀 1개에 성형된 반죽 2개를 넣어준다.

6. 2차 발효 : 온도 27°C, 상대습도 85%로 설정된 발효실에서 1시간 30분 발효한다.

TIP

1_배합표상 버터가 많이 들어가 오븐스프링이 활발하게 일어난다. 그렇기 때문에 발효를 많이 시키게 되면 반죽이
넘치게 되므로 팬의 70% 높이까지만 발효시킨다.

7. 굽기 전 : 반죽 윗면에 칼집을 두 개 내준 후 그 사이에 설탕을 뿌려준다.

8. 굽기 : 윗불 170 ℃ / 아랫불 220℃, 30분

9. 구운 후 : 틀에서 식빵을 꺼낸 다음 윗면에 얼그레이 시럽을 넉넉히 발라준다.

CHEF'S NOTE

굽는 과정에 생기는 여러 이화학적 반응

1_다음과 같은 물리적 반응이 일어난다.

　㉠ 반죽표면에 얇은 막을 형성한다.

　㉡ 반죽 안의 물에 용해되어 있던 가스가 유리되어 기화한다.

　㉢ 반죽 안에 포함된 알코올의 휘발과 탄산가스의 열팽창 및 수분의 증기압이 일어난다.

2_다음과 같은 화학적 반응이 일어난다.

　㉠ 전분의 1, 2, 3차 호화가 일어난다. 전분의 호화는 수분을 빼앗아 글루텐을 응고시킨다.

　㉡ 100℃가 넘으면 겉껍질의 전분이 일부 덱스트린으로 변화하여 갈색화 반응을 일으킨다.

　㉢ 130℃가 넘으면 환원당과 아미노산이 멜라노이딘을 만들어 갈변하는 메일라드 반응을 일으킨다.

　㉣ 160℃가 넘으면 설탕이 진한 갈색으로 변하는 캐러멜화 반응을 일으킨다.

3_다음과 같은 생화학적 반응이 일어난다.

　㉠ 60℃까지는 효소작용이 활발하고 휘발성도 증가하여 반죽이 유연하게 된다.

　㉡ 글루텐은 프로테아제에 의해 연화되고 전분은 아밀라아제에 의해 액화, 당화되어 오븐 팽창에 관여한다.

　㉢ 반죽의 골격은 글루텐이 형성하며, 빵의 골격은 α화된 전분에 의해서 만들어진다.

4_제품의 크러스트와 크럼에 일어나는 물의 분포와 이동

　㉠ 적절한 굽기시간 내에서 빵 내부의 수분은 거의 균일하게 분포되어 있고 반죽 안의 수분량과 같다.

　㉡ 오븐에서 꺼내면서 수분의 급격한 이동이 일어나는데 표면에서의 계속적인 수분증발은 빵의 냉각 촉진에는
　　도움이 되지만, 제품의 중량을 감소시킨다.

  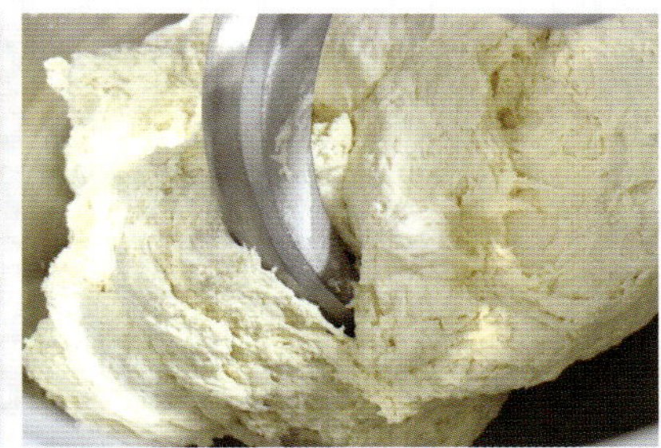

1 _ 믹싱 : 발전단계(80%), 반죽온도 22°C

❶ 가루재료와 물을 넣고 저속으로 1분 믹싱한다.

❷ 고속으로 5분, 중속으로 3분간 믹싱한다.

2 _ 발효 : 10°C 냉장온도에서 최소 8시간 이상 발효 및 숙성을 시킨다.

TIP **믹싱 마지막 단계에서 중속으로 돌리는 이유**

1 _ 마찰열에 의해 반죽의 온도가 상승하여 밀가루의 수분흡수율을 낮추는 것을 방지하기 위함이다.

2 _ 고속으로 믹싱하면서 손상된 글루텐을 중속으로 믹싱하여 재정돈하기 위함이다.

얼그레이 시럽 만들기

1 _ 물에 설탕을 붓고 팔팔 끓여준다.

2 _ 80°C 정도로 식힌 후 얼그레이 티백을 넣고 5~10분간 방치하여 우려낸다.

TIP

1 _ 프랑스 식빵 윗면에 준비된 시럽을 바르면 광택제 효과뿐만 아니라 홍차의 맛과 향으로 빵의 풍미를 더욱 향상시키는 효과를 얻을 수 있다.

 블루베리 퀴헨은 독일의 케이크인 슈트로이젤 쿠헨(Streusel Kuchen)을 응용하여 만든 Two Hills의 시그니처
(Signature)이다. 슈트로이젤 쿠헨은 과일과 견과를 넣어 만드는 케이크로, 미국에서는 커피에 잘 어울리는 케이크라고 해서 커피 케이크라고도 한다. 우리나라에서는 일본의 영향으로 일명 소보로라고 부르는 슈트로이젤을 반죽 위에 얹는 맘모스 빵으로 응용하여 널리 알려져 있다. 블루베리 퀴헨을 만들 때 쿠헨을 특징짓는 과일로 블루베리를 선택했으며 블루베리는 생과일 형태와 리플잼 형태로 사용 한다. 그리고 견과는 아몬드, 호두를 사용했으며 아몬드는 분말과 프랄린 형태로 호두는 분태의 형태로 사용하여 고소함의 기호성을 극대화했다. 중간에는 모카 시트를 넣어 커피 케이크라는 스토리를 표현하기도 했다.

01_Formula │ 15개 분량

모카 시트

달걀	1,000g
설탕	500g
물엿	40g
중력분	500g
베이킹파우더	10g
모카엑기스	150g
우유	100g
식용유	100g
버터	100g
럼	20g
바닐라 에센스	20g

비스퀴

버터	450g
설탕	270g
달걀	36g
강력분	270g
박력분	180g
아몬드분말	30g
베이킹파우더	6g

아파레이유

버터	252g
황설탕	270g
달걀	108g
박력분	88g
아몬드분말	180g
호두분태	180g

소보로

버터	600g
아몬드프랄린	150g
설탕	900g
달걀	180g
중력분	1,200g
옥수수분말	300g
베이킹파우더	30g
베이킹소다	15g
분유	90g

충전물

냉동 블루베리	400g
블루베리 리플잼	800g

Process

제조1	제조2	제조3	제조4	성형	굽기	마무리
모카 시트 제조	비스퀴 제조	아파레이유 제조	소보로 제조	블루베리 퀴헨 성형	윗불 180℃ / 아랫불 170℃, 20분	가로 100mm × 세로 100mm로 재단

❶ 모카 시트 만들기

1. 믹싱 :

❶ 달걀, 설탕, 물엿을 넣고 휘퍼로 저으면서 60°C까지 중탕한다.

❷ 체에 걸러 믹서볼에 [과정❶]을 붓고 휘퍼로 고속 6분, 중속 4분, 저속 3분 믹싱한다.

TIP

  1_고속으로 휘핑하여 거칠게 포집된 기포를 믹서의 속도를 줄여가며 휘핑하여 작고 치밀한 기포상태로 만든다.

  2_달걀 익은 부분이나 알끈을 걸러주기 위해 반드시 체에 한 번 걸러준다.

❸ [과정❷]에 균일하게 혼합한 후 체질한 중력분, 베이킹파우더를 넣고 손으로 섞어준다.

❹ 우유, 식용유, 버터, 바닐라 에센스를 넣고 중탕한 후 모카 엑기스와 럼을 넣고 섞어준다.

❺ [과정❹]에 [과정❸]를 400g 덜어 넣고 휘퍼로 잘 섞어 애벌반죽을 만든다.

❻ [과정❸]에 [과정❺]의 애벌반죽을 붓고 손으로 가볍게 잘 섞어 반죽을 완성한다.

2. 패닝 : 옆면이 높은 평철판 2장에 각각 노루지를 깔고 완성된 반죽을 이등분하여 부은 후

고무주걱으로 윗면을 고르게 정리해준다.

3. 굽기 : 윗불 190°C / 아랫불 160°C, 20분

1_시트 위 껍질 부분을 부드러운 식감을 위해 평평하게 잘라준다.

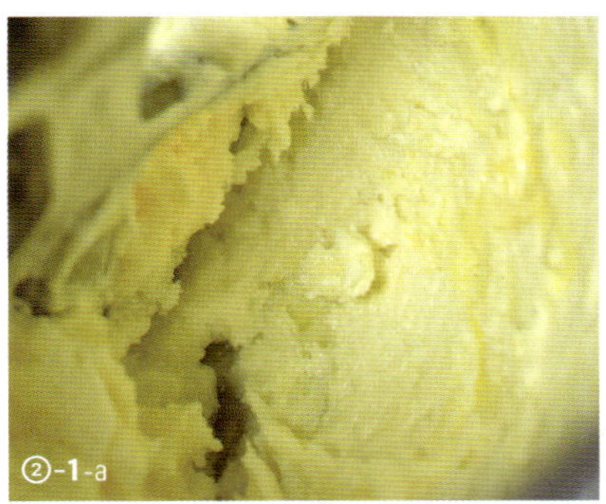

❷ 비스퀴 만들기

1. 믹싱 :

❶ 반죽 날개는 비터를 사용한다. 비터를 사용해 버터와 설탕을 포마드화한다.

❷ 체에 친 강력분, 박력분, 아몬드분말, 베이킹파우더를 넣고 주걱으로 하나로 뭉치며 섞는다.

1_버터로 가루재료를 피복시킬 때 설탕을 함께 넣어주면 기포를 약간 포집시켜 가벼운 식감을 만들 수 있다.

❸ 달걀을 넣고 저속으로 2분 믹싱한다.

2. 패닝 :

❶ 반죽을 1,000g씩 나누어 밀대를 사용하여 고르게 펴준 뒤 철판에 펼쳐서 패닝한다.

❶ 그 위를 스파이크 롤러로 구멍을 내준 다음 10°C 냉장온도에서 숙성시킨다.

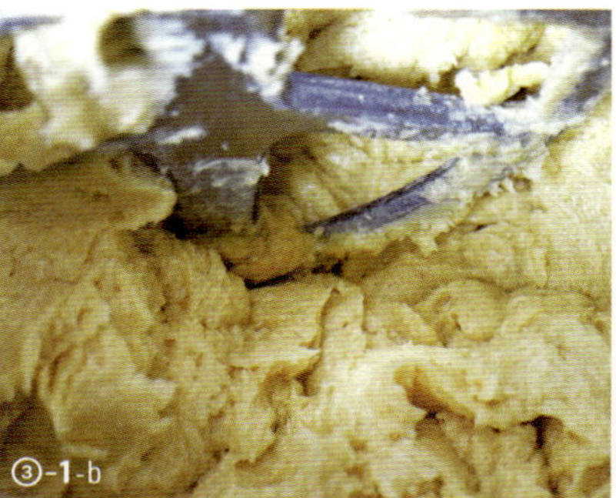

③-1-a ③-1-b ③-1-c

❸ 아파레이유 만들기

1. 믹싱 :

❶ 반죽날개는 비터를 사용한다.

❷ 믹서볼에 버터와 황설탕을 넣고 포마드 상태로 만든 후 달걀을 넣고 크림화한다.

❸ 균일하게 혼합 후 체에 친 박력분, 아몬드분말을 [과정❷]에 넣고 주걱으로 섞는다.

❹ [과정❸]에 구운 호두분태를 넣고 주걱으로 섞어준다.

> **TIP**
>
> **1**_호두는 150°C로 예열된 오븐에서 10분간 구워서 사용한다. 이렇게 구워서 사용하면 반죽에서 호두가 눅눅해지
> 지 않고 견과류 특유의 고소함을 유지한다.

④-1-a ④-1-b ④-1-c

❹ 소보로 만들기

1. 믹싱 :

❶ 믹서볼에 버터와 아몬드 프랄린과 설탕을 넣고 휘퍼로 균일하게 섞는다.

> **TIP**
>
> **1**_소보로를 바삭하게 하려고 비터 아닌 휘퍼를 쓴다.

❷ 달걀은 1개씩 넣으면서 섞어준다.

❸ 균일하게 혼합 후 체질한 중력분, 옥수수분말, 베이킹파우더, 베이킹소다, 탈지분유를 넣고 손으로 부슬

부슬하게 섞어서 완성한다.

⑤ 블루베리 퀴헨 만들기

1. 성형 :

❶ 냉장 숙성된 비스퀴 위에 아파레이유를 잘 펴 바른다.

❷ [과정❶] 위에 냉동 블루베리 200g을 골고루 뿌려준다.

❸ [과정❷] 위에 [과정❶]의 모카 시트를 놓는다.

❹ [과정❸] 위에 리플잼 800g을 골고루 펴 발라준 후 냉동 블루베리 200g을 뿌려준다.

❺ [과정❹] 위에 소보로 600g을 골고루 뿌려준 후 눌러준다.

2. 굽기 : 윗불 180°C / 아랫불 170°C, 20분

TIP

1_옆면이 높은 철판 밑에 같은 종류의 철판을 한 판 덧대준 후 구워준다.

3. 재단 : 바로 자르면 형태가 흐트러지므로 냉동 후 가장자리를 잘라 단면을 깔끔하게 정리 후

가로100mm x 세로100mm로 자르면 15개 분량이 나온다.

❶ 위에 생크림을 파이핑 한다.

1_생크림 1,000g, 분당 60g을 섞어서 휘핑하여 사용한다.

❷ 미로와에 미지근한 물을 풀어서 과일에 코팅하여 입힌 뒤 크림 위에 올려 장식하여 완성한다.

Chef's Secret Recipe
오렌지 발효종, 르방, 탕종

소비자들의 입맛에 맞는 질감, 식감, 풍미를 빵에 표현하기 위해 저의 오랜 경험을 바탕으로 찾아낸 오렌지 발효종, 르방 뒤흐, 탕종 등의 나만의 시크릿 레시피를 공유한다. 저의 앞선 반죽은 양배추 끓은 물, 오렌지 주스, 프랑스산 르브와 르방을 사용하며 저온숙성 과정을 거쳐 풍미가 좋고 소화가 잘 되는 빵을 Two Hills (투힐스)에서 정성껏 만든다.

1_오렌지 발효종

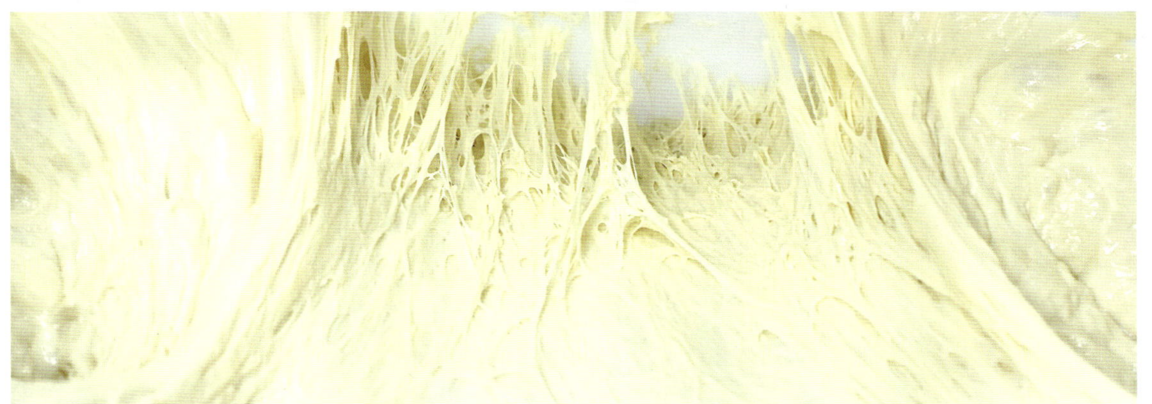

2_르방

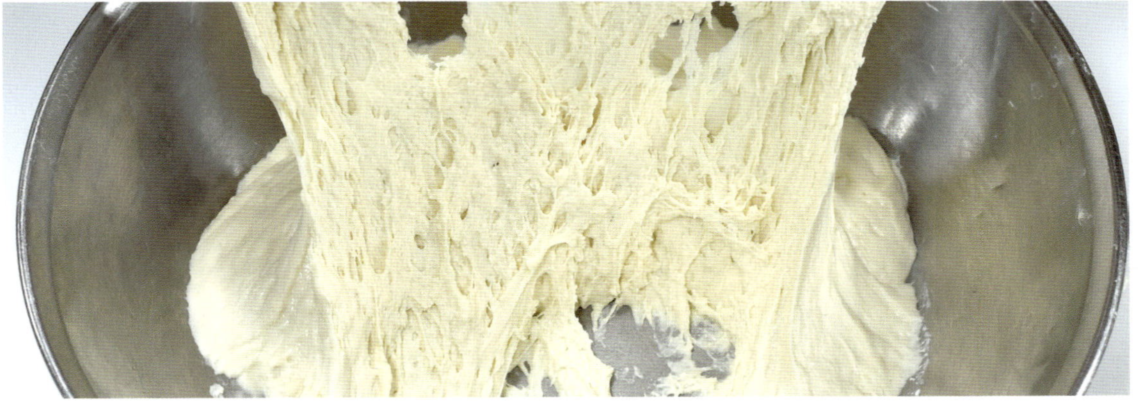

3_탕종

CHEF'S BREAD & DESSERT

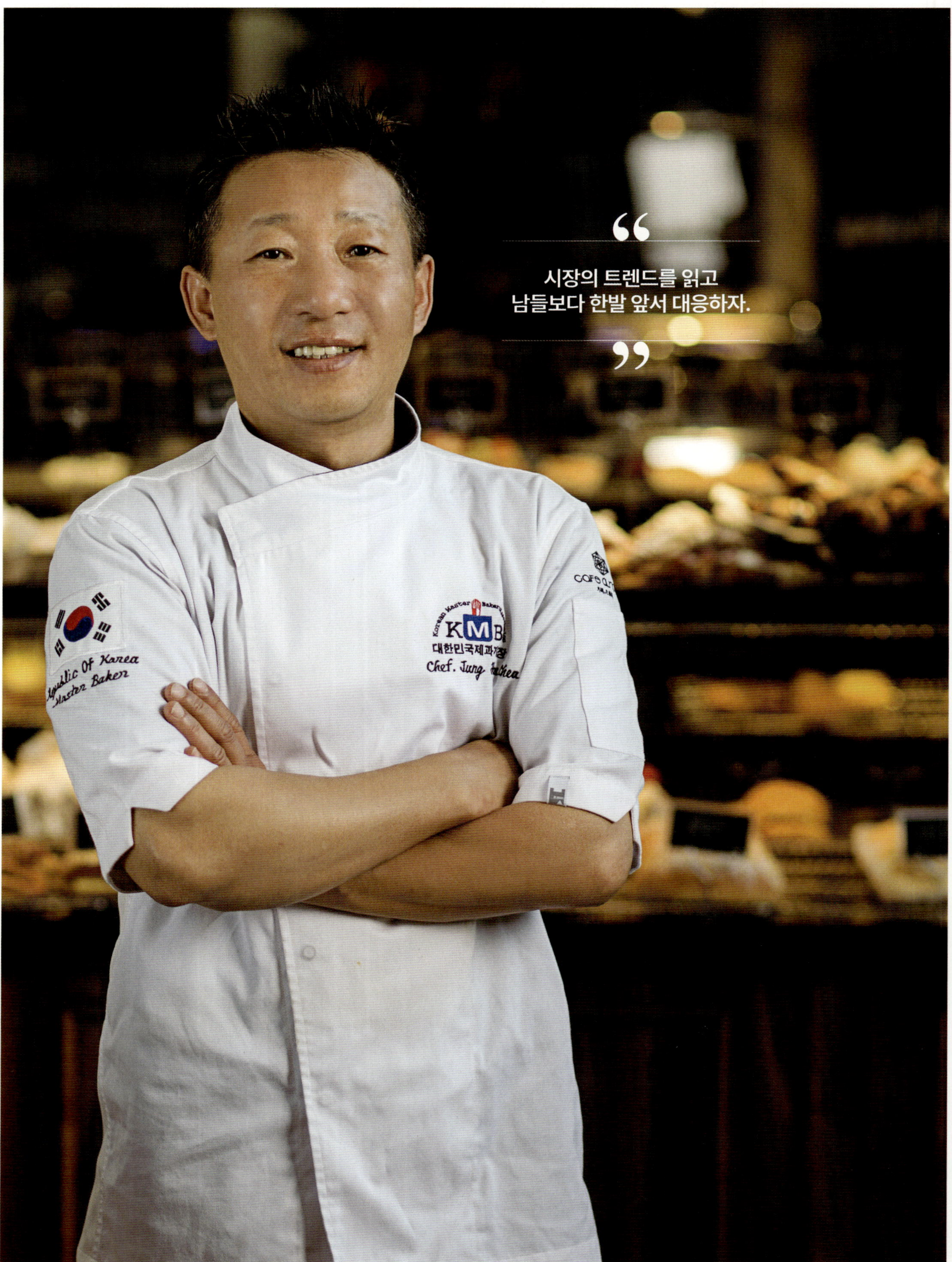

• Chef's **Profile**

현) 바다뷰 제빵소 기술상무
전) SBS 생생정보통, MBC 오늘아침,
　 KBS 건강혁명 출연
　 빠빠맹 대표. 일본 NHK 출연

정현채 기술상무
바다뷰 제빵소

• Bakery **Know-how**

예전의 오프라인 기반 사회에서는 신제품 개발에
필요한 레시피를 확보하기가 어려웠다. 그러나 요
즘의 온라인 기반 사회에서는 레시피뿐만 아니라
메커니즘을 파악하는데도 어려움이 없다. 그래서
요즘 기술자는 시장의 변화에 대응할 개념은 온라
인에서 검색해본 후 남들보다 한 번 더 연습해 봄으
로써 몸이 먼저 반응할 수 있도록 만들어야 한다.

후랑부아즈 젤리피에

FRAMBOISE JELLIPIER

젤리피에(GÉLIFIÉ)는 겔화 과정을 거쳐 젤리처럼 굳은 상태를 가리키는 단어이다. 19세기의 당과류 제조자들은 아카시아 수지 혼합물인 아라비카 고무에 설탕, 과일 추출물과 향료 등을 넣고 함께 끓여 젤리피에 현상을 일으켜 젤리 사탕을 만들었다. 그런데 이 사탕은 주재료인 아라비카 고무의 가격이 너무 비싸져서 젤라틴을 이용한 젤리 사탕에게 그 자리를 내어주게 된다. 이 젤리 사탕은 동물의 껍질이나 연골에서 추출하는 젤라틴을 넣어 쫄깃하고 말랑말랑한 식감을 내고, 식용 색소로 알록달록한 색깔을 내었다. 그러나 이 책에서 소개하는 젤리피에는 산딸기 퓌레로 기호성이 좋은 맛과 색을 내고, 젖산이 많이 함유된 플레인 요구르트로 건강을 챙기며, 045생크림을 사용하여 젤리피에의 질감을 부드럽고 고소하게 만든다.
불어로 산딸기를 뜻하는 후랑부아즈(Framboise)의 맛과 색을 이 무스케이크에서 표현하기 위해 산딸기 퓌레를 사용한다. 또한 산딸기의 맛을 상큼하고 새콤하게 만들기 위해 산딸기 퓌레로 산딸기 꿀리 필링을 넣는다.

01_Formula | **48**개 분량

초콜릿 조콩드(6장)

달걀	1,200g
분당	832g
아몬드분말	576g
박력분	640g
코코아분말	192g
무염버터	256g
흰자	1,536g
설탕	384g

꿀리

산딸기 퓌레	1,000g
설탕	140g
젤라틴	20g

후랑부아즈 젤리피에

산딸기 퓌레	600g
설탕	225g
젤라틴	45g
플레인요거트	517.5g
쿠앵트로	23g
생크림	1,125g

초콜릿 조콩드 시럽

물	700g
설탕	300g

딸기 초콜릿 분사

딸기 초콜릿	450g
카카오버터	300g

Process

조콩드	>	꿀리	>	젤리피에	>	마무리
초콜릿 조콩드 제조		산딸리 꿀리 제조		후랑부아즈 젤리피에 제조		분사 초콜릿 > 생크림 짜기 > 초콜릿 장식과 딸기 올림

❶ 초콜릿 조콩드 만들기

1. 버터를 중탕해서 녹인다.

2. 아몬드분말, 박력분, 코코아분말을 체질한 후 넣고 전란과 함께 휘핑기를 사용해서 부드럽게
   섞어준다.

3. 중탕한 버터를 섞는다.

4. 차가운 흰자와 설탕을 섞어 80~90% 머랭을 올려준다.

5. 완성된 머랭을 3~4번 나누어 섞어준다.

6. 40cm×60cm 철판 6개에 종이를 깔고 그 위에 실리콘 페이퍼를 깔아 패닝한 뒤 윗면을 평평하게 펼쳐준다.

7. 윗불 200°C / 아랫불 160°C에서 12분간 굽는다.

8. 완전히 식힌 후 하트 모양 틀로 찍어준다.

TIP

1_ 머랭을 100%까지 올리면 다른 재료들과 잘 섞이지 않아 많이 휘젓게 되면서 조콩드 부피가 낮게 나올 수 있기 때문에 부드럽게 80~90%까지 머랭을 올려서 섞어준다.

2_ 초콜릿 조콩드는 하트 모양 틀로 찍어준 뒤 약 한 달까지 냉동보관했다가 해동하여 사용할 수 있기 때문에 한 번에 많이 만들어 두어서 필요한 양만큼 해동해서 사용하면 매일의 작업을 줄일 수 있다.

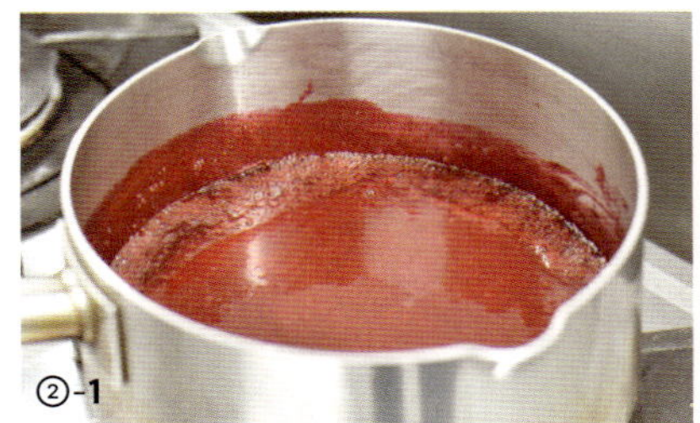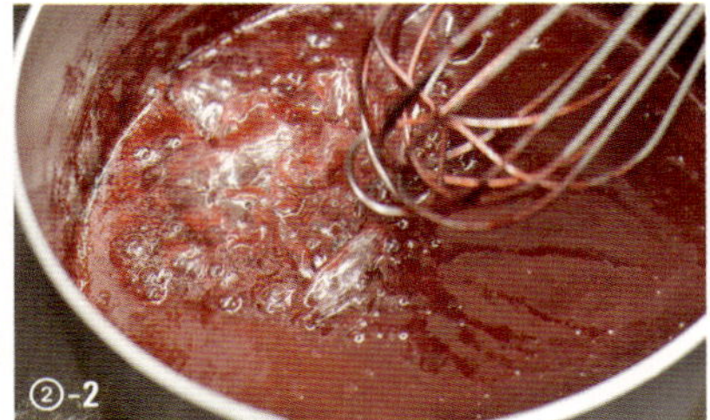

❷ 꿀리 만들기

1. 산딸기 퓌레와 설탕을 넣고 80°C까지 끓인다.

2. 60°C로 낮춰 젤라틴을 섞는다.

3. 반구형 몰드(지름 4cm)에 채운 후 냉동고에 넣어 굳힌다.

❸ 후랑부아즈 젤리피에 만들기

1. 산딸기 퓌레와 설탕을 80°C까지 끓인다.

2. 60°C로 낮춘 뒤 젤라틴을 섞는다.

3. 요거트에 [과정2]를 섞고 쿠앵트로를 붓고 휘퍼로 젓는다.

4. 생크림을 70% 휘핑해서 [과정3]에 넣고 부드럽게 섞는다.

> TIP
>
> **1**_생크림은 3~4번에 나누어서 넣는다.

5. 짤주머니에 넣어 실리콘 몰드(SF186)에 절반을 붓고 꿀리를 넣고 그 위에 90% 넣고 채운다.

6. 조콩드에 시럽을 발라서 올린다.

> TIP
>
> **1**_초콜릿 조콩드 시럽은 물과 설탕을 냄비에 넣고 살짝 끓여준 뒤 식혀서 사용한다.

7. 냉동고에 넣어 굳힌다.

> TIP
>
> **1**_산딸기 퓌레를 끓일 때에는 냄비의 가장자리가 보글보글 끓기 시작할 때 종료한다. 너무 끓이게 되면 퓌레가 어둡
> 게 변색이 되고 수분이 너무 날아갈 수 있다.
>
> **2**_요거트는 무가당 플레인 요거트를 사용한다.
>
> **3**_젤라틴은 판젤라틴을 차가운 물에 불려둔 뒤 물기를 제거하고 사용한다. 젤라틴은 강한 열이나 산을 만나면 굳혔을
> 때 응고력이 떨어질 수 있어 80°C가 넘는 높은 온도에서 녹이면 응고력이 떨어질 수 있기 때문에 60°C까지 낮춘
> 다음 섞는 것이 중요하다.

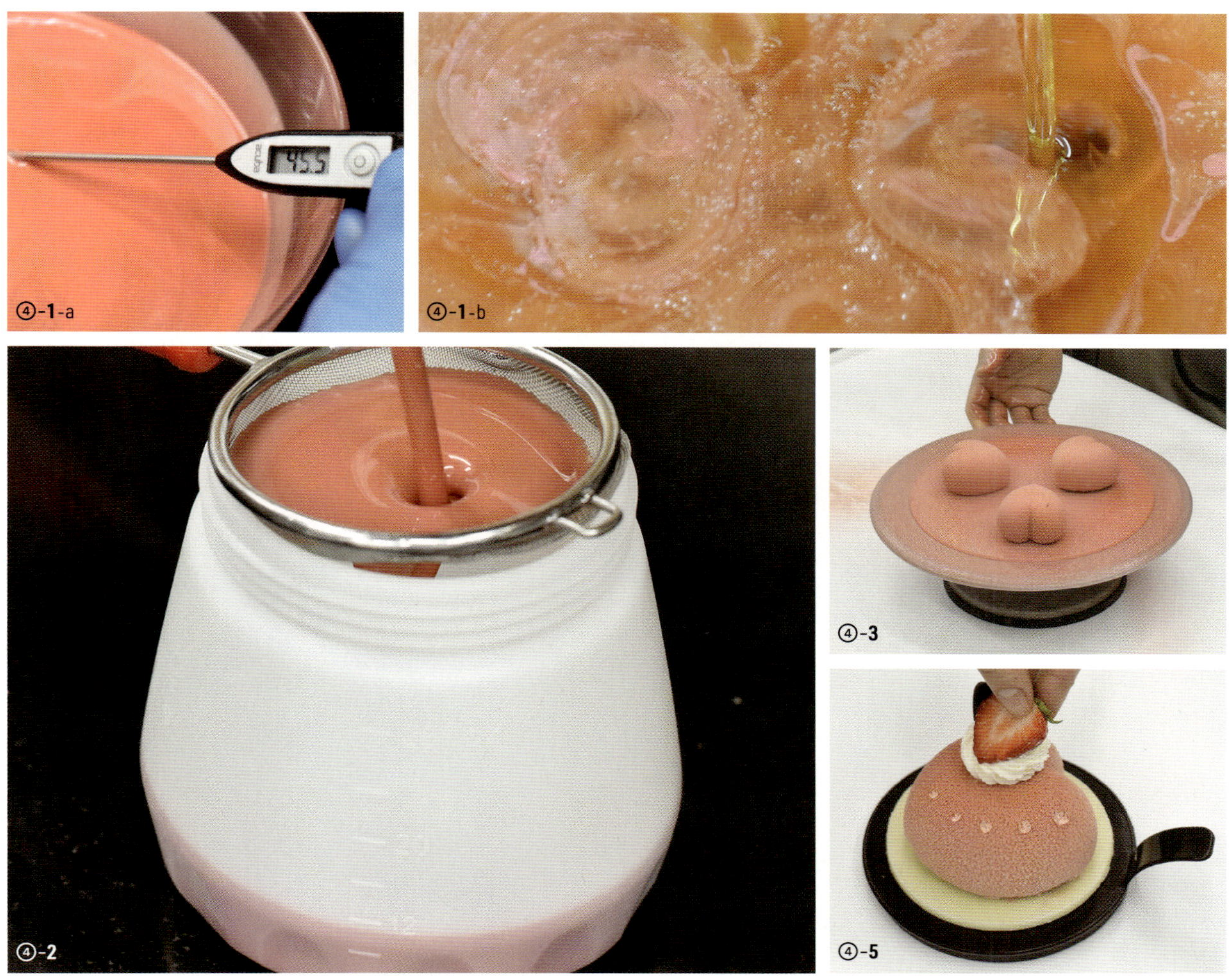

❹ 마무리 및 완성

1. 카카오버터와 딸기 초콜릿(발로나 인스피레이션)을 따로따로 녹여서 섞어 분사 초콜릿을 만

들어준다.

2. 체에 걸러 분사기에 넣는다.

3. 돌림판(지름 8cm 초콜릿판)에 올려서 분사한다.

4. 생크림을 짜고 미로와로 물방울 장식을 만들어준다.

5. 초콜릿 장식과 딸기를 올려 제품을 마무리한다.

TIP

1_분사 초콜릿을 만들 때 카카오버터를 섞어주어 초콜릿 단일로 사용했을 때보다 텍스처가 더욱 부드러워져 분사
가 용이하고 맛과 식감을 높여주는 역할을 한다. 또한 산패를 막아주는 역할을 하여 제품의 보관 기한을 연장해
준다.

2_딸기 초콜릿을 전자레인지에 녹일 때 45°C 이하로 떨어지지 않도록 처음엔 1분, 그 다음은 저어주며 30초 간격
으로 녹여준다. 1분 이상 전자레인지에 돌릴 경우 초콜릿이 탈 수 있으니 유의한다.

3_분사 초콜릿 기계의 노즐 구멍은 매우 미세하기 때문에 덜 녹은 초콜릿 덩어리가 있을 경우 막힐 수 있어 반드시
체를 걸러 넣도록 한다.

카페 마스카포네 타르트
CAFÉ MASCAPONE TART

1. 크렘 다망드 카페(Crème Amandes Caffe)

'아몬드 크림'이라 불리는 크렘 다망드는 아몬드분말에 설탕, 버터와 달걀을 섞어서 만든 크림이다. 향을 첨가하기 위해 럼주 혹은 바닐라 등을 사용하기도 한다. 과일을 곁들인 타르트, 파이 등의 필링으로 사용되는 기본적인 크림이다. 여기서는 카페의 이름에 맞게 에스프레소를 첨가하여 커피 맛이 나게 만든다.

2. 크렘 쇼콜라 아메르(Crème Chocolate Amer)

'쓴 초콜릿 크림'이라는 뜻으로 젤라틴의 물리적 성질을 활용하여 크림의 보형성을 유지시킨다. 크림의 보형성으로 인해 데커레이션 크림으로 활용이 가능하다.

3. 크렘 마스카포네(Crème Mascarpone)

이탈리아에서 생산되는 크림치즈의 일종인 마스카포네를 넣어 만든 크림이라는 뜻으로, 커스터드 크림인 크렘 파티시에르를 기본으로 2종류의 크림치즈를 넣고 되기 조절용으로 생크림을 섞어 만든다.

01_Formula | **70**개 분량

타르트 비스킷

버터	1,000g
쇼트닝	400g
분당	504g
달걀	8개
아몬드분말	504g
강력분	2,000g

크렘 쇼콜라 아메르

생크림	400g
우유	400g
커피분말	30g
노른자	250g
설탕	22g
판 젤라틴	10장
다크 초콜릿	600g

크렘 마스카포네

생크림	700g
설탕	48g
마스카포네	1,000g
크림치즈	1,000g
커스터드	2,650g

크렘 다망드 카페

버터	900g
에스프레소	90g
설탕	900g
바닐라슈가	20g
달걀	780g
아몬드분말	900g
박력분	88g

커스터드 크림

우유	2,000g
크리미비트	650g

Process

비스킷 >	카페 >	아메르 >	마스카포네 >	마무리
타르트 비스킷 제조	크렘 다망드 카페 제조	크렘 쇼콜라 아메르 제조	크렘 마스카포네 제조	크렘 쇼콜라 아메르 짜기 > 크렘 마스카포네 파이핑 > 코코아분말 뿌리기

02_**How to make**

①-5-a ①-5-b ①-6

❶ 타르트 비스킷 만들기

1. 버터, 쇼트닝, 분당을 부드러운 포마드 상태로 만든다.

2. 달걀을 4번에 나누어 섞어준다.

3. 아몬드분말과 강력분을 균일하게 혼합 후 체질하여 붓고 섞어준다.

4. 하루 정도 냉장휴지를 시킨다.

5. 직경 8cm 원형 틀에 비스킷 반죽을 3~4mm 두께로 밀어 펴서 씌운다.

6. 컨벡션 오븐에서 170°C로 10분간 굽는다.

TIP

1_버터, 쇼트닝과 같은 유지류와 수분이 있는 달걀을 섞을 때는 한 번에 넣지 않고 조금씩 나누어 넣으며 섞어줘야 분리가 일어나는 것을 방지할 수 있다. 달걀이 너무 차가우면 분리가 더 날 수 있으니 버터, 쇼트닝, 달걀 모두 실온의 온도에서 섞어주는 것이 좋다.

2_타르트가 냉장에서 바로 꺼낸 차가운 상태에서 구워야 타르트 형태가 무너지지 않고 형태를 잘 유지하며 구워진다. 만약 틀에 패닝하는 도중 반죽이 많이 녹아난다면 냉장에 다시 넣고 차갑게 형태가 유지되도록 한 후 굽는다.

❷ 크렘 다망드 카페 만들기

1. 버터와 에스프레소, 설탕, 바닐라 슈가를 넣고 부드럽게 포마드시킨다.

2. 달걀을 4~5번 넣으면서 부드럽게 섞어준다.

3. 아몬드분말과 박력분을 체질하여 넣고 거품을 올리지 않고 부드럽게 섞는다.

4. 구워진 비스킷에 아마레노 체리를 4등분해서 올린다.

5. 크렘 다망드 카페를 45g씩 짠다.

6. 컨벡션 오븐에서 170°C로 25분간 굽는다.

TIP

1_액체재료를 한 번에 넣으면 분리되므로 버터와 설탕, 바닐라 슈가를 먼저 넣고 돌리면서 에스프레소는 천천히 부어준다.

2_체리는 한번 개봉했을 경우 빨리 상하므로 물기 제거하여 냉동보관하여 쓴다.

❸ 크렘 쇼콜라 아메르 만들기

1. 생크림과 우유를 같이 넣어 끓인 다음 끓으면 커피분말을 넣고 핸드 거품기로 젓는다.

2. 노른자를 풀어준 후 설탕을 넣고 균일하게 섞는다.

3. 균일하게 섞은 [과정2]에 끓인 [과정1]을 부어서 섞는다.

4. 찬물에 불린 판 젤라틴을 넣고 섞는다.

5. 스테인리스 볼에 담아 둔 다크 초콜릿에 [과정4]를 부어 균일하게 섞어서 완성한다.

6. 크렘 쇼콜라 아메르는 짜기 좋은 상태로 만들기 위해 전날 제조하여 냉장보관한다.

TIP

1_초콜릿은 칼리바우트 다크초코 57.9%짜리를 사용하였다. 초콜릿이 끓인 생크림+우유에 잘 녹지 않을 수 있으므로 템퍼링을 해서 준비하거나 중탕으로 살짝 녹여 초콜릿의 온도를 높인 다음 섞어줘도 된다.

2_크렘 쇼콜라 아메르는 냉장온도에서 굳기 때문에 실온화한 후 부드럽게 풀어준 뒤 사용한다.

❹ 크렘 마스카포네 만들기

1. 크리미비트에 우유를 섞어 커스터드 크림을 만든다.

2. 전자레인지를 이용하여 크림치즈를 풀어주고 마스카포네를 섞는다.

3. [과정2]에 커스터드 크림을 넣고 함께 섞어준다.

4. 생크림과 설탕을 부드럽게 휘핑해서 [과정3]에 넣고 가볍게 섞어준다.

❺ 마무리 및 완성하기

1. 크렘 쇼콜라 아메르 반죽을 직경 2cm 원형모양 깍지를 끼운 짤주머니에 담아 정중앙에 짠다.

2. 돌림판에 [과정1]을 놓고 크렘 마스카포네를 별모양 깍지를 끼운 짤주머니에 담아 파이핑 데커

    레이션을 한다.

3. 하루 냉동 후 코코아분말를 뿌리고 장식하여 마무리한다.

바통 프로마쥬

BATON FROMAGE

 바통 프로마쥬(Bâton Fromage)는 진한 크림치즈의 맛을 느낄 수 있는 막대기 모양의 디저트이다. 이 제품에 사용하는 크럼블 반죽은 디저트에서 많이 사용되는 반죽이다. 크럼블 반죽을 사용하는 목적은 완제품에 바삭한 식감을 주기 위함이다. 부드러운 무스케이크 또는 크림이나 아이스크림과 같이 크럼블을 조합해 식감을 다양하게 만들 수도 있다. 또한 데커레이션용으로 사용한다. 식감적인 부분이나 시각적인 부분 이외에도 맛적인 부분도 영향을 끼친다. 카카오나 녹차 등 일반적인 재료 외에도 후추, 카레 가루, 시나몬 등 다소 강한 향신료를 사용하여 만들기도 한다. 여기서는 크럼블 배합에 후추와 소금으로 감칠맛을 표현하므로 디저트 안에서 맛의 시너지를 가져온다.

크럼블 반죽은 수분을 공급해주는 재료가 안 들어가기 때문에 반죽을 완성했을 때 한 덩어리로 잘 뭉쳐지지 않고 질감이 끈적임이 없으며 부슬부슬하고 부서지는 질감으로 완성되는 것이 특징이다.

01_Formula | 48개 분량

크럼블 비스킷

버터	600g
설탕	420g
아몬드분말	600g
박력분	330g
강력분	270g
소금	3g
후추	3g

프로마쥬

크림치즈	1,020g
버터	510g
그라뉴당(설탕)	420g
달걀	270g
노른자	9개
박력분	120g
레몬껍질	3개
레몬과즙	90g
우유	600g

Process

비스킷	>	프로마쥬	>	굽기	>	마무리
크럼블 비스킷 제조		프로마쥬 제조		컨벡션 오븐 170°C, 40분		가로로 반 나누고 폭 4cm로 재단

❶ 크럼블 비스킷 만들기

1. 믹서볼에 버터, 설탕, 소금, 후추를 넣는다.

2. 비터로 저속으로 돌리면서 잘 섞일 수 있도록 중간 중간 긁어준다.

3. 균일하게 혼합 후 체질 한 가루재료(아몬드분말, 박력분, 강력분)를 넣고 돌려준다.

4. 크림법으로 제조한 후 900g 분할하여 냉장고에 보관한다.

5. 900g을 가로 60cm × 세로 40cm 틀 안에 넣고 밀어 편 후 패닝한다.

6. 컨벡션 오븐에서 170°C로 20분간 굽는다.

TIP

1_ 믹서로 반죽을 만들다 보면 버터가 구석구석 잘 안 풀어질 수 있으므로, 소량을 작업할 경우 손으로 하는 것이 작업 효율이 더 좋을 수 있다.

2_ 900g씩 분할 후 나머지는 소보로로 사용한다.

3_ 토핑물로 사용하는 후로마주는 틀에 담겨진 크럼블 비스킷 반죽 안에 부어주기 때문에 비스킷을 구운 다음 틀에서 빼지 않고 그대로 식힌다.

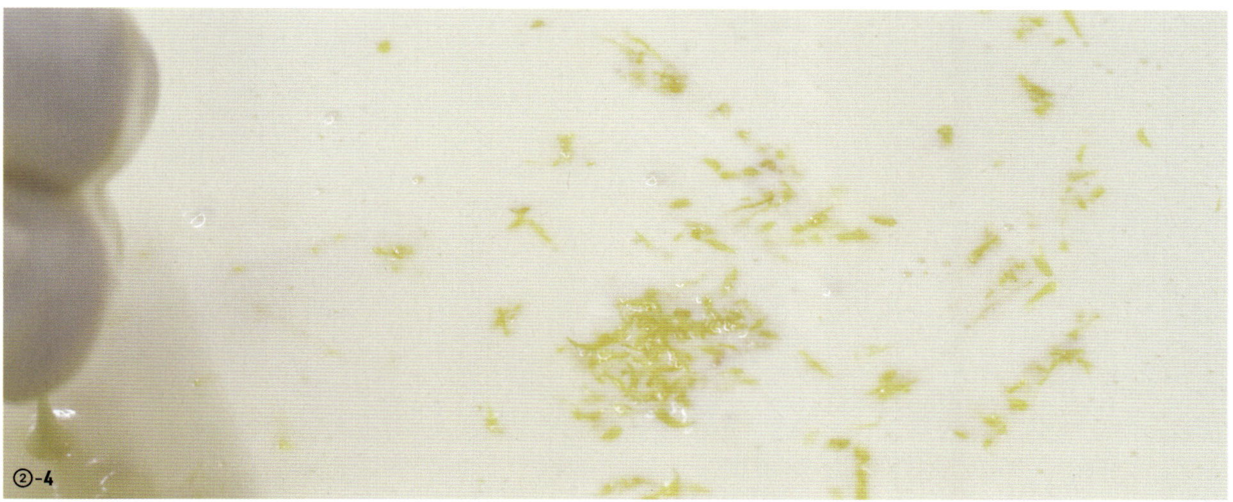

❷ 프로마쥬 만들기

1. 반죽날개인 비터를 장착한 믹서로 크림치즈를 풀어준 뒤 상온에서 실온화한 버터, 설탕을 넣고 풀어준다.

2. 달걀과 노른자를 3~4번에 나누어 투입하면서 균일하게 섞는다.

3. 체로 친 박력분를 넣고 주걱으로 섞는다.

4. 상온에서 실온화한 우유를 넣고 섞은 후 레몬껍질과 레몬과즙을 넣고 주걱으로 균일하게 섞어준다.

TIP

1_달걀은 분리가 날 수 있으므로 3~4번에 걸쳐서 나누어 넣어준다. 만약 한꺼번에 넣고 싶다면 차가운 액체류를 한 번에 넣으면 몽우리가 생길 수 있고, 한번 몽우리가 생기면 잘 풀어지지 않으므로 달걀을 하루 정도 실온에 둔다.

2_레몬껍질과 레몬과즙은 산성분이 강하기 때문에 우유와 같이 넣으면 우유의 구성성분인 고형분과 수분이 분리가 될 수 있으므로 시차를 두고 투입한다.

❸ 마무리 및 완성하기

1. 구워서 식힌 크럼블 비스킷에 프로마쥬를 채우고 주걱으로 윗면을 정리해준다.

2. 크럼블 비스킷을 만들고 남은 소보로를 윗면에 뿌려준다.

3. 컨벡션 오븐에서 170°C로 40분간 굽는다.

4. 오븐에서 구워져 나오면 틀에서 칼로 가장자리를 긁어내면서 깔끔하게 분리해서 빼낸다.

5. 틀에서 빼낸 완제품을 먼저 가로로 반을 나누고 4cm 폭으로 재단한다.

TIP

1_재단한 제품을 담을 보유 중인 상자나 혹은 업장의 상황에 맞게 크기를 정해 재단하여 판매한다.

Chef's Secret Recipe
요거트

1_요거트를 디저트에 넣는 이유

우리 사회의 인구구조는 고령화로 노인인구가 많고, 산업구조는 지적노동과 감정노동을 하는 근로자가 많다. 노인과 지적·감정 노동자의 신체적 특징을 보면 영양소의 소화흡수와 체내이용률이 현저히 떨어진다. 이러한 생리적 현상을 보완하기 위해 그들은 식품과 식재료를 체외에서 숙성시킨 후 섭취하는 방식에 많은 관심을 보이고 있다. 그래서 디저트에 요거트를 첨가하여 그들의 요구에 부합할 수 있도록 해야 한다.

2_요거트의 개요

유산균을 이용하여 우유를 발효시킨 유제품이다. 간단히 말해 발효우유의 형태이다. 식품 규범 표기는 요구르트이지만, 흔히 요거트라고 불리며, 대표적인 요거트 상품으로는 빙그레에서 출시하는 요플레가 있다. 카페에서도 수제 요거트를 판매하고 있는데, 마트에서 파는 떠먹는 요거트는 요거트가 아니라 스무디 형태이다. 요거트의 다른 이름인 요구르트는 발효 우유식품인 반면에 야구르트는 설탕물에 유산균 농축액을 혼합한 유산균 음료이다.

3_요거트의 효능

유산균의 발효작용으로 생산되는 젖산(유산)은 우유가 부패하지 않도록 도와준다. 유산발효작용으로 만들어진 요거트는 소화기 질병, 콜레스테롤 수치 안정에 좋으며, 심지어 암과 같은 종양을 치료한다. 또한 유산균에 의한 발효는 단백질 발효와는 달리 탄수화물 발효인 유당 발효이다. 이 발효는 유산균이 우유의 유당을 먹고 작용하기 때문에 유당을 소화시키지 못해서 우유를 섭취하지 못하는 사람에게도 우유의 중요한 영양분인 칼슘과 카세인의 소화·흡수와 체내이용률을 높일 수 있도록 도와준다. 요거트는 플레인, 과일혼합, 칼슘강화 등의 형태로 다양하게 생산되며, 첨가물이 없는 플레인 요거트는 다이어트 식품으로 인기가 있다.

PART 3

베이커리 카페 창업 노하우

PART_3에서는 베이커리 카페 전문점 창업을 위해 필요한
성공한 CEO 및 전문셰프들이 선택한 제품 및 장비를 모두 담았습니다.

▌1_최적의 시스템을 갖춘 '제과제빵' 전문점을 위한 창업 준비

1│전문점의 정의와 특징

1_전문점의 정의

요즘 창업시장을 보면 제빵 전문점 및 제과 전문점이 대세입니다. 전문점이란 특정한 단일 품목 혹은 관련된 상품을 전문적으로 판매하는 소매상의 한 형태입니다. 백화점에서 다양한 상품을 부문별로 판매하고 있는 것과는 달리 전문점에서는 취급상품의 범위가 한정되고, 전문화되어 있습니다. 이들 전문점은 취급상품에 관한 전문적 지식 또는 전문적 기술을 갖춘 경영자나 종업원이 가공과 수리도 겸하여 운영하며, 품목의 선택, 고객의 기호, 유행의 변천 등 예민한 시대감각으로 맞춤형 서비스를 제공함으로써 합리적 경영을 실현하고 있습니다.

2_전문점으로 창업해야 하는 이유

제과제빵 분야에서는 많은 자본을 투자하여 백화점식으로 빵과 과자를 제조하여 판매하는 업장을 토탈 베이커리라고 합니다. 그러나 소자본으로 제과제빵과 관련된 창업을 하고자 할 때에는 반드시 전문점이 되어야 합니다. 제과제빵 전문이란 제과제빵에서도 한 파트에 상당한 지식과 경험을 가지고 그 파트를 연구하여 탁월한 능력에 도달했을 때 사용할 수 있는 말입니다. 우리가 살아가는 세상의 다양한 분야에 전문이란 수식어가 붙는 이유도 이런 의미를 내세우기 위함입니다. 특히, 제과제빵에서 전문이란 단어가 붙는다면 한 가지 또는 관련성 있는 수종의 품목을 전문적으로 제조하여 판매하는 소매상의 한 형태로, 그 품목을 매우 잘 다루며 자부심이 있다는 표현입니다. 더욱이 특정 품목을 다루는 일에 전문이란 의미는 경쟁력 있는 업장을 만드는 데 꼭 필요합니다. 왜냐하면 재료에 대한 이해와 관리능력 그리고 제조하는 전문가의 노하우, 안목, 실력 등이 빵과 과자에 녹아들 때 비로소 만족스러운 음식이 되기 때문입니다. 하지만 한 가지만 고집해서 만든다고 해서 전문이란 말을 쓰는 건 문제가 있습니다. 그건 전문이란 개념을 이해하지 못하고 고객을 기만하는 행위입니다.

3_이 책을 활용한 전문점 창업 준비하기

제과제빵 분야에서 나름 부끄럽지 않은 결과를 낸 우리들은 자신만의 전문 분야를 발굴하여 전문점을 론칭하고자 하는 후배님들을 돕고자 이 책을 썼습니다.

이 책은 창업을 위한 아이템 레퍼런스 가이드이며, 소자본으로 제과제빵 전문점, 베이커리 카페, 디저트 카페를 창업하고자 하는 이들에게 유명한 업장에서 소비자에게 검증된 품목과 레시피를 제시할 뿐만 아니라 이 장에서는 선정한 아이템으로 전문점을 창업하고자 할 때 필요한 설계도면, 기기 및 장비 목록 그리고 주방 및 매장 세팅 시 주의할 점을 정리하여 제시합니다.

제과전문점 컨셉

양과자 컨셉

건강빵 컨셉

조리빵 컨셉

1_브랜드 차별화

특정 제품에 집중하면 다른 제과제빵점과 차별화된 브랜드 이미지를 구축할 수 있습니다. 고객들이 특정 제품을 떠올릴 때 바로 생각나는 브랜드로 자리매김할 수 있습니다.

2_품질 향상

특정 제품에 집중하면 해당 제품의 품질을 더욱 높일 수 있습니다. 재료 선택, 조리 과정, 프레젠테이션 등에서 더 많은 노력을 기울여 최상의 제품을 제공할 수 있습니다.

3_효율적 운영

다양한 제품을 다루는 것보다 몇 가지 제품에 집중하는 것이 재료 관리, 재고 관리, 생산 효율성 등에서 더 효율적입니다. 이를 통해 비용 절감과 운영 효율성을 높일 수 있습니다.

4_고객 만족도 향상

특정 제품에 대한 전문성을 키우면 고객의 기대를 더 잘 충족시킬 수 있습니다. 높은 만족도를 경험한 고객은 재방문과 긍정적인 입소문을 통해 매출 증대에 기여할 가능성이 높습니다.

5_마케팅 집중

마케팅 활동에서 특정 제품에 집중하면 명확한 메시지를 전달할 수 있어 홍보 효과가 극대화됩니다. 고객에게 확실한 인상을 심어줄 수 있습니다.

6_리스크 관리

여러 제품을 다룰 경우 각 제품에 대한 수요 예측이 어렵고 재고 관리의 부담이 커질 수 있습니다. 선택과 집중을 통해 이러한 리스크를 줄일 수 있습니다.

따라서 제과제빵 전문점 운영 시 특정 제품에 선택과 집중하는 전략은 브랜드 구축, 품질 향상, 운영 효율성, 고객 만족도 제고 등의 측면에서 큰 장점을 가지고 있습니다.

○○●·TOSTEM
|주|토　스　템

'베이커리 주방 설계부터 신규 공장 컨설팅까지, 완벽한 솔루션 제공'

제과·제빵 업계에서 30년 이상의 경력을 자랑하는 토스템(Tostem)은 글로벌 유명 브랜드와의 협력을 통해 독보적인 기술력과 노하우를 쌓아왔습니다. 베이커리 주방 설계, 장비 라인 제공, 신규 공장 컨설팅, 생산 라인 설계 등 다양한 분야에서 토스템의 전문성을 경험할 수 있습니다. 토스템은 단순히 장비를 제공하는 것을 넘어, 베이커리 창업과 운영에 필요한 종합적인 솔루션을 제공합니다. 고객의 요구와 환경을 철저히 분석하여 최적의 주방 설계를 제안하고, 효율적인 생산 라인을 구축합니다. 이를 통해 고객들은 고품질의 제품을 안정적으로 생산할 수 있습니다. 특히, 해외 유명 브랜드와의 협력은 토스템의 기술력을 한층 더 높이는 계기가 되었습니다. 토스템은 글로벌 시장에서 검증된 최신 기술과 트렌드를 빠르게 도입하여 고객들에게 최상의 서비스를 제공합니다. 이로 인해, 토스템과 협력하는 모든 베이커리는 한 발 앞선 경쟁력을 갖추게 됩니다. 토스템의 성공은 채형원 대표의 리더십과 끊임없는 혁신에서 비롯됩니다. 채 대표는 항상 고객의 목소리에 귀 기울이며, 고객의 문제를 해결하기 위해 문을 활짝 열어두고 있습니다. 창업을 준비하는 여러분이 어떤 어려움에 직면하더라도, 토스템은 최적의 해결책을 제시할 준비가 되어 있습니다. 베이커리 업계에서의 성공을 꿈꾸는 창업자들에게, 토스템은 신뢰할 수 있는 동반자입니다. 토스템과 함께라면 창업 초기의 불안과 어려움을 극복하고, 성공적인 베이커리를 운영할 수 있을 것입니다. 토스템은 앞으로도 끊임없는 연구와 혁신을 통해 제과·제빵 업계의 발전을 선도해 나갈 것입니다. 여러분의 성공적인 창업과 성장을 위해 토스템과 함께 미래를 설계해보세요.

인구 감소와 고령화 문제에 직면한 제과제빵인들이 취해야 할 솔루션을 채형원 대표는 다음과 같이 제안합니다.

1_전문성 강화와 고부가가치 제품 개발

인구 감소와 고령화로 인해 전체적인 소비 시장이 축소될 수 있지만, 그에 따라 고품질, 건강, 맞춤형 제품에 대한 수요는 증가할 가능성이 큽니다. 채형원 대표가 강조하는 '전문성'을 바탕으로, 제과제빵인들은 건강을 고려한 제품, 예를 들어 저당, 저염, 글루텐프리 베이커리 제품을 개발하고, 고령자에게 적합한 제품을 선보이는 것이 필요합니다. 이러한 제품들은 기술적 지식과 경험이 뒷받침될 때 소비자들의 신뢰를 얻을 수 있습니다.

2_신뢰 기반의 장기적 고객 관계 구축

비즈니스에서 '신뢰'는 핵심입니다. 제과제빵인들은 고령화 사회에서 중요한 역할을 할 수 있는 장수 브랜드로 자리매김할 필요가 있습니다. 이를 위해 고객의 건강과 만족을 최우선으로 고려하여, 지속적인 품질 관리와 개선을 통해 신뢰를 쌓아야 합니다. 나아가, 지역 사회와의 긴밀한 관계를 유지하며, 고령자와 가족 단위 고객을 타겟으로 한 맞춤형 서비스나 제품 라인을 구축하는 것도 중요합니다.

3_지속적인 성장과 혁신을 위한 디지털 전환

채형원 대표가 강조하는 '지속적인 발전과 성장'은 디지털 전환을 통해 가능합니다. 인구가 감소하는 상황에서, 온라인 플랫폼을 활용한 판매 채널 다변화는 필수적입니다. 특히 고령층 고객들도 쉽게 접근할 수 있는 사용자 친화적인 온라인 주문 시스템을 구축하거나, 배달 서비스, 정기 구독 서비스 등을 통해 고객 기반을 넓히는 것이 필요합니다. 또한, AI와 데이터 분석을 통해 고객의 소비 패턴을 분석하고, 이에 맞는 맞춤형 제품을 제공할 수 있도록 해야 합니다.

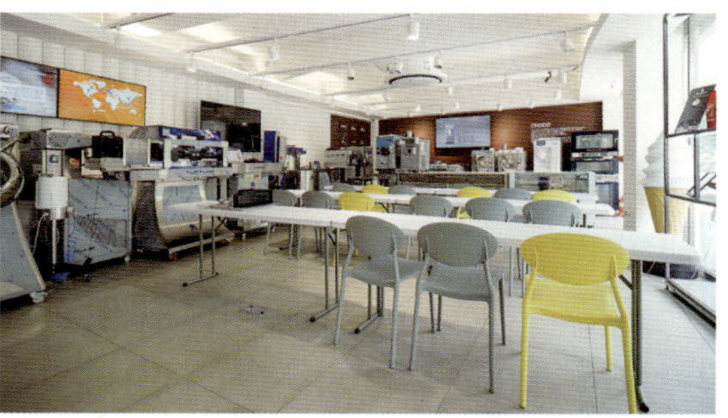

2_제과 및 제빵 전문점의 주방 세팅하기

1 | 전문점의 주방구조 이해

1_전문 장비

오븐, 믹서기, 발효기, 냉동 및 냉장고 등 특화된 제과 및 제빵 장비와 도구가 잘 갖추어져 있습니다. 이 장비들은 고급스럽고 정교한 제과 및 제빵 제품을 만들기 위해 설계되었습니다.

2_작업 공간과 계획

작업장의 크기와 배치가 제품 생산량을 지원하도록 설계되어 있으며, 원활한 작업 흐름을 갖추기 위해 구성됩니다. 장비와 작업 공간 사이의 거리가 적절하게 조정되어 있어 제과사와 제빵사가 효율적으로 이동할 수 있습니다. 이를 효율적인 동선구조이라고 합니다.

3_위생 및 청결

식품 안전을 위해 청결을 유지하는 것이 중요합니다. 주방은 규칙적으로 청소되고 위생적인 환경을 유지하기 위해 설계되어 있습니다.

4_재료 저장 및 관리

신선한 재료를 보관하고 관리할 수 있는 적절한 공간과 장비가 마련되어 있습니다. 냉동고, 냉장고, 재고보관함 등이 포함됩니다.

5_특화된 작업 영역

다양한 종류의 빵, 케이크, 파이 등을 만들기 위한 특화된 작업 영역이 갖추어져 있습니다. 예를 들어, 반죽을 만들거나 장식 작업을 위한 별도의 공간이 있을 수 있습니다.

6_품질 관리와 시험 제조

제과 및 제빵 전문점은 제품의 일관된 품질을 유지하기 위해 시험적으로 제조를 수행하고, 맛과 외관을 점검하는 프로세스를 가지고 있습니다.

이러한 특징들은 제과 및 제빵 전문점이 고품질의 제품을 제공할 수 있도록 도와줍니다.

1_공간 계획

각 기기와 장비가 효율적으로 배치될 수 있도록 공간을 계획해야 하고, 작업 흐름을 고려하여 원활한 작업이 가능하도록 장비를 배치해야 합니다.

2_전기 및 수도 설비

각 기기의 전기적 요구사항과 수도 관련 요구사항을 충족시킬 수 있는 적절한 위치에 설치해야 합니다. 전력 부하를 고려하여 전기선을 잘 구분하고 안전하게 배치해야 합니다.

3_위생 및 청결

식품을 다루는 공간이므로 위생적인 환경을 유지할 수 있도록 설계해야 합니다. 적절한 청소가 가능하도록 기기와 장비를 설치하는 것이 중요합니다.

4_소음과 진동

특히 대형 기기나 진동이 큰 기기는 주변 환경에 미치는 영향을 고려하여 설치 위치를 결정해야 합니다. 소음이나 진동이 다른 작업에 영향을 미치지 않도록 주의해야 합니다.

5_접근성과 편의성

사용 빈도가 높은 기기는 접근하기 쉬운 곳에 배치하는 것이 좋습니다. 사용자의 편의성을 고려하여 작업 공간을 설계해야 합니다.

6_환기와 냉각

환기가 잘 되는 곳에 오븐 등 열이 많이 발생하는 기기를 설치해야 하며, 냉각이 필요한 기기는 적절한 공간에 배치해야 합니다.

7_유지보수

기기의 유지보수가 쉽도록 설치 및 배치를 고려해야 합니다. 필요할 때 접근이 용이하고 부품 교체 등이 쉽게 이루어질 수 있도록 설계하는 것이 중요합니다.

이러한 점들을 고려하여 제과 및 제빵 전문점의 주방에 기기 및 장비를 세팅하면 작업 효율성과 안전성을 높일 수 있습니다.

1_유틸리티 설비도면

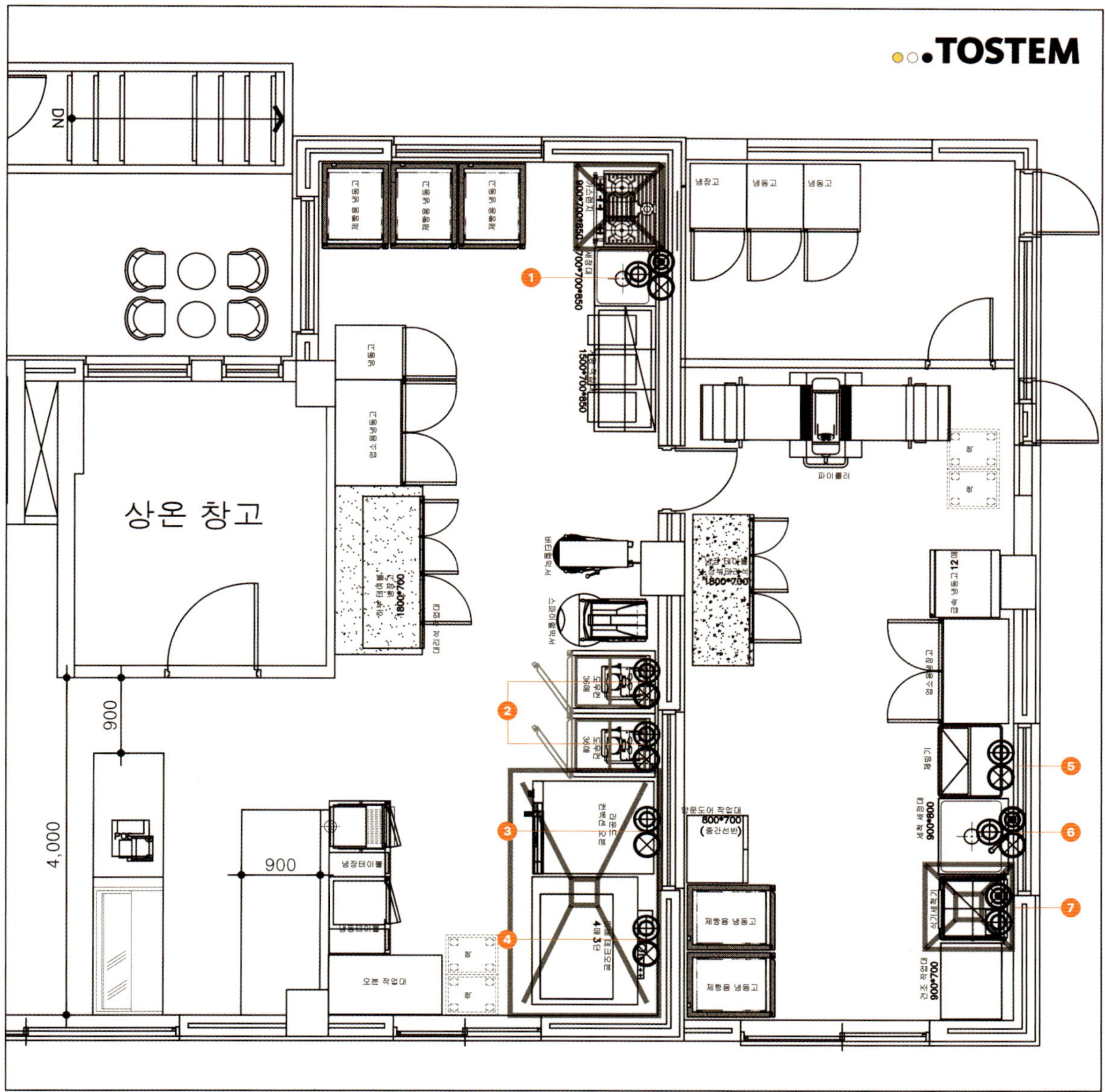

❶ 세척 세정대) CW 15A, HW 15A, FL:500, DRAIN 50A, FL:50

❷ 도우컨) CW 15A, FL:500, DRAIN 50A, FL:50 * 2개소

❸ 소형 로타리 오븐) CW 15A, FL:500, DRAIN 50A, FL:50

❹ 데크오븐) CW 15A, FL:500, DRAIN 50A, FL:50

❺ 제빙기) CW 15A, FL:500, DRAIN 50A, FL:50

❻ 세척 세정대) CW 15A, HW 15A, FL:500, DRAIN 50A, FL:50

❼ 식기 세척기) HW 15A, FL:500, DRAIN 50A, FL:50

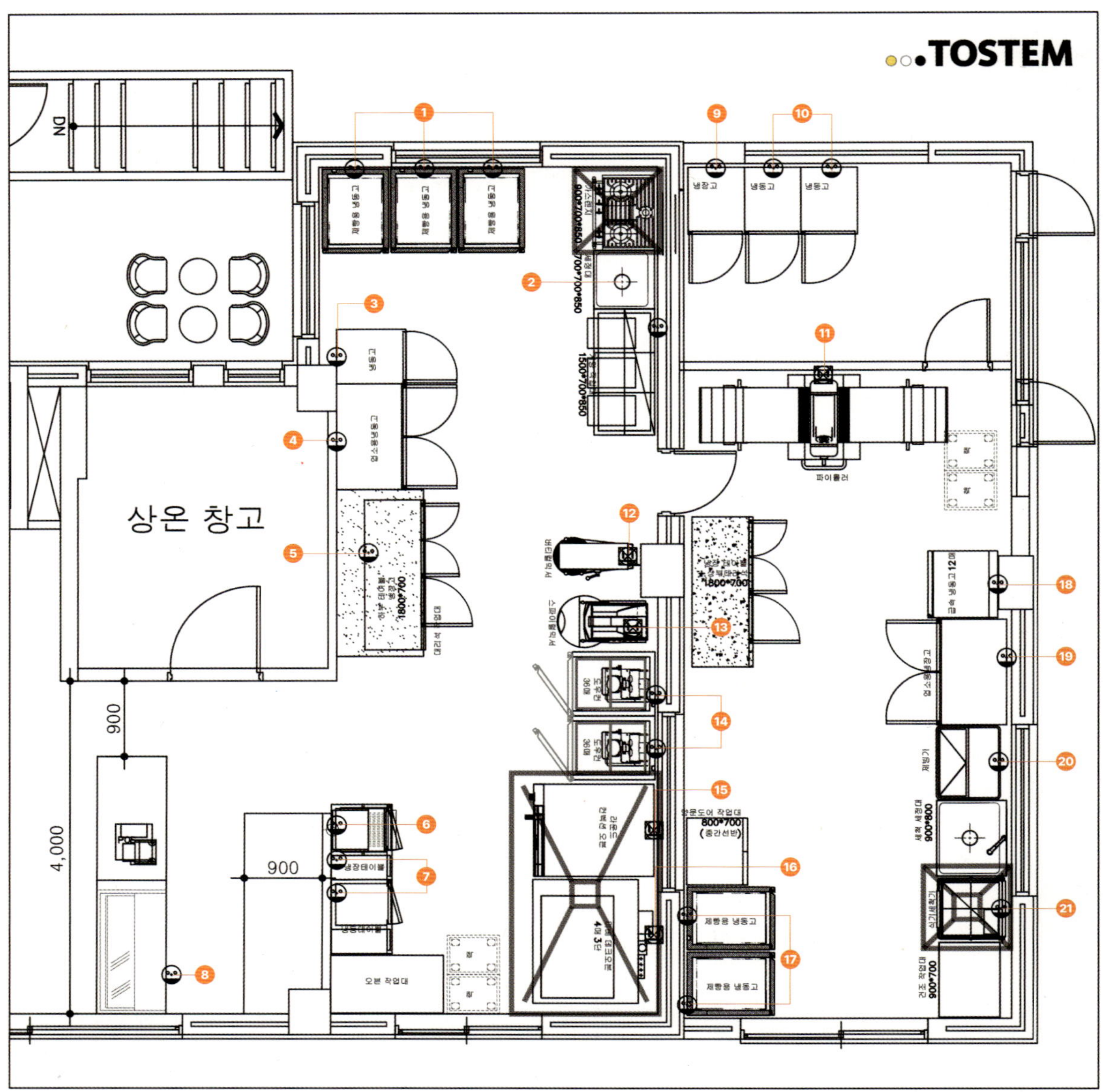

❶ 제빵용 냉동고) 1P, 220V, 1.8kw (2구, F.L +2200) * 3개소
❷ SPARE) 1P, 220V, 1kw (2구, F.L +1100), 콘센트 센터
❸ 냉장고) 1P, 220V, 1kw (2구, F.L +2000)
❹ 업소용 냉동고) 1P, 220V, 1kw (2구, F.L +2000)
❺ 테이블 냉장고) 1P, 220V, 1kw (2구, F.L +1100)
❻ 식빵 슬라이서) 1P, 220V, 1kw (2구, F.L +1100)
❼ 테이블 냉장고) 1P, 220V, 1kw (2구, F.L +1100) * 2개소
❽ 쇼케이스) 1P, 220V, 1kw (2구, F.L +600)
❾ 냉동고) 1P, 220V, 1kw (2구, F.L +2000)
❿ 냉동고) 1P, 220V, 1kw (2구, F.L +2000) * 2개소
⓫ 파이롤러) 3P+N, 380V, 1kw (F.L +600), 직결 + 2M

⓬ 버티컬 믹서) 3P, 380V, 2.6kw (F.L +600), 콘센트 OR 하이박스
⓭ 스파이럴 믹서) 3P+N, 380V, 3.7w (F.L +600), 콘센트 OR 하이박스
⓮ 도우컨) 1P, 220V, 2.2kw (2구, F.L +2200) * 2개소
⓯ 로타리 컨벡션오븐) 3P+N, 380V, 17kw (F.L +1500), 직결 + 2M
⓰ 데크오븐) 3P+N, 380V, 28.2kw (F.L +1500), 직결 + 2M
⓱ 제빵용 냉동고) 1P, 220V, 1.8kw (2구, F.L +2200) 2개소
⓲ 급속 냉동고) 1P, 220V, 2kw (2구, F.L +1100)
⓳ 업소용 냉장고) 1P, 220V, 1kw (2구, F.L +2000)
⓴ 제빙기) 1P, 220V, 1.4kw (2구, F.L +1100)
㉑ 식기 세척기) 1P, 220V, 4.1kw (2구, F.L +1100)

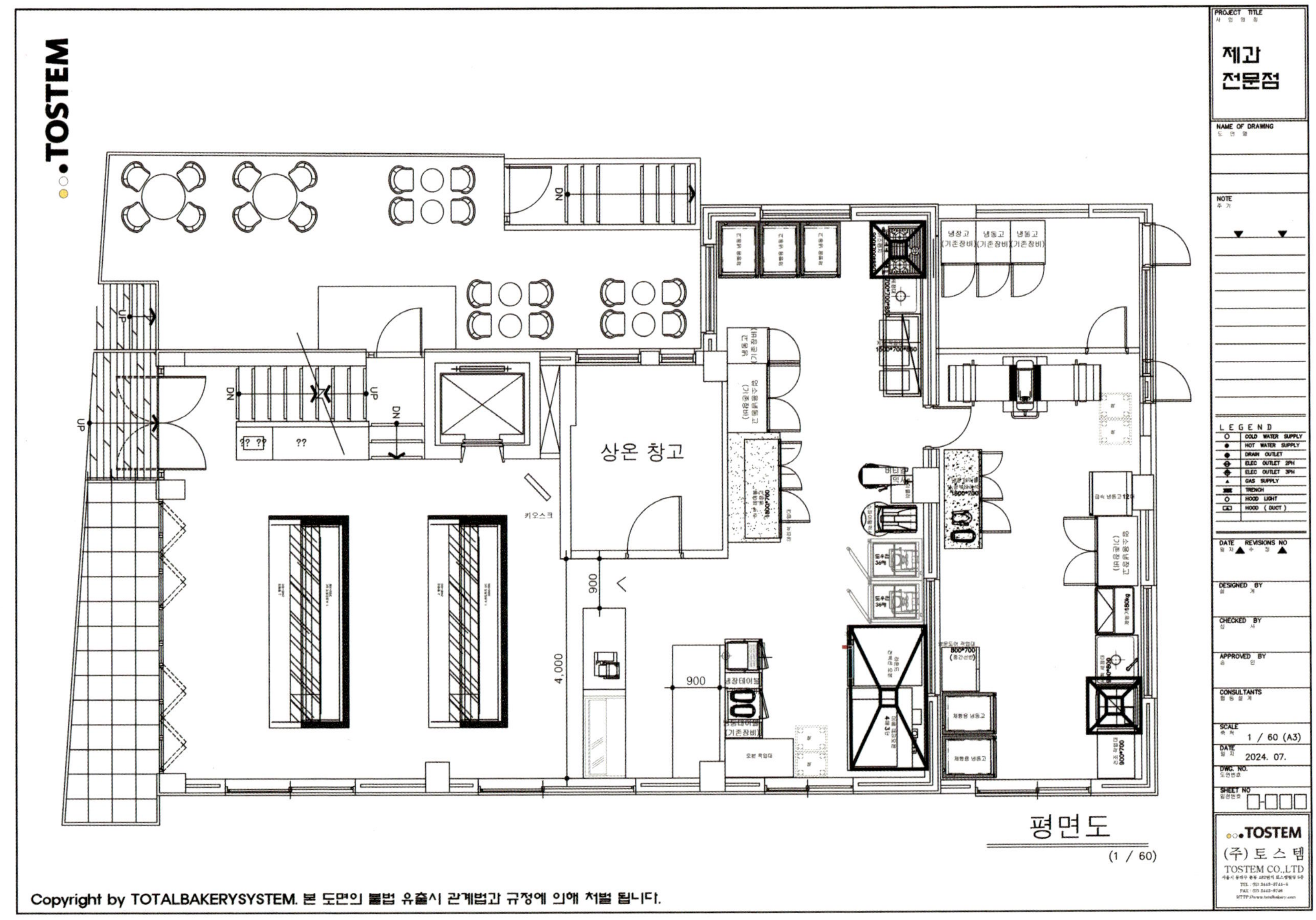
TOSTEM
상온 창고
키오스크
평면도
(1 / 60)
4,000
900
900
DN
UP
DN
UP
냉장고 냉동고 냉동고
기존장비 기존장비 기존장비
PROJECT TITLE
사 정 명 칭
제과
전문점
NAME OF DRAWING
도 면 명
NOTE
주 기
LEGEND
COLD WATER SUPPLY
HOT WATER SUPPLY
DRAIN OUTLET
ELEC OUTLET 2PH
ELEC OUTLET 3PH
GAS SUPPLY
TRENCH
HOOD LIGHT
HOOD (DUCT)
DATE   REVISIONS NO
일 자   수 정
DESIGNED BY
설 계
CHECKED BY
검 사
APPROVED BY
승 인
CONSULTANTS
협동설계
SCALE
축 척   1 / 60 (A3)
DATE
일 자   2024. 07.
DWG. NO.
도면번호
SHEET NO
낱장번호
TOSTEM
(주) 토 스 템
TOSTEM CO.,LTD
HTTP://www.totalbakery.com
343
3_평면도
Copyright by TOTALBAKERYSYSTEM. 본 도면의 불법 유출시 관계법과 규정에 의해 처벌 됩니다.

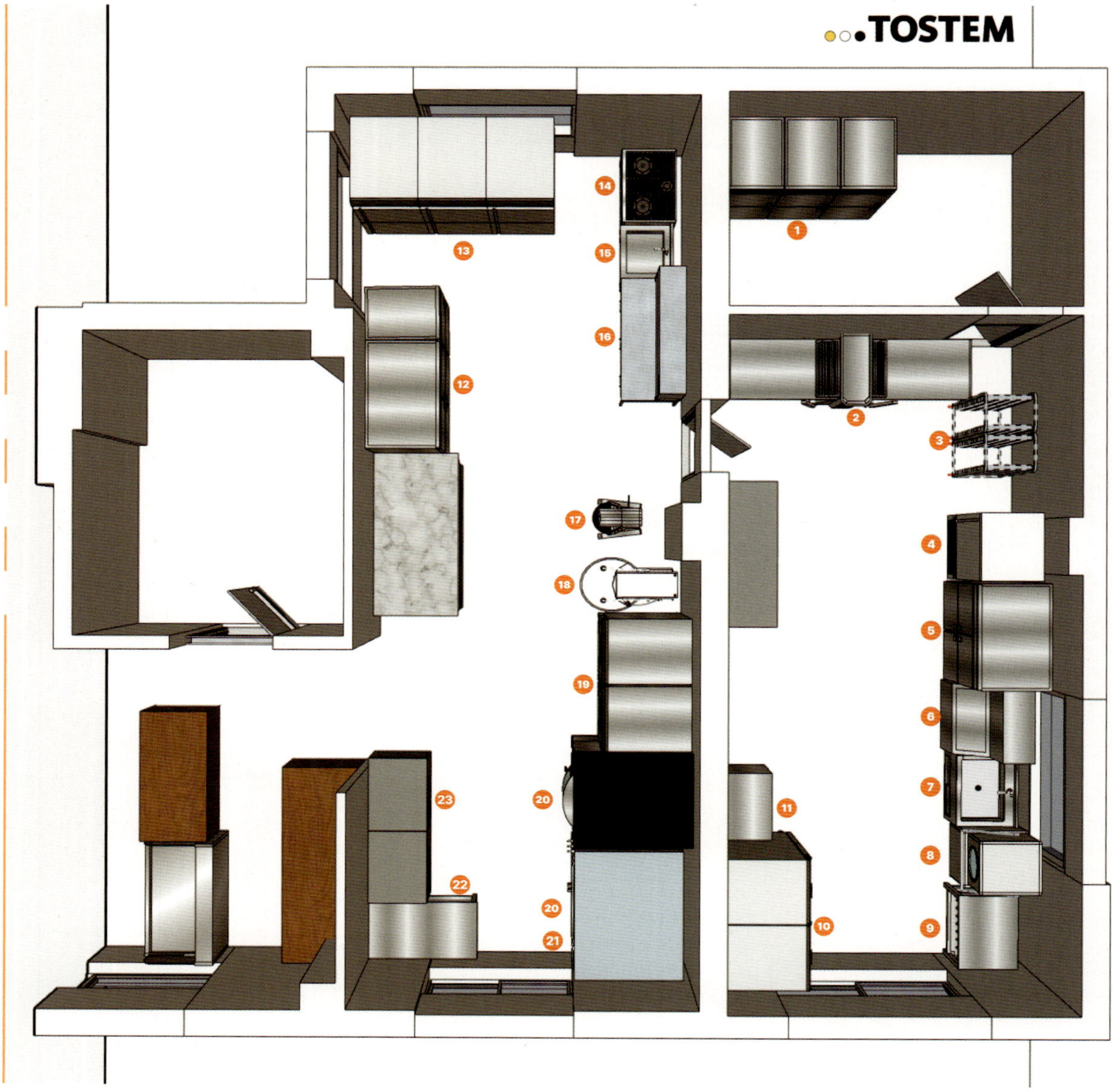

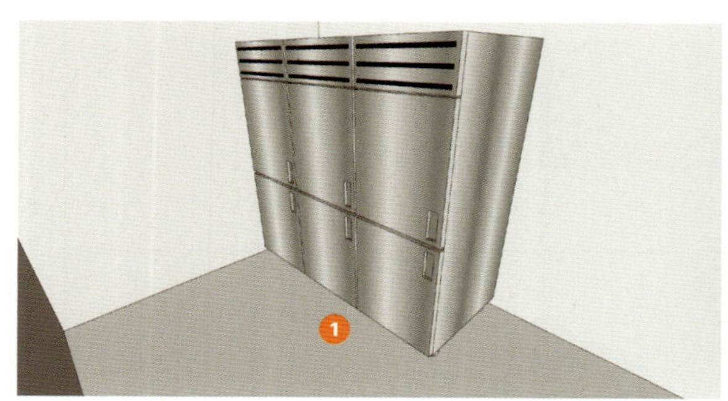

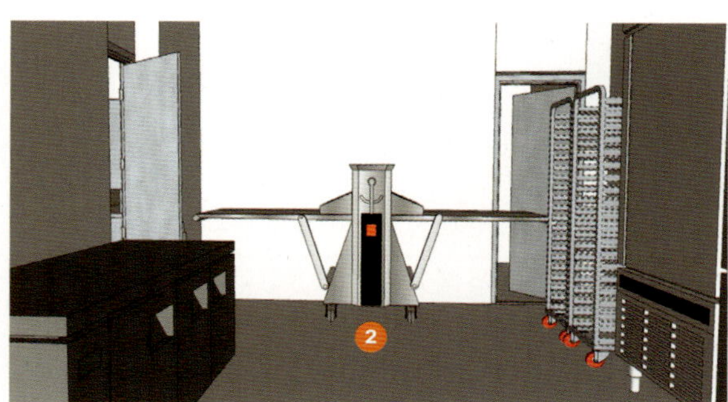

4 | 양과자 컨셉 주방 세팅하기

1_유틸리티 설비도면
2_유틸리티 전기도면
3_평면도
4_3D 설치도면도

5 | 건강빵 컨셉 주방 세팅하기

1_유틸리티 설비도면
2_유틸리티 전기도면
3_평면도
4_3D 설치도면도

6 | 조리빵 컨셉 주방 세팅하기

1_유틸리티 설비도면
2_유틸리티 전기도면
3_평면도
4_3D 설치도면도

제과 및 제빵 전문점에서 기기 및 장비를 선택할 때 주의할 점은 다음과 같습니다.

1_품질과 내구성

기기는 오랜 시간 동안 사용될 것이므로 품질과 내구성이 중요합니다. 신뢰할 수 있는 브랜드의 제품을 선택하고, 장비의 소재와 제작 품질을 신중히 검토해야 합니다.

2_기능과 용도

제빵 전문점의 필요에 맞는 기능과 용도를 고려해야 합니다. 오븐, 믹서기, 발효기, 냉장 및 냉동고 등 각 기기가 제공하는 기능이 제품 제조에 얼마나 도움이 될지 평가해야 합니다.

3_공간 제약

주방 내 공간에 맞춰 기기의 크기와 배치 가능 여부를 고려해야 합니다. 각 기기의 크기와 필요한 작업 공간을 사전에 계획하고, 이를 바탕으로 기기를 선택해야 합니다.

4_사용 편의성

기기 및 장비의 사용이 간편하고 직원들이 쉽게 익힐 수 있는지를 고려해야 합니다. 사용법이 복잡하거나 학습 곡선이 높은 기기 및 장비는 생산성을 저하시킬 수 있습니다.

5_유지보수와 수리

기기 및 장비의 유지보수가 쉽고 수리가 용이한지 확인해야 합니다. 부품 교체가 용이하고 서비스 지원이 잘 되는 브랜드와 모델을 선택하는 것이 좋습니다.

6_위생 및 청결

식품 안전을 위해 위생적으로 유지할 수 있는 기기 및 장비를 선택해야 합니다. 쉽게 청소할 수 있고 재료가 쌓이거나 끼일 여지가 적은 디자인을 고려해야 합니다.

7_비용과 예산

기기 및 장비의 구매비용과 운영비용을 종합적으로 고려해야 합니다. 초기 비용뿐만 아니라 장기적으로 얼마나 비용이 효율적인지를 고려해야 합니다.

이러한 점들을 고려하여 제과 및 제빵 전문점에 적합한 기기 및 장비를 선택하는 것이 중요합니다.

1_믹서의 선택 기준

믹서는 만들고자 하는 빵에 나타내고자 하는 특성에 따라 선택합니다. 이 책에서 소개하는 제품은 장시간 발효를 시키거나 융점이 낮은 버터를 많이 넣습니다. 이런 빵의 반죽을 제조할 때 사용하는 믹서는 믹싱 시 다음과 같은 기능을 갖고 있어야 합니다.

첫째, 마찰열을 적게 발생시켜야 합니다.

만약에 마찰열이 높게 발생하면 지나친 반죽온도 상승으로 발효를 장시간 유지할 수 없으며, 버터가 쉽게 용해되어 반죽에서 분리가 일어납니다.

둘째, 반죽에 산소를 많이 혼입시킬 수 있어야 합니다.

반죽에 산소가 많이 혼입되어야 장시간 발효 시 에틸알코올의 생성을 억제시키면서 발효력을 유지할 수 있습니다. 또한 글루텐을 산화시켜 반죽을 탄력성 있게 만듭니다.

이러한 이유로 암 믹서와 스파이럴 믹서를 셰프들이 많이 사용합니다.

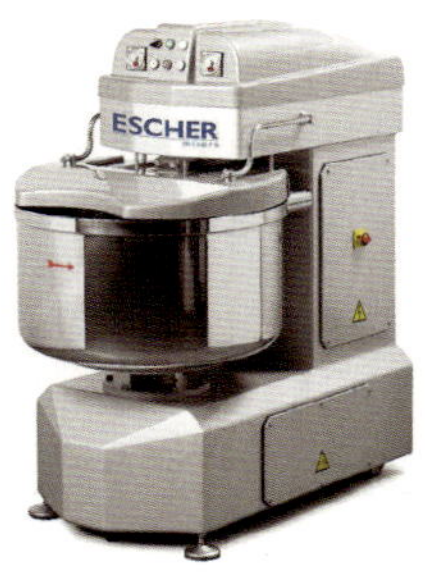

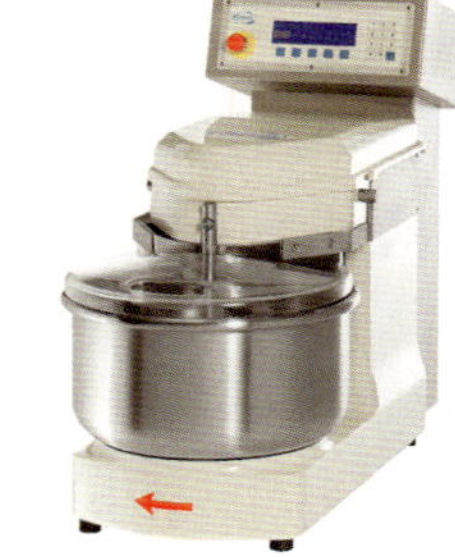

SPIRAL MIXER ESCHER MOD. 'M SERIES'
(스파이럴 믹서기)

1. 2개의 모터가 장착된 고정 헤드의 스파이럴 믹서
2. 스피드 2 모터
3. 1단 스피드에서 양방향 볼 역회전 가능
4. 벨트 트랜스미션
5. 자동 타이머
6. 스텐레스 스틸 볼, 스타이럴 악세서리

SPIRAL MIXER DIOSNA MOD. 'SP SERIES'
(스파이럴 믹서기)

1. 제품이동이 가능한 볼 고정형 제품(SP12 제외)
2. 믹싱 시간을 줄이기 위한 커다란 반죽통과 모든 배치 사이즈에 맞는 믹싱 프로세스로 작동이 간단하다.
3. 부드러운 표면과 편리한 작동
4. 간단한 유지, 보수
5. 먼지를 차단하는 실용적인 볼 덮개

다양한 상품 보기는
QR을 스캔하세요. ▶▶ 

2_발효 장비의 선택 기준

발효에는 고온에서 반죽을 단순히 팽창시키는 방법과 저온에서 반죽을 먼저 숙성시킨 후 팽창을 유도하는 방법이 있습니다. 이 책에서 소개하는 제품은 장시간 발효를 시키거나 융점이 낮은 버터를 많이 넣습니다. 이런 빵을 제조할 때 사용하는 발효 메커니즘은 저온에서 반죽을 먼저 숙성시킨 후 팽창을 유도합니다. 그리고 제품의 출고시간을 고려하여 반죽의 숙성 및 발효를 급속냉동으로 완전히 정지시켜 발효시간을 조절합니다. 이러한 기능을 구현하는 기기를 도우컨디셔너 혹은 리타더라고 합니다.

도우컨디셔너는 빵 생지인 도우를 자동으로 냉동 → 해동 → 1차발효(저온발효) → 2차발효(고온발효)를 거치어 생지를 발효시켜 바로 오븐에 넣어 굽기를 하기도 하며, 상황에 따라 수동으로 생지를 냉동보관 및 저온숙성을 하거나 저온발효기능 및 고온발효기능으로만 쓸 수도 있습니다.

발효 장비는 섬세한 온도관리 뿐만 아니라 습도관리도 중요한데 습도를 관리하는 방법 중 최고의 방법은 발효 장비에 스팀보일러를 설치하여 수증기를 발생시켜 관리하는 것입니다. 이렇게 반죽을 관리하면 반죽의 컨디션이 최상의 상태가 되어 빵의 질감과 착색이 향상됩니다.

MIWE
Michael Wenz GmbH

RETARDER PROOFER MIWE MOD. 'GVA SERIES'
(전자동 리타더 트루퍼)

1. 세계, 독일 판매 1위
2. 8가지 이상 프로그램 내장
3. 5가지 과정으로 프로그램 생성(FAST COOLING, PROORING INTERRUPTION, PROOFING RETARDATION, PROOFING, STIFFENING)
4. 터치 스크린 컨트롤 판넬

PANEM
solutions de froids

RETARDER PROOFER PANEM MOD. 'AU1X SERIES'
(리타더 트루퍼)

1. 랙 타입 제품으로 세계 최초 리타더프루퍼 개발 회사
2. 디지털 콘트롤 시스템, 콘트롤이 매우 간편함
3. 최종 72시간 및 발효 후 최대 6시간 리타딩 가능
4. 스텐레스 스틸 도어 및 프레임 보강

다양한 상품 보기는
QR을 스캔하세요. ▶▶ 

3_오븐의 선택 기준

오븐은 만들고자 하는 빵에 나타내고자 하는 특성에 따라 선택합니다. 이 책에서 소개하는 제품은 장시간 발효를 시키거나 융점이 낮은 버터를 많이 넣습니다. 이런 빵의 반죽을 익힐 때 사용하는 오븐은 굽기 시 다음과 같은 기능을 갖고 있어야 합니다.

첫째, 고온에서 일정하고 안정적인 열을 발산하여 껍질에 균일한 착색을 유도해야 합니다.

장시간 발효하는 빵과 버터가 많이 들어가는 빵은 일반적으로 단과자빵이나 식빵보다는 높은 온도에서 굽기를 합니다. 단과자빵과 식빵에 적합한 오븐은 고온에서 발산하는 열이 불규칙하고 불안정하여 껍질의 착색이 균일하지 않아서 많은 셰프들은 고온에서 일정하고 안정적인 열을 발산할 수 있는 유럽파 오븐을 사용하고 있습니다.

둘째, 굽기 시 오븐 안에 형성된 수분이 외부로 증발되는 비율이 낮아야 합니다.

굽기 시 반죽에서 나와 오븐 안에 형성된 수분이 외부로 증발하게 되면 완제품의 식감은 퍽퍽해지고 질감은 딱딱해 진다. 그러므로 수분이 잘 증발되지 않는 오븐을 선택해야 합니다.

셋째, 열을 전달하는 구움대의 재질은 대리석이나 세라믹으로 선택합니다.

발효종 빵과 페이스트리를 고온으로 구워야 하는 경우, 오븐의 구움대 재질이 철재면 바닥껍질을 타지 않게 하면서 속까지 익히기는 매우 어렵습니다. 그런데 구움대의 재질이 대리석이나 세라믹이면 바닥껍질이 타지 않으면서도 반죽의 중심부위까지 온도를 빠르게 상승시켜 오븐스프링을 크게 유도할 수 있습니다. 그래서 많은 셰프들은 오븐 구매 시 구움대의 재질에 신경을 씁니다.

넷째, 굽기 시 오븐에 분사되는 증기는 반죽의 표면에 균일하게 착상되어야 합니다.

발효종 빵과 페이스트리 제품을 구울 때 오븐 안에 증기를 분사하면 반죽의 팽창을 키울 수 있으며, 껍질은 바삭하고 속은 촉촉하게 만들 수도 있습니다. 그런데 증기를 분사할 때 수분이 반죽의 표면에 미세하고 균일하게 수막을 만들어야 제품의 껍질색도 균일하고 윤기가 나게 만들 수 있습니다. 그래서 증기를 오븐 안에 분사하는 최고의 방법인 스팀보일러를 이용하여 스팀을 분사하는 방식을 채택하고 있는 오븐을 많은 셰프들이 선호합니다.

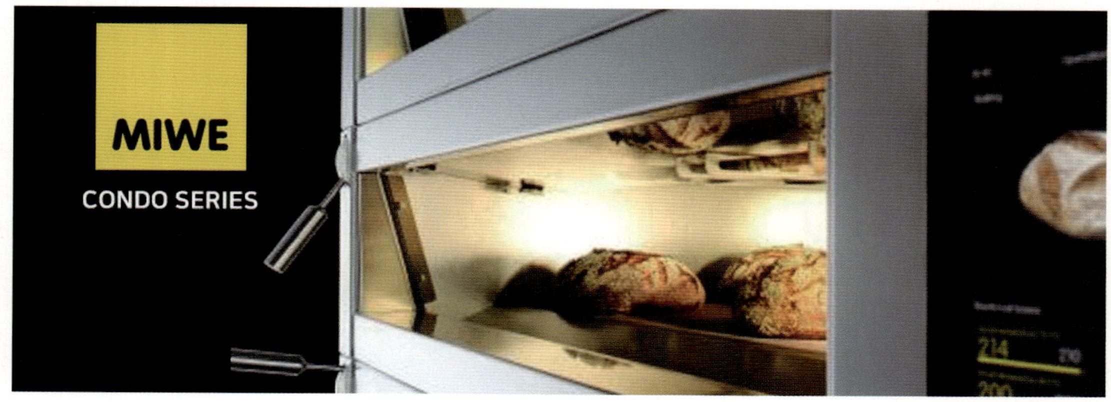

MIWE
Michael Wenz GmbH

MULTI BAKING DECK OVEN MOD. 'EL SERIES'
(멀티베이킹 데크 오븐)

1. 세계, 독일 판매 1위
2. 독일 최대 오븐 전문 브랜드
3. 스톤 브래드 오븐(돌가마)의 대명사
4. 이동 불가능, 고정형

MIWE
Michael Wenz GmbH

DECK OVEN MIWE MOD.' MIWE CONDO SERIES'
(데크 오븐)

1. 세계, 독일 판매 1위
2. 다용도 오븐으로 유럽에서는 널리 사용됨
3. 스톤 브래드 오븐(돌가마)의 대명사
4. 베이킹 레시피를 250가지 프로그램화
5. 온도조절이 상, 하 별도조절, 열량 3단계 가능

MIWE
Michael Wenz GmbH

MIWE Econo Series
(컨벡션 오븐)

1. Miwe Go! 의 최첨단 컨트롤 시스템
2. 250가지 프로그램 저장
3. 내장된 자동 품질 검증 시스템이 동일한 결과물 보장
4. 간편한 세척 프로그램 내장
5. 언제든지 베이킹이 가능한 Autostart 기능
6. 강력한 스팀과 우수한 컨벡션 시스템으로 제품의 볼륨이
   탁월하고 색상이 고름
7. 자동 배기 시스템과 fan 속도 조절로 다양한 제품 생산 가능

Revent
In Bread We Trust

REVENT 725 Series (전기, 가스)
(로타리 오븐)

1. 한글 디지털 컨트롤 판넬 장착
2. 500가지 프로그램 저장 가능
3. TCC시스템 내장 : 우수한 열풍순환으로 다양한 제품 생산
4. HVS시스템 내장 : 풍부한 스팀 분사 시스템. 베이글 생산
5. 자동 댐퍼와 스팀컨트롤, 고효율 가열 전환장치 장착
6. 세계에서/ 국내에서 가장 많이 팔린 로타리오븐
7. 국내 유일 가스안전검사 인증 획득

다양한 상품 보기는
QR을 스캔하세요. ▶▶ 

3_제과 및 제빵 전문점의 매장 세팅하기

제품의 진열방식은 고객의 눈길을 끌고 쉽게 선택할 수 있도록 구성되어야 합니다. 다음과 같은 방법을 고려하여 제품을 진열할 수 있습니다.

1_카테고리별 진열

다양한 종류의 빵을 그 종류별로 분류하여 진열합니다. 예를 들어, 식빵류, 과자빵류, 페이스트리류, 조리빵류, 구움과자류, 양과자류 등을 각각의 구역에 진열하여 고객이 원하는 제품을 쉽게 찾을 수 있도록 합니다.

2_시각적으로 매력적인 배치

빵의 색감과 모양을 고려하여 다양한 형태로 진열합니다. 크기순이나 색상순으로 배열하거나, 매장의 인테리어와 어우러지도록 배치합니다.

3_디스플레이 케이스

투명한 소재로 된 디스플레이 케이스에 각 빵을 세련되게 진열합니다. 고객이 직접 보고 선택할 수 있도록 투명한 케이스를 사용하며, 제품명과 가격을 명확히 표시합니다.

4_시즌에 맞는 진열

계절별로 또는 특정 기간에 맞추어 진열을 변경합니다. 예를 들어, 겨울에는 따뜻한 토핑물을 올린 빵을 강조하고, 여름에는 상큼한 과일을 활용한 빵을 진열할 수 있습니다.

5_샘플링과 프로모션

일정 시간 동안 특정 빵의 샘플을 무료로 제공하거나, 프로모션 상품을 할인하여 진열함으로써 고객의 관심을 끌 수 있습니다.

6_시간대 별 제품 진열

빵의 신선도를 유지하기 위해 시간대별로 제품을 생산하고, 오래된 제품은 할인해서 빨리 소진되도록 유도합니다.

7_온라인 디지털 메뉴판

SNS의 디지털화된 화면을 사용하여 메뉴와 가격을 업데이트하고, 제품의 이미지와 상세 설명을 제공하여 고객에게 정보를 전달할 수 있습니다.

이러한 방법들을 통해 베이커리, 카페는 고객에게 다양하고 매력적인 제품을 소개하고, 매출을 증가시킬 수 있습니다.

디스플레이 케이스는 일명 쇼 케이스라고 하며, 쇼 케이스는 고객의 눈길을 끌고 제품을 보존하며, 효율적인 서비스를 제공할 수 있도록 다음과 같은 기능을 갖추어야 합니다.

1_보존 기능

제품의 신선도를 유지할 수 있는 환경을 제공해야 합니다. 적절한 온도와 습도를 유지할 수 있는 쇼 케이스를 선택해야 하며, 식품 등급의 안전한 재질로 제작되어야 합니다.

2_시각적 인상도

유리로 되어 있어 고객이 직접 제품을 보고 선택할 수 있도록 해야 합니다. 투명하고 깨끗한 소재를 사용하여 제품이 잘 드러나도록 합니다.

3_배치 용이성

적절한 크기와 구조로 설계되어 다양한 종류의 제품을 효과적으로 진열할 수 있어야 합니다. 빵의 크기와 모양에 따라 조절 가능한 선반과 공간을 제공하는 것이 이상적입니다.

4_안전 및 편의성

제품을 쉽게 꺼내고 집어넣을 수 있는 디자인이어야 하며, 안전하게 제품을 보관할 수 있는 잠금 장치나 안전 시스템이 필요할 수 있습니다.

5_조명 시스템

쇼 케이스 내부에 LED 등의 조명 시스템을 설치하여 제품을 밝고 선명하게 보여줘야 합니다. 빵의 색감과 질감이 잘 드러나도록 하는 것이 중요합니다.

6_메뉴 및 정보 제공

제품의 이름, 가격, 재료 등의 정보를 명확하게 표시할 수 있는 공간이 필요합니다. 디지털화된 화면을 사용하여 정보를 업데이트하고 관리할 수 있는 기능도 추가할 수 있습니다.

7_유지 관리 및 청소 용이성

사용하기 쉬운 재질로 제작되어 청소가 용이해야 합니다. 빵의 조각이나 잔여물을 쉽게 제거할 수 있는 구조가 필요합니다.

이러한 기능들을 고려하여 적절한 쇼 케이스를 선택하면 매장은 고객에게 매력적이고 신선한 제품을 보여주며, 판매와 서비스 품질을 향상시킬 수 있습니다.

쇼 케이스를 구매할 때 다음과 같은 주요한 점들을 고려해야 합니다.

1_크기와 용량

빵집의 공간과 운영 규모에 맞는 적절한 크기와 용량을 선택해야 합니다. 필요한 빵의 종류와 양을 고려하여 쇼 케이스의 선반과 보관 공간이 충분히 활용될 수 있어야 합니다.

2_보존 기능

쇼 케이스가 빵의 신선도를 유지할 수 있는 환경을 제공하는지 확인해야 합니다. 적절한 온도와 습도를 유지할 수 있는지, 빵의 맛과 질감을 보호할 수 있는 안전한 재질로 제작되었는지를 확인해야 합니다.

3_디자인과 시각적 매력

고객의 시선을 사로잡을 수 있는 매력적인 디자인을 고려해야 합니다. 투명한 소재로 만든 쇼 케이스는 제품이 잘 드러나도록 하고, 조명 시스템을 통해 빵의 색감과 질감이 잘 표현될 수 있도록 해야 합니다.

4_사용 편의성

쇼 케이스의 구조가 제품을 쉽게 꺼내고 집어넣을 수 있도록 설계되어야 합니다. 사용자 친화적인 잠금 장치나 조정 가능한 선반을 갖춘 모델을 선택하는 것이 좋습니다.

5_유지 관리와 청소 용이성

쇼 케이스가 사용하기 쉽고 청소하기 쉬운 재질로 제작되어야 합니다. 빵 조각이나 잔여물이 쉽게 제거될 수 있는 구조를 갖추고 있는지를 확인해야 합니다.

6_가격과 예산

예산 내에서 필요한 기능과 디자인을 모두 충족시키는 쇼 케이스를 선택해야 합니다. 가격 대비 성능을 고려하여 비용 효율적인 선택을 해야 합니다.

7_안전 및 환경적 고려

식품 등급의 안전한 재질로 제작되었는지, 환경에 친화적인 재료를 사용하고 있는지를 확인하여 고객과 직원의 안전을 보장할 수 있어야 합니다.

이러한 요소들을 종합적으로 고려하여 쇼 케이스를 구매하면, 매장은 더 나은 서비스와 제품 보호를 위한 필수 장비를 확보할 수 있습니다.

매장 공간을 최대한 활용하여 적절한 쇼케이스로 디스플레이를 할 수 있게 하기 위해서는 선배 혹은 경력자들이나 전문가들에게 상담을 받아 최선의 배치를 할 수 있도록 해야 합니다.

제과 및 제빵 전문점을 창업할 때 매장에 필요한 쇼케이스에 관한 정보를 ND SHOW-CASE에서 얻을 수 있고 무료상담을 받아 볼 수 있습니다.

'정성스럽게 만든 빵을 보호하며, 고객 만족을 위한 혁신적인 선택'

ND SHOW-CASE는 냉장쇼케이스와 빵진열대를 고객들에게 맞춤형 디자인과 기능성을 제공하는 업체입니다. 또한 쉐프가 정성스럽게 만든 맛있고 아름다운 제품(빵, 과자 그리고 케이크)등을 소비자에게 최대한 예쁘게 보이고 안전하게 공급할 수 있는 제품을 생산하는 것을 핵심가치로 삼고 있습니다.

ND SHOW-CASE는 'SMART SNEEZE GUARD'라는 특허받은 제품을 출원하여 노출되어 있던 빵과 디저트들을 자동을 열리는 케이스안에 보관함으로써 고객들의 비말과 먼지등으로부터 제품을 안전하게 보호, 신선도를 유지하고 인테리어효과까지 더함으로써 보다 나은 고객만족을 제공하고 있습니다.

'SMART SNEEZE GUARD'는 일본과 동남아를 포함한 많은 나라에서 인기를 끌고 주목받고 있으며 자동화되고 안전한 시스템이 매장을 찾은 고객들로부터 상당한 호응을 이끌고 있습니다.

또한 이 시스템은 십여년간 개발 보완하여 고장이 적다고 판단, 품질보증기간을 5년으로 제공하는 자신감이 있는 업체입니다.

다양한 쇼케이스 보기는
QR을 스캔하세요. ▶▶ 

4_재료 및 반제품 구매하기

1 | 재료 주문 시 고려해야 할 사항

제과 및 제빵 전문점에서 재료를 주문할 때 고려해야 할 주요한 점은 다음과 같습니다.

1_재료의 품질

제품의 최종 품질과 맛에 직접적으로 영향을 미치기 때문에 재료의 신선도와 품질은 매우 중요합니다.

2_원산지 및 유통 기한

재료의 원산지와 유통 기한을 확인하여 안전성과 법규 준수를 확인해야 합니다.

3_가격과 비용 효율성

품질을 유지하면서도 비용을 효율적으로 관리할 수 있는 재료를 선택해야 합니다.

4_재료의 양과 질 및 공급 안정성

매출 예측을 기반으로 적절한 양과 필요한 시점에 공급을 받을 수 있는지 확인해야 합니다.

5_환경적 요소

재료의 원재료와 생산 과정이 환경에 미치는 영향을 고려하여 지속 가능한 선택을 하는 것이 중요합니다.

6_고객의 요구와 맞춤화

고객의 취향과 트렌드에 맞춰 다양한 종류의 재료를 고려한 후 적절한 재료를 선택한 다음 메뉴를 다양화할 수 있어야 합니다.

이러한 요소들을 고려하여 재료를 선택하면 제과 및 제빵 제품의 품질을 유지하고 경영 효율성을 높일 수 있습니다.

제과 및 제빵 전문점을 OPEN할 때 필요한 제과제빵 재료구매에 관한 정보는 철은 인터내셔날(주)에서 얻을 수 있습니다.

'제과제빵 원료를 이끌어가는 한국의 중심기업'

제과제빵의 성공 비결은 무엇보다도 좋은 재료에 달려 있습니다. 철은 인터내셔날은 최고의 품질을 자랑하는 제과제빵 재료를 제공합니다. 우리의 재료는 맛과 신뢰성에서 타의 추종을 불허하며, 여러분의 제과제빵 창작을 완벽하게 도와드립니다.

1_엄선된 고품질 재료

철은 인터내셔날은 철저한 품질 관리를 통해 최상의 재료만을 엄선하여 제공합니다. 신선한 버터, 고급 밀가루, 천연 색소, 유기농 설탕 등 모든 재료는 최고의 맛과 풍미를 자랑합니다. 우리의 재료로 만든 제과제빵은 그 맛과 질감에서 분명한 차이를 느낄 수 있습니다.

2_다양한 제품군

철은 인터내셔날은 다양한 제과제빵 재료를 한 곳에서 제공하여, 필요한 모든 것을 손쉽게 구입할 수 있습니다. 초콜릿, 견과류, 과일 퓌레, 향신료, 베이킹 믹스 등 다양한 종류의 재료가 준비되어 있습니다. 여러분의 창의적인 아이디어를 실현할 수 있도록, 각종 재료를 다양하게 구비하고 있습니다.

3_신뢰할 수 있는 품질과 안전성

우리의 모든 재료는 엄격한 품질 관리와 안전성 검사를 거쳐 고객들에게 전달됩니다. 안전하고 건강한 재료를 사용하는 것은 철은 인터내셔날의 최우선 과제입니다. 안심하고 사용할 수 있는 재료로, 최고의 베이킹을 경험해보세요.

4_전문가의 선택

많은 제과제빵 전문가들이 철은 인터내셔날의 재료를 신뢰하고 사용합니다. 전문가들이 선택한 재료로 여러분도 전문가 수준의 결과물을 만들어낼 수 있습니다. 철은 인터내셔날의 재료는 여러분의 베이킹에 품질과 신뢰성을 더해줄 것입니다.

5_고객 맞춤 서비스

철은 인터내셔날은 고객의 다양한 요구를 충족시키기 위해 최선을 다합니다. 재료 선택에 대한 상담, 맞춤형 제품 추천 등 친절하고 전문적인 고객 서비스를 제공합니다. 여러분의 성공적인 제과제빵을 위해 언제나 함께하겠습니다.

6_지금 바로 철은 인터내셔날을 만나보세요!

철은 인터내셔날의 고품질 재료로 여러분의 베이킹을 한 차원 높여보세요. 맛과 품질, 안전성을 모두 갖춘 철은 인터내셔날의 재료가 여러분의 제과제빵에 새로운 기준을 제시할 것입니다.

'철은 인터내셔날과 함께라면, 최고의 제과제빵은 이제 현실이 됩니다!'

다양한 상품 보기는
QR을 스캔하세요. ▶▶ 

제과제빵 전문점에서 OEM(Original Equipment Manufacturer)으로 반제품 혹은 완제품을 구매할 때 고려해야 할 주요한 사항은 다음과 같습니다.

1_품질 관리

구매하는 반제품이나 완제품의 품질이 원하는 수준에 맞춰야 합니다. 제조 과정에서의 품질 관리 체계와 품질 인증서를 확인하는 것이 중요합니다.

2_원산지 및 재료

제품에 사용되는 재료의 원산지와 품질을 검토해야 합니다. 고객들이 원하는 특정 재료에 대한 정보를 공급할 수 있어야 합니다.

3_유통 기한 및 저장 조건

제품의 유통 기한과 적절한 저장 조건을 확인하여 제품의 신선도를 유지할 수 있어야 합니다.

4_가격 및 비용 효율성

제품의 구매 가격과 비용 효율성을 고려하여 경제적으로 운영할 수 있는지 검토해야 합니다.

5_고객의 요구와 맞춤화

제품이 고객의 기대와 요구를 충족시킬 수 있는지를 고려해야 합니다. 필요에 따라 맞춤화된 제품을 제작할 수 있는 업체인지 확인하는 것이 중요합니다.

6_공급 안정성

정기적이고 안정적인 공급을 보장할 수 있는 업체를 선택해야 합니다. 재고 부족이나 공급 지연이 발생하지 않도록 사전에 계획을 세워야 합니다.

이러한 사항들을 고려하여 OEM으로 제품을 구매하면 제과제빵 전문점에서도 다양한 제품을 제공하며 품질을 유지하고 비용을 효율적으로 관리할 수 있습니다.

제과제빵 전문점이 OEM 사업자로부터 얻을 수 있는 주요한 효과는 다음과 같습니다.

1_다양한 제품 라인 제공

OEM 사업자로부터 다양한 종류의 반제품이나 완제품을 구매할 수 있어, 제과제빵 전문점은 다양한 제품 라인을 제공할 수 있습니다. 이는 고객들에게 다양한 선택지를 제공하고 시장에서 경쟁력을 강화하는 데 도움이 됩니다.

2_전문 지식과 기술 활용

OEM 사업자는 종종 자신들의 전문 지식과 기술을 활용하여 고품질 제품을 제공합니다. 이는 제과제빵 전문점이 자체적으로 개발하기 어려운 특정 제품이나 기술적으로 복잡한 제품을 구매할 수 있게 해줍니다.

3_운영 효율성 증대

OEM 사업자로부터 제품을 구매함으로써 제과제빵 전문점은 생산성과 운영 효율성을 증대시킬 수 있습니다. 자체적으로 모든 제품을 개발하고 생산하는 대신, 시간과 노력을 절감하면서도 고품질 제품을 유지할 수 있습니다.

4_비용 절감

대규모 생산 및 구매로 인해 재료 비용이 저렴해지는 경우가 많습니다. 따라서 OEM 사업자와의 계약을 통해 제과제빵 전문점은 재료 구매 비용을 절감할 수 있습니다.

5_시장 반응성 향상

OEM 사업자는 주문에 따라 빠르게 제품을 공급할 수 있는 경향이 있습니다. 이는 제과제빵 전문점이 시장의 변화에 신속하게 대응하고 소비자의 요구를 충족시킬 수 있도록 도와줍니다.

이와 같은 효과들은 제과제빵 전문점이 OEM 사업자와 협력함으로써 비즈니스의 성장과 경쟁력 강화를 이룰 수 있게 해줍니다.

1_직접 제조해야 하는 품목

① 품질 관리

제품의 품질, 브랜드 이미지와 신뢰도가 중요한 경우에는 직접 제조를 통해 엄격한 품질 관리를 할 수 있습니다.

② 비밀 유지

독점적인 제조 기술이나 비법이 포함된 경우, 경쟁사로의 정보 유출을 방지하기 위해 직접 제조가 필요합니다.

③ 고부가가치 제품

고급 제품으로 높은 마진을 기대할 수 있는 경우와 고객 맞춤형 시그니처 제품인 경우에는 부가가치와 인지도를 높이기 위해서 직접 제조할 수 있습니다.

④ 시장 반응 속도

소비자 트렌드에 빠르게 대응해야 하는 경우와 신제품 출시 주기가 짧고, 빠른 수정 및 개선이 필요한 경우에는 직접 생산하면서 소비자의 니즈를 반영합니다.

⑤ 생산 용량

자체 제조 설비와 인력이 충분히 확보되어 있는 경우에는 직접 생산할 수 있습니다.

2_외주(OEM)로 줘야 하는 품목

① 비용 절감

제조 비용이 외주로 생산하는 것이 더 저렴한 경우와 초기 설비 투자 비용을 절감하고자 하는 경우에는 외주를 줄 수 있습니다.

② 생산 전문성

특정 제품군에 대한 제조 전문성이 외부 업체에 있는 경우와 기술적으로 복잡하거나 특수 장비가 필요한 제품의 경우에는 외주로 전환합니다.

③ 생산 용량 한계

자체 생산 설비가 한정되어 있어 생산량을 충족시키기 어려운 경우에는 외주에 의존합니다.

④ 확장성 및 유연성

수요 변동에 따라 생산량을 쉽게 조정할 수 있는 경우와 시즌별 또는 단기적으로 수요가 급증하는 경우에는 외주로 넘깁니다.

⑤ 비핵심 제품

핵심 경쟁력이 아닌 제품군의 경우와 부가가치가 낮고 표준화된 제품의 경우에는 외주가 더 효율적입니다.

⑥ **법규 및 인증**

특정 지역 또는 국가에서 요구하는 규제와 인증을 외주 업체가 더 잘 준수할 수 있는 경우에는 외주로 발주합니다.

3_추가 고려 사항

① **물류 및 공급망**

공급망 관리의 복잡성과 물류 비용도 고려해야 합니다.

② **브랜드 및 마케팅 전략**

브랜드 전략에 따라 직접 제조와 OEM의 조합을 달리할 수 있습니다.

③ **협력 업체의 신뢰성**

외주 업체의 신뢰도와 협력 관계의 안정성도 중요합니다.

이러한 기준을 바탕으로, 소매상은 각 제품의 특성과 시장 환경을 종합적으로 분석하여 직접 제조할 품목과 OEM으로 외주 줄 품목을 결정할 수 있습니다.

6 | OEM 및 On-line 생산 전문주방에 필요한 기기 및 장비에 관한 정보

OEM 및 On-line 생산 전문점을 OPEN할 때 주방에 필요한 기기 및 장비에 관한 많은 정보를 대우공업사에서 얻을 수 있습니다. 뿐만 아니라 고객의 상황에 맞는 최적화 된 생산라인 설계에 대한 방안도 얻을 수 있습니다.

DW 대우공업사

'제과제빵 소도구 및 기기와 장비의 완벽한 선택'

제과제빵 전문가와 열정적인 홈베이커 모두를 위해, 대우공업사는 최고의 소도구를 제공합니다. 우리의 소도구는 품질과 편리함을 겸비하여, 여러분의 베이킹 경험을 더욱 풍성하게 만듭니다.

1_최고의 품질과 내구성

대우공업사는 품질에 대한 철저한 기준을 지킵니다. 우리의 제과제빵 소도구는 고급 재료로 제작되어 내구성이 뛰어나며, 오랜 시간 동안 안정적으로 사용할 수 있습니다. 정확한 측정이 가능한 계량도구부터 정교한 작업이 가능한 베이킹 툴까지, 모든 제품이 여러분의 기대를 충족시켜 드립니다.

2_다양한 제품군

대우공업사는 최고의 오븐 기계와 다양한 베이킹 소도구를 제공합니다. 믹싱 볼, 스패출러, 계량컵, 베이킹 틀 등 각종 도구를 한 자리에서 만나볼 수 있습니다. 각 도구는 사용자의 편의성을 최우선으로 설계되어, 작업 효율성을 극대화합니다. 이제 필요한 모든 도구를 한 곳에서 손쉽게 구입하세요.

3_혁신적인 디자인

대우공업사의 소도구는 기능뿐만 아니라 디자인에서도 차별화됩니다. 세련된 디자인과 인체공학적인 손잡이는 사용감을 향상시켜줍니다. 베이킹을 즐기는 과정이 더욱 즐겁고 편안해집니다.

4_전문가의 선택

전문 제과제빵사들도 대우공업사의 소도구를 신뢰합니다. 정확한 작업과 완벽한 결과물을 위해 많은 전문가들이 대우공업사의 제품을 선택합니다. 여러분도 전문가와 같은 도구로 최고의 베이킹을 경험해보세요.

5_탁월한 고객 서비스

대우공업사는 고객 만족을 최우선으로 생각합니다. 제품에 대한 문의나 사용법에 대한 상담 등 언제든지 친절한 고객 서비스를 제공받으실 수 있습니다. 고객 여러분의 만족을 위해 항상 최선을 다하겠습니다.

6_지금 바로 만나보세요!

대우공업사의 제과제빵 소도구로 여러분의 베이킹을 한 단계 업그레이드 해보세요. 품질, 디자인, 편리함을 모두 갖춘 대우공업사의 제품이 여러분의 베이킹을 더욱 즐겁고 성공적으로 만들어 드릴 것입니다.

'대우공업사와 함께라면, 최고의 베이킹은 이제 더 이상 꿈이 아닙니다!'

Salva Convection Oven KX-5

1. 할로겐조명 / 메모리 저장 기능
2. 400 X 600 트레이 5매 수용
3. 굽기시간, 스팀시간 기능
4. 전면 유리문으로 내부 요리상태 확인가능
5. 올 스테인레스 스틸 재질로 위생적이고 견고
6. 컨벡션 휀이 순환하면서 타르트와 쿠키 같은
   바삭거리는 식감을 가지고 있는 제과에 특화됨
7. 내부 관리와 전면 유리의 단순한 구조로 인한 청소 및
   유지관리의 간편함

Salva modular oven

1. 전면 유리문으로 내부 요리상태 확인가능
2. 스팀제어 가능과 스팀의 현재상태 표시기능
3. 올 스테인레스 스틸 재질로 위생적이고 견고
4. 열효율의 극대화. 윗불, 아랫불,중간불 각각
   0~100% 조절가능
5. 반사열이 뛰어나 빵에 겉과 속의 열전도가 높아
   짧은 시간에 완성

Salva FCX-20/15 IVERPAN
(살바 도우컨디셔너)

1. 안정적인 발효 능력
2. 터치패널로 인한 자동 문 개폐
3. 우수한 품질의 발효 가능
4. 뛰어난 내구성과 쉬운 유지관리 및 작동 방법

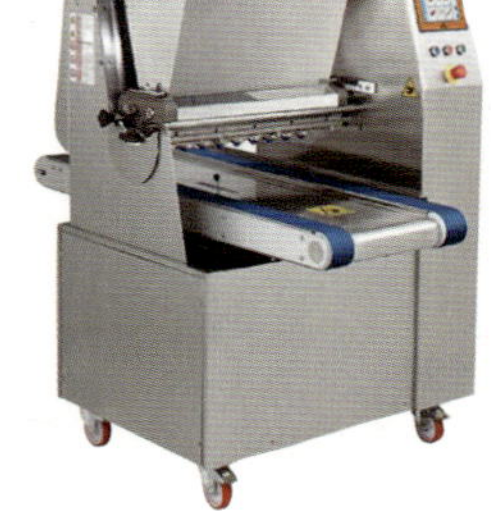

MIMAC N 400
(마이맥 데포지타)

1. 생산능력 향상 및 인력 수요의 최소화
2. 정확성과 합리적인 디자인
3. 위생적인 알루미늄과 스테인레스로 이루어져 깔끔한
   외관과 견고함
4. 직관적인 방법으로 머쉰 제어가 가능
5. 도넛 롤러 타입 및 고정 금형 방식
6. 롤러 유형 및 회전 몰드
7. 와이어 커팅 장치

Tekno Stamap Diving arm kneeding mixer

1. 우수한 정숙성
2. 견고한 본체 및 내구성
3. 전면 커버로 인한 안전한 반죽 생성
4. 전면 커버로 쉬운 반죽상태 확인 및
   오염 물질의 침투 최소화

HENGEL Retarder prover cabinets AR68D2E

1. 패널 두께 60mm(43KG/M3 우레탄 발포 절연체)
   절연 효과의 극대화
2. 위생관리에 적합한 구조 / 실리콘 가스켓 도어
3. 쉬운 조작의 Bi-Tronic Control 2
4. 충격에 강한 수직 알루미늄 도어
5. 세련된 디자인과 프랑스 생산의 높은 완성도
6. 내부의 넓은 구조는 공기 순환 및 습도 유지에 탁월한 장점
7. 화이트 스틸 외장과 내부 스테인레스 스틸(천장 포함)
8. 더 짧은 압축을위한 Anti-short cycle

WORLD SEIKI Spiral mixer WSK-25

1. 견고한 재질로 떨림방지 및 안정성이 높음
2. 강력한 모터로 빵반죽에 최적인 스파이럴믹서
3. 전자식 버튼 조정으로 편리한 사용방법
4. 안전커버 장착
5. 수동 및 자동 조절 가능

WORLD SEIKI Spiral mixer WSK-50

1. 견고한 재질로 떨림방지 및 안정성이 높음
2. 강력한 모터로 빵반죽에 최적인 스파이럴믹서
3. 전자식 버튼 조정으로 편리한 사용방법
4. 안전커버 장착
5. 수동 및 자동 조절 가능

다양한 상품 보기는
QR을 스캔하세요. ▶▶ 

7 | 생지, 반제품 및 완제품 OEM 사업자에 관한 정보

1_제빵 제품에 관련된 OEM 사업자

외식, 베이커리 산업의 성공요인은 '맛, 서비스, 위생, 분위기, 가치, 시간, 위치, 가격, 마케팅' 등 다양한 중요 요소들을 가지며 이에 부합되어야 합니다. 이런 다양한 성공요소 중에서 빵을 그리는 베이커리 제품과 관련된 '맞춤형 생지 제조 솔루션'을 제공하고 있습니다.

장점

· 풍미 향상　· 노화 지연
· 소화 용이　· 차별성과 가치 제공
· 서비스 제공시간 단축

5가지 장점으로 품질이 높은 제품을
만들기 위해 위와 같이 중요한 공정진행

'우리가 공급하는 생지는
'48시간 저온숙성'을 기반으로 만들고 있습니다.'

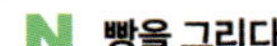

2_냉동생지 수량 및 규격 (제공: 빵을 그리다)

NO.	제품명	생지	완제품	개수(ea) 봉당	중량(g) 개당	규격(mm)		
						길이	폭	두께
1	우유모닝빵 (우유모닝빵 생지)			80	30	32±2	32±2	28±2
	연유크림빵 (우유모닝빵 생지)			80	30	32±2	32±2	28±2
2	통팥도너츠 (통판도너츠 생지)			30	110	65±2	65±2	35±2
3	쫄깃빵 (쫄깃 생지)			20	75	60±2	60±2	30±2
4	고구마페스트리 (고구마페스트리 생지)			20	95	90±3	65±3	20±2
5	우유식빵 (우유식빵 생지)			15	180	105±10	40±5	35±5
	건포도롤빵 (우유식빵 생지)			20	180	105±10	40±5	35±5
	밤식빵 (우유식빵 생지)			20	180	105±10	40±5	35±5
6	소금빵 (프랑스빵 생지)			30	90	80±10	35±5	30±3
				40	60	50±5	50±5	30±2
	육쪽마늘빵 (프랑스빵 생지)			30	90	80±10	35±5	30±3
				40	60	50±5	50±5	30±2
	바게트 (프랑스빵 생지)			30	90	80±10	35±5	30±3
				40	60	50±5	50±5	30±2
	바게트 (프랑스빵 생지)			20	150	75±5	75±5	55±2
7	옥수수식빵 (옥수수빵 생지)			18	180	105±10	40±5	35±5
	맘모스빵 (옥수수빵 생지)			18	180	105±10	40±5	35±5
	옥수수크림빵 (옥수수빵 생지)			18	180	105±10	40±5	35±5
8	케익도너츠 (S케익도너츠 생지)			40	65	60±3	60±3	15±2

9	곡물식빵 (곡물빵 생지)			15	180	105±10	40±5	35±5
	곡물호박앙금빵 (곡물빵 생지)			15	180	105±10	40±5	35±5
	곡물고구마앙금빵			15	180	105±10	40±5	35±5
10	페페로니피자빵 (S피자빵플레인 생지)			10	200	210±5	210±5	5~6
				10	500	210±10	210±10	8±1
11	통팥페스트리 (K크로스퀘어 생지)			25	60	100±2	100±2	6±1
	팽오쇼콜라 (K크로스퀘어 생지)			25	60	100±2	100±2	6±1
	에그필링페스 (K크로스퀘어 생지)			25	60	100±2	100±2	6±1
12	깨찰빵 (깨찰빵 생지)			30	70	60±2	60±2	35±2
13	아몬드데니쉬식빵 (데이쉬스틱 생지)			30	110	280±2	32±2	9±1
	아몬드혼당데니쉬 (데이쉬스틱 생지)			30	110	280±2	32±2	9±1
	초코데니쉬 (데니쉬스틱 생지)			30	110	280±2	32±2	9±1

다양한 상품 보기는
QR을 스캔하세요. ▶▶ 

3_제과 제품에 관련된 OEM 사업자

여러분의 디저트를 한층 더 돋보이게 할 완벽한 파트너를 소개합니다! 빵을 그리다에서 만드는 디저트는 단순히 맛있고 아름다울 뿐만 아니라, 여러분의 디저트와 함께 진열될 때 그 매력을 극대화시킵니다.

① 디저트 간의 완벽한 조화

빵을 그리다의 디저트는 여러분의 디저트와 함께 진열될 때, 서로의 장점을 더욱 부각시키는 놀라운 조화를 이룹니다. 다양한 색감과 텍스처, 그리고 고급스러운 디자인이 어우러져, 고객들에게 시각적이면서도 미각적인 즐거움을 동시에 선사합니다. 이는 고객들이 한눈에 반할 수밖에 없는 디스플레이를 만들어 줍니다.

② 상호 보완 효과

빵을 그리다의 디저트는 단순히 개별 제품으로서의 가치만 있는 것이 아니라, 여러분의 디저트를 더욱 빛나게 하는 상호 보완 효과를 갖추고 있습니다. 함께 진열될 때, 고객들은 두 디저트가 만들어내는 아름다운 하모니에 감탄하게 될 것입니다. 이는 자연스럽게 고객들의 관심을 끌고, 더 많은 판매로 이어질 것입니다.

③ 고객의 눈길을 사로잡는 디저트

여러분의 디저트가 이미 훌륭하다는 것을 알고 있습니다. 하지만 저희 디저트와 함께 진열된다면, 그 훌륭함이 배가 될 것입니다. 고객들은 진열된 디저트를 보고 마치 고급스러운 갤러리에 온 듯한 느낌을 받을 것입니다. 이는 고객들에게 더 큰 만족감을 주고, 매장을 자주 찾게 만드는 동기가 될 것입니다.

④ 신선함과 고급스러움의 유지

빵을 그리다의 디저트는 신선한 재료와 고급스러운 디자인을 바탕으로 만들어져, 항상 최상의 상태로 제공됩니다. 여러분의 디저트와 함께 진열될 때, 그 신선함과 고급스러움은 고객들에게 최고의 경험을 선사합니다.

지금 바로 빵을 그리다의 디저트를 여러분의 디저트와 함께 진열하여, 상호 보완 효과로 고객들의 시선을 사로잡아 보세요. 더 많은 관심과 사랑을 받을 준비가 되어 있습니다!

'당신의 디저트를
더욱 빛나게 하는
특별한 디저트'

4_창업 OPEN 일정표

D-DAY	인테리어	주방설비 및 기물	홀기물
30일전	· 내부 및 주방공사 중간점검 　(전기,가스,조적, 미장공사,위생설비,공사) · 냉난방기 발주 · 전화신청	· 주방 설비업체 선정 · 주방장비 발주 · 주방기물 List작성 · 주방기물 발주	· 홀기물 list 작성 · 소모품 list작성 · 의, 탁자 발주 · 카운타마스타 발주
	전화번호 미리 받기 간판 또는 전단지 삽입 시 필요	공장부장과 협의 후 소도구 발주!(업체미정)	
25일전	· 내부공사 완료 　(주방, 위생설비, 조적, 미장공사 완료)	· 배기후드 설치 · 가스, 후드연결 · 전기, 배수연결 · 냉장, 냉동하우스설치완료	· 홀기물, 소모품 발주 　(가격표 꽂이, 바구니, 바구니 천, 토기류접시)
			가맹 계약 후 사무실 재고 파악 후 미리 발주
20일전	· 전기, 가스설비공사완료 · 외부공사 완료	· 주방설비 설치 완료 및 시운전 완료 · 주방설비 인수 완료 · 주방기물 납품완료	
		소도구 입고 확인(부장)	
15일전	· 냉,난방 설치 완료	· 주방 장비 설치 · 중방 기물 자리배치	· 각종 소품 구매 개시 · 의자, 탁자 완료 · 카운타마스타 설치 완료
			지점사장님과 함께 오픈품목구매
10일전	· 인테리어 공사 총마감 · 냉, 난방 시운전 완료	· 주방장비 및 기기시운전	· 음향기기, TV, 냉장고(음료)등 설치 · 각종 홀 기물 자리배치 · 초콜렛 주문
		생지 발주	
7일전		생지 입고	
5일전		· 주방기물 체크 · 주방의 모든 장비 및 기물 체크리스트 작성	· 각종 소품 배치 완료
			매장 직원 및 점주와 함께 소품 배치 바구니제외 <자리 차지함>
1일전	· 최종 점검 list 작성	· 가스, 배수, 전기, 후드 최종점검	· 홀 최종점검 · 홀기물 list 재작성
D-DAY	**GrandOpening 개업**		
1일후	· 인테리어 보완 점검	· 주방 점검　　· 주방 설비 잔금	· 홀기물 보완 점검
1주일 후	· 인테리어 잔금		

직원구성 및 교육	판촉 및 홍보	인허가 및 메뉴얼
· 직원모집 광고 · 조직 및 급여 테이블 정리 및 확정	· 간판제작 · 개업이벤트 기획안 작성	· 영업신고 신청 · 사업자 등록 · 교육원 교육 필(인,허가 필요서류) · 보건증 신청
매장 직원 모집 광고 (매장 부착 및 인터넷 공고)	도우미 필요 유, 무 결정	점주/ 위생 교육 필!! 공장, 매장 상주직원
· 직원면접개시 · 매장 매니저 및 공장장 인선작업 · 급여결정	· 각종인쇄물 발주 (초청장, 전단지, 명함, 메뉴판등)	
면접 후 직원결정 (미리 결정해야 유니폼 발주가능)	사장님 명함 신청 초도물량,스티커 등(양지포장) 전단지 신청	
· 매장 매니저 및 공장장 인선작업 완료 · 영업일지 작성	· 플랜카드 부착 · 각종 인쇄물 중간점검 · DM 및 초청자 명단작업 완료	· 거래처 list 작성
	현수막- 인테리어팀(예- 4월 10일 오픈 예정)	점주 및 부장에게 전달
· 간부급 출근 · 전직원 출근 · 유니폼 발주	· 적립카드 신청	· 각종신용카드 허가 · 포스 CCTV 주문
공장 및 매장 직원 사이즈 파악 후 유니폼 발주	수량 파악 신청	카드 단말기 설치 확인 포인트 카드 단말기 설치 확인
· 직원모집 계속 · 전직원 출근 개시 · 종업원 교육 개시 · 식자재 발주 · 유니폼 납부완료 · 메뉴 교육 실시	· 인사장 및 DM 홍보물 납품 완료 · 간판 및 각종 사인물 설치 완료 및 시운전 · DM발송 개시	· 전기, 가스 공사 인허가 · 거래처 확정
공장 재료 발주 확인(부장)		
· 제품 생산 및 포장		
· 종업원 교육 및 포장(포스, 인사)	· 오픈 행사물 점검 · Open 이벤트 재점검	· 사업자 등록 완료
직원교육 메뉴얼 매장 직원 → 명찰		
· 전직원 교육완료 오리엔테이션	· 전단지 배포 신문사 전화 후 방문요청	
· 전 직원 Meeting 공지사항		
	· 본격적인 판촉 개시	

국내 최대 팔로워 1만 회원이 함께 하는

네이버 밴드 '카페와베이커리'에 초대합니다!

베이커리 매니아를 위한 특별한 공간!

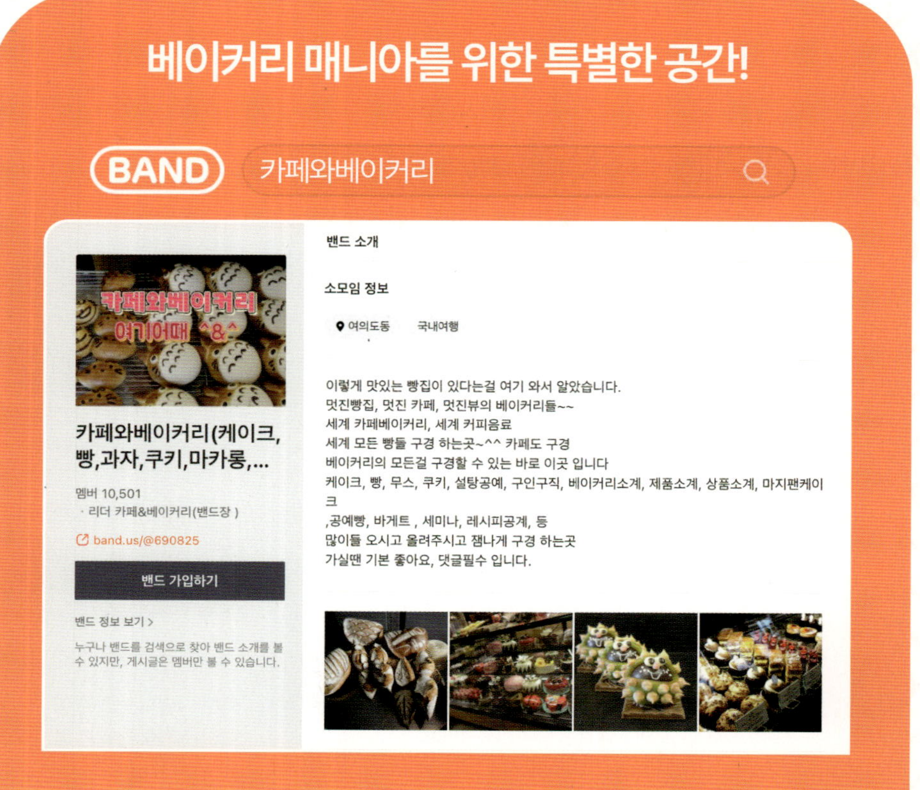

이 세상 모든 제과제빵인을 위한 노하우와 소식을 공유합니다.

- ✅ 업계 최고 제빵인들의 꿀팁 배우기
- ✅ 매출로 검증된 전문가들의 레시피 공유
- ✅ 제빵 관련 최신 정보와 트렌드 확인 가능

제과제빵의 즐거움과 열정을 함께 나눠요.

네이버 밴드 '카페와베이커리'
https://band.us/band/81975444

함께 보면 도움이 되는 책을 소개합니다.

작업 과정마다 세심하게 설명한
세상에서 가장 자세한 베이킹 책

RECIPES FOR WILD YEAST BREAD
천연발효빵을 만들다

정가 **38,000원**

시판 이스트 대신
직접 만든 발효종을
넣어 장시간 발효하는
천연발효빵

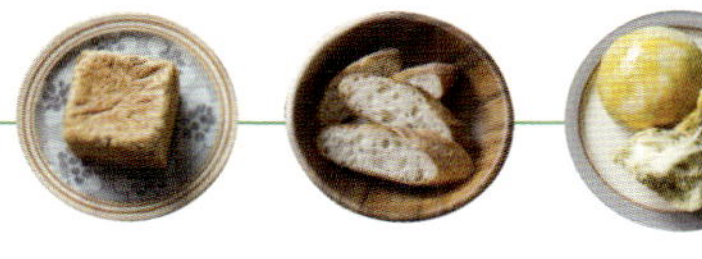

재료에 대한 영양학적 정보와
베이킹의 원리, 제법의 기술적인 특징을
담은 천연발효빵을 처음 만나는
분들을 위한 책

천연발효빵을 만들다
Hello, Sourdough Bread
유럽에서 만난 나의 첫 천연발효빵

정가 **22,000원**

천연발효종과
천연발효빵 제법을
자세히 소개

유명 셰프의 40개 레시피
베이커리 카페 창업 노하우 공개